应用型本科 电气工程及自动化专业"十三五"规划教材

供配电技术

主编 唐小波 吴薛红

U0378899

西安电子科技大学出版社

内 容 提 要

　　本书重点介绍供配电系统的基本知识和理论、计算和设计、运行和管理，反映供配电领域的新技术。全书共分为十章，主要内容包括：绪论，负荷计算与无功功率补偿，供配电系统的一次接线，短路电流计算，供配电系统一次设备选择与校验，电线电缆的选择，供配电系统的继电保护，供配电系统的二次回路，防雷、接地与电气安全，供配电系统新技术。本书内容丰富、重点突出、理论密切联系实际，强调以工程综合应用为目的，突出培养学生掌握工程设计的理念、规范要求和实际应用中所需的知识和能力。每章都配以详尽的例题讲解，附有小结、思考题和习题，便于自学和复习。

　　本书既可以作为高等学校电气类专业的本科教材，也可以作为供电工程设计、监理、安装和运行技术人员的培训和参考用书。

图书在版编目(CIP)数据

　　供配电技术/唐小波，吴薛红主编. 一西安：西安电子科技大学出版社，2018.7
　　ISBN 978 - 7 - 5606 - 4818 - 7

　　Ⅰ. ① 供… Ⅱ. ① 唐… ② 吴… Ⅲ. ① 供电系统 ② 配电系统 Ⅳ. ① TM72

中国版本图书馆 CIP 数据核字(2018)第 015813 号

策划编辑　马乐惠
责任编辑　杨　薇　马乐惠
出版发行　西安电子科技大学出版社(西安市太白南路 2 号)
电　　话　(029)88242885　88201467　　邮　编　710071
网　　址　www.xduph.com　　　　电子邮箱　xdupfxb001@163.com
经　　销　新华书店
印刷单位　陕西天意印务有限责任公司
版　　次　2018 年 7 月第 1 版　2018 年 7 月第 1 次印刷
开　　本　787 毫米×1092 毫米　1/16　印张 19.875
字　　数　472 千字
印　　数　1～3000 册
定　　价　44.00 元
ISBN 978 - 7 - 5606 - 4818 - 7/TM
XDUP　5120001 - 1

前言
QIANYAN

本书是高等学校电气类专业的通用教材，也可作为自动化、机电工程等专业的教材和参考书。

本书以供配电工程设计和技术应用为主线，论述了工业与民用供配电系统的基本理论、工程设计方法和运行管理等基础知识。全书共分为十章，主要内容包括：绪论，负荷计算与无功功率补偿，供配电系统的一次接线，短路电流计算，供配电系统一次设备选择与校验，电线电缆的选择，供配电系统的继电保护，供配电系统的二次回路，防雷、接地与电气安全，供配电系统新技术。书中例题大多精心选自于工程实际案例。

本书秉承内容精练、重点突出、理论密切联系实际的原则编写。注重基本理论与工程设计相结合，体现工程应用特色；强调学生工程素养和应用能力的培养，突出培养学生掌握工程设计的理念和在实际应用中灵活运用知识的能力；重视技术内容的先进性和专业术语的标准化。

本书由南京师范大学唐小波、吴薛红担任主编并统稿。本书第一、九、十章及附表由唐小波编写，第二章由唐小波、马刚编写，第三、六章由赵新红、唐小波编写，第四章由李枫、唐小波编写，第五章由郑梅、唐小波编写，吴薛红编写第七、八章。南京工程学院李先允教授对全书进行了仔细审阅并提出了许多宝贵意见，南京师范大学电气与自动化工程学院电气工程系全体教师为本书的编写提供了诸多帮助，在此一并致以衷心的感谢！

本书在编写过程中参考了许多相关的教材、手册、专著、论文、标准规范和图集，在此向所有作者表示诚挚的谢意！

本书由南京师范大学重点教材建设项目资助。

由于供配电工程的现行国家标准、规范在不断修订之中，加之编者学识水平有限，书中不妥和错漏之处在所难免，恳请读者批评指正。

编　者
2018 年 3 月

目录

MULU

第一章 绪 论

本章首先简要介绍电力系统和供配电系统的概念，然后重点介绍电力系统的额定电压、电能质量指标、中性点运行方式和供配电系统设计的主要内容及程序等。

第一节 电力系统和供配电系统概述

电能是一种清洁的二次能源，它具有输送、分配、转换、控制和使用方便等优点，且易于实现生产过程自动化。因此，电能已广泛应用到国民经济、社会生产和人民生活的各个方面，成为现代社会不可缺少的重要能源。

供配电系统是电力系统的重要组成部分，其所需要的电能绝大多数是由公共电力系统供给的。因此，在介绍供配电系统之前，有必要先介绍电力系统的基本概念。

一、电力系统

1. 电力系统的构成

电力系统是由发电厂、变电所、电力线路和电力用户组成的一个发电、输电、变配电和用电的整体，完成电能的生产、传输、分配和消费等任务，如图 1-1 所示。工程上，又将电力系统中除去发电机的部分称为电力网，简称"电网"。

为了充分利用动力资源，降低发电成本，发电厂往往远离城市和电能用户，建设在邻近动力资源的地方，例如水力发电厂建设在江河流域水位落差较大的地方，火力发电厂建设在盛产煤、天然气的矿区。因此必须建设升压变电所和高压输电线路，将电能输送到电力负荷中心，再通过降压变电所降压后，经配电线路向各类用户提供电能。

1）发电厂

根据产生电能的一次能源不同，电力系统中发电厂主要分为：火力发电厂、水力发电厂、核电站及利用风能、太阳能等可再生能源的新能源发电站等。

火力发电厂利用燃烧化石燃料（煤、石油、天然气等）所得到的热能发电。火力发电厂的原动机大多为汽轮机，也有少数采用柴油机或燃气轮机。火力发电厂又可分为凝汽式火电厂和热电厂。凝汽式火电厂（Steam Power Plant），简称火电厂。此类火力发电厂中，锅炉产生蒸汽，送到汽轮机，带动发电机发电，做过功的蒸汽排入凝汽器冷凝成水，重新送回锅炉。在凝汽器中大量的热量被循环水带走，所以此类火力发电厂的效率很低，只有30%～40%。现代大容量机组（600 MW 及以上）的出现使火电厂的效率有所提高。热电厂（Thermal Plant）是指装有供热式汽轮发电机的发电厂，热电厂不仅发电，还向附近的企业等供热。热电厂汽轮机中一部分做过功的蒸汽从中间段抽供给热力用户，或经热交换器将水加热后把热水供给用户，效率高达 60%～70%。

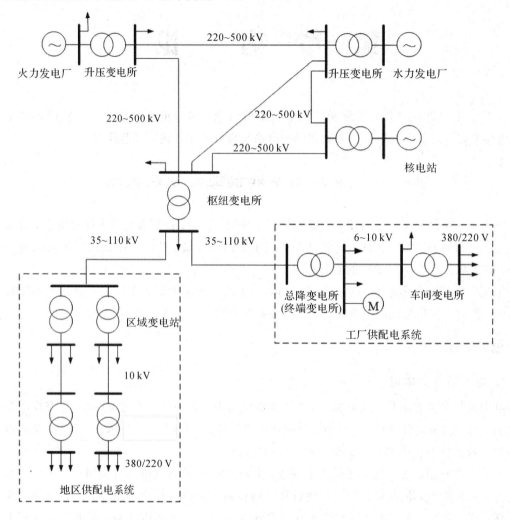

图 1-1　电力系统示意图

　　水力发电厂（Hydro Plant）将水的势能和动能转变成电能，其容量取决于上下游水位差（水头）和流量大小。水力发电机组承受变动负荷的能力较好，且启动快，电力系统中发生事故时可充分发挥备用功能。按水头形成方式的不同，水力发电厂分为堤坝式水电厂、引水式水电厂和抽水蓄能水电厂。堤坝式水电厂在河床上游建水坝蓄水，形成发电水头。引水式水电厂建在山区水流湍急的河道上，或河床坡度较陡的地方，由引水道形成水头，不修坝或只修低堰。抽水蓄能水电厂有上游、下游两个水库，利用电力系统用电低谷时的剩余电力，将下游水库的水抽存到上游水库中，到高峰负荷时，再从上游水库放水发电。

　　核能发电是利用原子反应堆中核燃料（例如铀）裂变所放出的热能产生蒸汽（代替了火力发电厂中的锅炉）驱动汽轮机带动发电机旋转发电。以核能发电为主的发电厂称为核能发电厂，简称核电站。根据核反应堆的不同类型，核电站可分为压水堆式、沸水堆式、气冷堆式、重水堆式、快中子增殖堆式等。核电厂/站的建设费用高，燃料费用便宜。

太阳能发电厂是利用太阳光能或太阳热能来生产电能的，它建造在常年日照时间长的地方。风力发电厂是利用风力的动能来生产电能的，它建造在常年有稳定风力资源的地区。地热发电厂是利用地表深处的地热能来生产电能的，它建造在有足够地热资源的地区。潮汐发电厂是利用海水涨潮、落潮中的动能及势能来生产电能的，它实质上是一种特殊类型的水电厂，通常建在海岸边或河口地区。

2）变电所

变电站（Substation）是变换电能电压和接收、分配电能的场所，是联系发电厂和电力用户的中间枢纽。电力网中的变电所除了有升压和降压之分外，还可分为枢纽变电所、中间变电所、区域变电所及终端变电所等。

枢纽变电所一般都汇聚多个电源和大容量联络线，且容量大，处于电力系统的中枢位置，电压等级多为 330 kV、500 kV。枢纽变电所地位重要，全所停电后，将引起系统解列，甚至使系统瘫痪。

中间变电所高压侧以交换潮流为主，起系统交换功率的作用，或者在电源与负荷中心之间，使长距离输电线路分段，同时又降压供给当地负荷，一般汇集 2～3 个电源，电压等级为 220 kV、330 kV。中间变电所停电后，将引起区域网络解列。

区域变电所主要对区域内用户供电，电压等级一般为 110 kV、220 kV，是一个区域或城市的主要变电所。区域变电所停电后，仅使该区域停电。

终端变电所在输电线路的终端，接近负荷点，一般都是降压变电所，高压侧为 35 kV、110 kV，只负责对一个局部区域负荷供电而不承担功率转送任务。终端变电所停电后，只是用户停电。

还有一种不改变电能电压仅用以接受电能和分配电能的站（所），电压等级高的输电网中称为开关站，中低压配电网中称为配电站或开闭所。

3）电力线路

电力线路将发电厂、变电所和电能用户连接起来，完成输送电能和分配电能的任务。电力线路具有各种不同电压等级，通常将 220 kV 及以上的电力线路称为输电线路（Transmission Line），110 kV 及以下的电力线路称为配电线路（Distribution Line）。交流 1000 kV 及以上和直流 ±800 kV 及以上的输电线路称为特高压（Ultra High Voltage，UHV）输电线路，330～750 kV 的输电线路称为超高压（Extra High Voltage，EHV）输电线路。配电线路又分为高压（High Voltage，HV）配电线路（35～110 kV）、中压（Medium Voltage，MV）配电线路（6～10(20) kV）和低压（Low Voltage，LV）配电线路（380/220 V）。

4）电力用户

电力用户（Customer）又称电力负荷。在电力系统中，所有消耗电能的用电设备或用电单位均称为电力用户。电力用户按行业可分为工业用户、农业用户、市政商业用户和居民用户等。

2. 电力系统的特点

（1）电能与社会、经济、生活关系紧密，可靠性要求高。当今社会对电能的依赖程度越来越高，电能供应不足或中断，不仅影响人们的日常生活、造成经济损失，甚至危及人身和设备安全，造成严重后果。因此，电能供应可靠性要求很高。

（2）电能生产、输送和使用的同时性。现阶段，电能尚不能大量地廉价存储，发、输、变、配、用电在同一瞬间进行，这就要求要始终保持电源和负荷间的功率平衡。电力系统中的各环节间紧密联系，任何一个环节故障，都将影响电力系统的正常工作。

（3）电力系统暂态过程非常短暂。电能是以光速传输的，电力系统从一种运行状态过渡到另一种运行状态的过渡过程是非常短暂的。因此，正常运行和故障情况时所进行的调整和切换操作，都要求非常迅速，必须借助于自动化程度高、又能迅速而准确动作的继电保护及自动装置和自动监测设备。

二、供配电系统

供配电系统是电力系统的重要组成部分，是指电力系统中从输电系统接收电能，然后逐级变换电压并直接向终端用户分配电能的部分。供配电系统处于电力系统的末端，一般只单向接收电能，相当于电力系统的电能用户。根据供电对象的不同，供配电系统又分为区域供配电系统和企业供配电系统。供配电系统通常由总降变电所（区域变电所）、高压配电所、配电线路、车间变电所（建筑物或小区变电所）和用电设备组成，如图 1-1 中虚线框内所示分别为区域供配电系统和企业供配电系统。

总降变电所（区域变电所）是用户电能供应的枢纽。它将 35~220 kV 的外部供电电源电压降为 6~10 kV 高压配电电压，供给高压配电所、车间配电所、箱变和高压用电设备。

配电线路分为 6~10(20) kV 高压配电线路和 380/220 V 低压配电线路。高压配电线路将总降变电所与高压配电所、车间变电所和高压用电设备连接起来。低压配电线路将车间变电所或小区变电所的 380/220 V 电能送到各低压用电设备。

车间变电所或小区变电所将 6~10(20) kV 电压降为 380/220 V 电压，供低压用电设备使用。

应当指出，针对具体某个供电区域或用户，其供配电系统的构成，会因为电力负荷的大小和供电区域面积的大小而存在较大差异。通常，大中城市都设有区域变电所，小城镇和大型企业设有终端变电所（总降变电所），中小企事业单位、高层建筑和大型小区设有 6~10 kV 变电所或配电所，某些特别重要的企事业单位还设有自备发电厂作为备用电源。

三、对供配电系统的基本要求

（1）安全：在电能的供应、分配和使用中，不应发生人身事故和设备事故。

（2）可靠：应满足电力用户对供电可靠性的要求。

（3）优质：应满足电力用户对电能质量的要求。

（4）经济：应使供配电系统的投资尽量少、年运行费用低，并尽可能减少有色金属消耗量，降低电能损耗，提高电能利用率。

需要注意的是，上述要求不但相互关联，而且往往相互制约，甚至相互矛盾。因此，对于上述要求，必须全面考虑，统筹兼顾。

第二节 电力系统的额定电压与电能质量

一、电力系统的额定电压

1. 系统标称电压

为了使电力设备生产实现标准化和系列化，方便运行、维修，所以国家规定了标准电压系列。国家标准《标准电压》(GB/T156—2007)规定了我国电力系统的标称电压，如表1-1所示。它是根据国民经济发展需要，考虑经济技术上的合理性以及电机、电器制造水平和发展趋势等因素，经全面分析研究而制定的。

表1-1 国标规定的我国电力系统及相关设备的标准电压

分 类	系统标称电压	设备最高电压	备 注
标称电压为220~1000 V之间的交流三相四线制或三相三线制系统	220/380		1. 表中数值为相电压/线电压，单位为V 2. 1140 V仅用于某些行业内部系统
	380/660		
	1000(1140)		
标称电压1~35 kV之间的交流三相系统	3(3.3)	3.6	1. 表中数值为线电压，单位为kV 2. 括号中的数值为用户有要求时使用 3. 表中前两组数值不得用于公共配电系统
	6	7.2	
	10	12	
	20	24	
	35	40.5	
标称电压35~220 kV之间的交流三相系统	66	72.5	1. 表中数值为线电压，单位为kV 2. 括号中数值为用户有要求时使用
	110	126(123)	
	220	252(245)	
标称电压220~1000 kV之间的交流三相系统	330	363	表中数值为线电压，单位为kV
	500	550	
	750	800	
	1000	1100	
高压直流输电系统	±500		表中数值为线电压，单位为kV
	±800		

系统标称电压(Nominal System Voltage)是用以标志或识别系统电压的给定值。系统标称电压划分了电力系统的电压等级,设定了某一电压等级电网的正常运行电压,也是制订电气设备额定电压的依据。但是应当明确,系统标称电压只是一个量值标准,由于电力网络中电压损失的原因,系统中不可能每一点的实际运行电压都等于标称电压。因此,标称电压只是运行电压应尽力趋近的一个量值,它并不代表电网上各点的实际运行电压。

2. 电气设备的额定电压

电气设备的额定电压(Rated Voltage of equipment)通常是由制造厂家确定,用以规定元件、器件或设备的额定工作条件的电压。当电气设备在额定电压下运行时,其技术性能和经济效益最好。其电压等级应与电力系统标称电压等级相对应。根据电气设备在系统中的作用和位置,电气设备的额定电压简述如下。

1)用电设备

用电设备的额定电压和与其所连接系统的标称电压一致。实际上,由于电网中有电压损失,致使各点实际电压偏离标称电压。为了保证用电设备的良好运行,国家对各级电网电压的偏差均有严格规定。显然,用电设备应具有比电网电压允许偏差更宽的正常工作电压范围,即表示设备绝缘水平的最高耐受电压应与其所连接系统可能出现的最高电压一致,如表1-1所示。

2)发电机

发电机为供电设备,接于供电系统始端。所以发电机的额定电压一般比同级电网的标称电压高出5%,用于补偿线路上的电压损失。

3)变压器

变压器的一次绕组相当于用电设备,其额定电压与电网标称电压相等。但当变压器一次绕组直接与发电机相连时,变压器一次绕组的额定电压与发电机额定电压相等。

变压器的二次绕组对于用电设备而言,相当于供电设备,其额定电压有两种情况:

(1)第一种情况比用电设备额定电压高10%,其中5%用于补偿变压器满载供电时一、二次绕组上的电压损失,另外5%用于补偿线路上的电压损失,因此适用于变压器供电距离较长时的情况。

(2)第二种情况比用电设备额定电压高5%。当变压器供电距离较短时,可以不考虑线路上的电压损失,只需要补偿满载时变压器绕组上的电压损失即可。

3. 线路的平均额定电压

由于线路上分布阻抗的存在,线路上的各点电压值是不一样的。为了简化计算,习惯上用平均额定电压 U_{av}(average rated voltage)来表示线路的电压。线路的平均额定电压指线路始端最大电压(变压器空载电压)和末端用电设备额定电压的平均值。由于线路始端最大电压比电网标称电压高10%,因而线路的平均额定电压比电网标称电压高5%。各级 U_{av}分别为:0.4 kV,3.15 kV,6.3 kV,10.5 kV,37 kV,69 kV,115 kV,230 kV,345 kV,525 kV。

表1-2给出了我国三相交流系统的额定电压。

表 1－2 我国三相交流系统的额定电压   **kV**

系统标称电压	线路平均额定电压	用电设备额定电压	发电机额定电压	电力变压器额定电压	
				一次绕组	二次绕组
3(3.3)	3.15	3	3.15	3，3.15	3.15，3.3
6	6.3	6	6.3	6，6.3	6.3，6.6
10	10.5	10	10.5	10，10.5	10.5，11
—	—		13.8，15.75，18，22，24，26	13.8，15.75，18，20，22，24，26	—
20	21	20	20	20	21，22
35	37	35	—	35	38.5
(66)	(69)	(66)	—	(66)	(72.6)
110	115	110	—	110	121
220	230	220	—	220	242
330	345	330	—	330	345，363
500	525	500	—	500	525，550

【例 1－1】 已知图 1－2 所示系统中电网的标称电压，试确定发电机和变压器的额定电压。

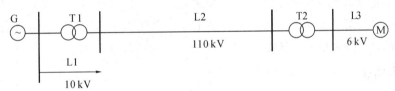

图 1－2 例 1－1 图

解 发电机 G 的额定电压为

$$U_{N,G}=1.05U_{N,L1}=1.05\times10=10.5(kV)$$

变压器 T1 的额定电压：由于变压器 T1 的一次绕组与发电机直接相连，所以其一次绕组的额定电压取发电机的额定电压，即

$$U_{1N,T1}=U_{N,G}=10.5(kV)$$

$$U_{2N,T1}=1.1U_{N,L2}=1.1\times110=121(kV)$$

变压器 T1 的变比为：$\dfrac{10.5}{121}$ kV

变压器 T2 的额定电压：

$$U_{1N,T2}=U_{N,L2}=110(kV)$$

$$U_{2N,T2}=1.05U_{N,L3}=1.05\times6=6.3(kV)$$

变压器 T2 的变比为：$\dfrac{110}{6.3}$ kV

二、各种电压等级的适用范围

在相同的输送功率和输送距离下，所选用的电压等级越高，线路电流越小，则线路中的功率损耗和电压损失就越小，对导线载流量即截面积的要求也越低，能有效节省有色金属消耗量和线路投资。但是，电压等级越高，线路的绝缘要求越高，杆塔的尺寸也随着导线间及导线对地距离的增大而加大，变电所的变压器和开关设备的造价也随着电压的增高而增加。因此，电压等级的选取需经过技术经济比较后才能决定，对每一给定的传输距离和传输功率，对应着一个在技术经济上最为合理的电压。一般来说，传输功率越大、传输距离越远，选择较高的电压等级比较有利。

在我国目前的电力系统中，330～1000 kV 主要用于长距离输电网；220 kV 主要用于中长距离输电网；110 kV 多用于区域高压配电网；35 kV 多用于大型工业企业内部电网，也广泛用于农村电网；10 kV 是城乡电网最常用的配电电压，当负荷中拥有较多的 6 kV 高压用电设备时，也可考虑采用 6 kV 配电方案。目前，有些电力负荷密度较高的地区推广使用 20 kV 代替 10 kV，作为一般中等容量用户高压供电电压，是因为在此地区条件下 20 kV 技术经济指标高于 10 kV 电压等级。3 kV 仅限于工业企业内部采用；380/220 V 多作为低压配电电压。

三、电能质量

电能质量是指通过公用电网供给用户端的交流电能的品质。理想状态的公用电网应以恒定的频率、正弦波形和标准电压对用户供电，并且三相电压和电流对称。但由于电力系统设备、负荷及外界干扰等因素影响，产生了各种电能质量问题。衡量电能质量的指标主要有：电压偏差、频率偏差、谐波、三相不平衡度、电压波动与闪变等。

1. 频率偏差

我国电力系统的额定频率为 50 Hz，国家标准《电能质量 电力系统频率允许偏差》(GB/T15945—1995)中规定：正常允许偏差为 ±0.2 Hz，当电网容量较小时，可以放宽到 ±0.5 Hz。用户冲击引起的频率变动一般不得超过 ±0.2 Hz。

2. 电压偏差

电压偏差(voltage deviation)是指实际运行电压对系统标称电压的偏差相对值，通常用百分数表示，即

$$\Delta U \% = \frac{U - U_N}{U_N} \times 100\% \qquad (1-1)$$

当用电设备端的电压偏差超过允许范围时，其运行特性将恶化。例如，白炽灯的电压低于其额定电压时，发光效率降低，照度下降，将危害视力健康；当电压高于其额定电压时，又会使灯泡的使用寿命大大缩短。对于感应电动机，其转矩与电压二次方成正比，在负载转矩不变的情况下，电压变化将会引起电动机转速变化，影响正常生产工艺和产品质量，严重情况下甚至会烧毁电动机绕组。

因此，必须将电压偏差限制在允许范围之内。国家标准《电能质量 供电电压允许偏差》(GB/T 12325—2008)中规定：

- 35 kV 及以上供电电压的正、负偏差的绝对值之和不超过标称电压的 10%（如供电电压上下偏差同号时，以较大的偏差绝对值作为衡量依据）；
- 20 kV 及以下三相供电电压偏差为标称电压的 ±7%；
- 220 V 单相供电电压偏差为标称电压的 +7%、−10%；
- 对供电点短路容量较小、供电距离较长以及供电电压偏差有特殊要求的用户，由供、用电双方协议确定。

3. 电压波动与闪变

某一时间段内，一系列电压变动或连续的电压偏差称为电压波动(voltage fluctuation)，通常用相邻电压方均根值两个极值之差与标称电压的百分数表示，即

$$d = \frac{U_{\max} - U_{\min}}{U_N} \times 100\% \qquad (1-2)$$

电压波动主要是负荷急剧变动引起的。例如，电焊机、电弧炉、轧钢机等冲击负荷的工作，都会引起电网电压波动。急剧的电压波动会造成电动机无法正常启动，电动机转速不匀，电子设备无法正常工作，照明灯光闪烁等危害。

由于电压波动引起的人眼对灯光照度不稳定的视觉感受称为闪变(voltage flicker)，引起闪变的电压称为闪变电压。闪变对人眼有刺激作用，甚至影响人们的正常工作和学习。国家标准《电能质量 电压允许波动和闪变》(GB/T 12326—2000)中规定了系统中冲击性负荷产生的电压波动的允许值和闪变电压允许值。

4. 谐波

理想情况电网的交流电压(电流)波形应是标准的正弦波，但电网中大量的电力电子设备及非线性负荷，使得电压(电流)波形发生畸变，不再是正弦波。一个非正弦的周期波，可以通过傅里叶变换，分解为一个同频率的基波分量，还有一系列基波频率整数倍的各次分量，这部分分量称为谐波(harmonics)。谐波的存在会使得变压器和电动机的铁芯损耗增加，引起局部过热，同时振动和噪声增大；使得线路功率损耗和电能损耗增加；使继电保护及自动装置产生误动作；对附近通信线路产生信号干扰等。国家标准《电能质量 公用电网谐波》(GB/T 14549—1993)中规定了公用电网谐波电压限制和谐波电流允许值。

5. 三相不平衡度

在三相供电系统中，当电压或电流的三相量幅值不等或相位差不为 120° 时，则三相电压或电流不平衡。供配电系统中的三相不平衡主要是由三相负荷不对称引起的。三相不平衡电压或电流，按对称分量法可分为正序、负序和零序分量。负序分量的存在会对系统中电气设备的运行产生不良影响，如降低电动机输出转矩，使电动机绕组温升增高，从而加速绝缘老化，降低变压器容量利用率，使得保护装置误动等。

三相电压或电流的不平衡度用电压或电流负序分量与正序分量的有效值百分比表示，即

$$\varepsilon_u = \frac{U_2}{U_1} \times 100\% \qquad (1-3)$$

式中：U_1——三相电压的正序分量方均根值；

U_2——三相电压的负序分量方均根值。

在国家标准 GB/T 15543—1995 中对三相电压允许不平衡度作了规定：正常允许 2%，短时不超过 4%，每个用户不得超过 1.3%。

第三节 电力系统中性点的运行方式

电力系统的中性点是指星形连接的变压器或发电机的中性点。电力系统中性点的运行方式是一个综合性的复杂问题，涉及系统的电压等级、绝缘水平、通信干扰、接地保护方式及保护整定、供电可靠性及人身安全等多方面因素。我国电力系统的中性点运行方式主要有三种：中性点不接地、中性点经消弧线圈接地和中性点直接接地（或经小电阻接地）。前两种系统称为小电流接地系统，亦称电源中性点非有效接地系统；后一种系统称为大电流接地系统，亦称电源中性点有效接地系统。

一、中性点不接地方式

我国 3～66 kV 的电力系统通常采用中性点不接地运行方式。中性点不接地的电力系统正常运行时的电路和相量图如图 1-3 所示。为便于分析，假设三相电力系统的电压和线路参数都是对称的，把每相导线的对地电容用集中电容 C 表示，并忽略导线间的分布电容。

电力系统正常运行时，由于三相电压 $\dot{U}_A$、$\dot{U}_B$、$\dot{U}_C$ 对称，三相对地电容电流 $\dot{I}_{CA}$、$\dot{I}_{CB}$、$\dot{I}_{CC}$ 也是对称的，所以三相电容电流之和等于零，各相对地电压等于相电压，电源中性点对地电压等于零。

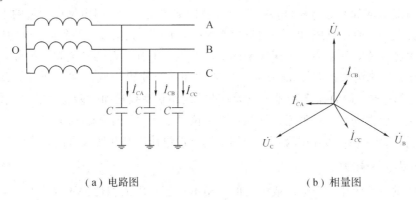

(a) 电路图 (b) 相量图

图 1-3 中性点不接地的电力系统正常运行时电路图和相量图

当中性点不接地的电力系统发生单相接地故障（C 相在 K 点发生金属性接地）时，如图 1-4(a) 所示，则故障相（C 相）对地电压降为零，中性点对地电压 $\dot{U}_0 = -\dot{U}_C$，即中性点对地电压由原来的零升高为相电压，此时非故障相（A、B）两相对地电压分别为

$$\begin{cases} \dot{U}'_A = \dot{U}_A + \dot{U}_0 = \dot{U}_A - \dot{U}_C = \dot{U}_{AC} = \sqrt{3} U_\varphi e^{-j150°} \\ \dot{U}'_B = \dot{U}_B + \dot{U}_0 = \dot{U}_B - \dot{U}_C = \dot{U}_{BC} = \sqrt{3} U_\varphi e^{+j150°} \end{cases} \tag{1-4}$$

以上分析表明，中性点不接地系统发生单相（C 相）接地故障时，非故障相（A、B 相）对

地电压升高到原来相电压的$\sqrt{3}$倍，即变为线电压，如图1-4(b)所示。但此时三相之间的线电压仍然对称，因此用户的三相用电设备仍可以照常运行，这是中性点不接地系统的最大优点。但是，发生单相接地故障后，其运行时间不能太长，以免非故障相中又有一相发生接地故障，从而造成两相接地短路。我国有关规程规定，中性点不接地的电力系统发生单相接地故障后，允许继续运行时间不得超过2小时，在此时间内应设法尽快排除故障；否则，就应将故障线路停电检修。

还应注意到，中性点不接地的电力系统发生单相接地故障后，非故障相的对地电压上升为线电压，中性点对地电压为相电压，因此设备的对地绝缘要求必须按照线电压考虑，同时要适当提高设备中性点的绝缘水平。

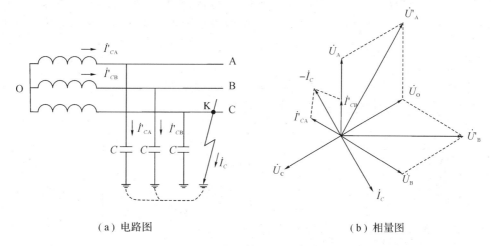

（a）电路图　　　　　　　　　　（b）相量图

图1-4 中性点不接地的电力系统发生C相接地故障时的电路图和相量图

在中性点不接地的电力系统中，发生单相（C相）接地故障后，流过接地点的故障电流（电容电流）为非故障相（A、B相）对地电容电流$\dot{I}'_{CA}$、$\dot{I}'_{CB}$之和，但方向相反，即

$$\dot{I}_C = -(\dot{I}'_{CA} + \dot{I}'_{CB}) \tag{1-5}$$

式中：

$$\dot{I}'_{CA} = j\omega C\dot{U}'_A = j\sqrt{3}\omega C\dot{U}_\varphi e^{-j150°} = \sqrt{3}\omega C\dot{U}_\varphi e^{-j60°}$$

$$\dot{I}'_{CB} = j\omega C\dot{U}'_B = j\sqrt{3}\omega C\dot{U}_\varphi e^{+j150°} = \sqrt{3}\omega C\dot{U}_\varphi e^{-j120°}$$

由此可得：

$$\dot{I}_C = \sqrt{3}\omega C\dot{U}_\varphi(e^{-j60°} + e^{-j120°}) = j3\omega C\dot{U}_\varphi \tag{1-6}$$

由式(1-6)可见，在中性点不接地的电力系统中，单相接地后单相接地电流等于正常时单相对地电容电流的3倍，且超前故障相电压90°。

必须注意的是，中性点不接地系统发生单相接地故障时，接地电流将在接地点产生稳定的或间歇性的电弧。若接地点的电流不大，在电流过零值时电弧将自行熄灭；当接地电流大于30A时，将形成稳定电弧，称为持续性电弧接地，可能会烧毁电气设备并引起多相短路；当接地电流大于10A而小于30A时，若电网中电感和电容构成谐振回路，则可能形成间歇性电弧。间歇性电弧容易引起弧光接地过电压，其幅值可达$(2.5\sim3)U_\varphi$，将危及整个电网的绝缘安全。

因此,中性点不接地运行方式仅适用于单相接地电容电流不大的电网。又因中性点不接地系统在发生单相接地故障时仍可以运行 2 小时,从提高供电可靠性的角度考虑,我国规定单相接地电流不大于 30 A 的 3～10 kV 电网和单相接地电流不大于 10 A 的 35～66 kV 电网宜采用中性点不接地运行方式。

二、中性点经消弧线圈接地方式

中性点不接地系统具有发生单相接地故障时仍可短时间内继续供电的优点,但当接地电流较大时,可能会产生间歇性电弧而引起弧光接地过电压,甚至发展成多相短路,造成严重事故。为了克服这一缺点,中性点可以采用经消弧线圈接地的方式。消弧线圈实际上就是一个铁芯可调的电感线圈。中性点经消弧线圈接地电力系统的电路图和相量图如图 1-5 所示。

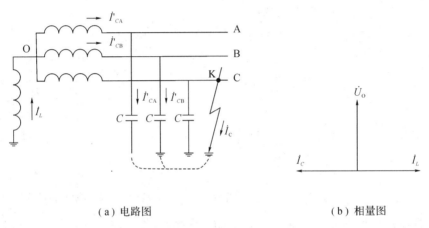

（a）电路图　　　　　　　　　　　（b）相量图

图 1-5　中性点经消弧线圈接地电力系统的电路图和相量图

正常运行时,由于三相对称,中性点对地电压 $\dot{U}_0=0$,消弧线圈中没有电流流过。当发生单相（C 相）接地故障时,如图 1-5(a)所示,中性点电压上升为相电压 $\dot{U}_0=-\dot{U}_C$,消弧线圈中将有电感电流 $\dot{I}_L$（滞后故障相电压 $\dot{U}_C 90°$）流过。中性点经消弧线圈接地的电力系统发生单相接地故障时,流过接地点的电流是接地电容电流 $\dot{I}_C$ 与流过消弧线圈的电感电流 $\dot{I}_L$ 之和。由图 1-5(b)可知,流过消弧线圈的电感电流 $\dot{I}_L$ 与接地电容电流 $\dot{I}_C$（超前故障相电压 $\dot{U}_C 90°$）方向相反,所以 $\dot{I}_L$ 和 $\dot{I}_C$ 在接地点相互补偿,使得总接地电流减小,易于熄弧。

消弧线圈对电容电流的补偿方式有 3 种:① 全补偿 $I_L=I_C$;② 欠补偿 $I_L<I_C$;③ 过补偿 $I_L>I_C$。实际中,大都采用过补偿方式。因为在全补偿方式下,感抗与容抗相等,正满足电磁谐振条件,可能产生危险的高电压和过电流,造成设备绝缘损坏,影响系统的安全运行。在欠补偿方式下,当电网运行方式改变而切除部分线路时,整个电网对地电容电流减少,有可能出现全补偿的形式,从而出现上述严重后果,所以很少被采用。

根据我国有关规程规定,当 3～10 kV 系统单相接地时的电容电流超过 30 A 或 35～66 kV 系统单相接地时的电容电流超过 10 A 时,其系统的中性点应装设消弧线圈。

三、中性点直接接地(或经小电阻接地)方式

中性点直接接地系统发生单相接地时,通过接地中性点即构成单相接地短路,产生很大的短路电流,如图1-6所示,可能会烧坏电气设备,甚至影响电力系统运行的稳定性。为此,通常需要配置继电保护装置,迅速动作切除故障线路。显然,中性点直接接地系统发生单相接地时,不能继续运行,所以其供电可靠性不如小电流接地系统。

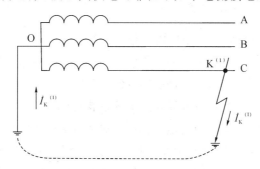

图1-6 中性点直接接地的电力系统电路图

中性点直接接地的电力系统在发生单相接地时,中性点电位仍为零,非故障相对地电压不变,因此电气设备绝缘水平可按相电压考虑,故可以降低工程造价。我国110 kV及以上电压等级的电力网大都采用中性点直接接地方式。

我国的380/220 V低压配电系统也广泛采用中性点直接接地方式,这主要是出于保证人身安全,防止触电事故发生的目的。在380/220 V低压配电系统中,除了连接中性点的中性线外,还设有保护线(PE线)或保护中性线(PEN线)。通过公共PE线,将设备外露可导电部分(正常不带电而故障时可能带电且易被触及的部分,如金属外壳等)连接到电源的接地点上。当系统中设备发生单线接地时,就会形成单相短路,使线路上的过电流保护动作,迅速切除故障,从而防止触电事故发生。

现代化城市6~35 kV配电网网络主要由电缆线路构成,其单相接地故障电流较大,可达100~1000 A,若采用中性点经消弧线圈接地方式,无法完全消除接地故障点的电弧和抑制谐振过电压。此时,可采用中性点经小电阻接地的运行方式。一方面,由于接地电阻的作用,系统的接地电流比中性点直接接地时要小,故对邻近线路的干扰也就弱;另一方面,中性点经电阻接地可以克服中性点不接地系统的缺点,减少弧光接地过电压的危害性。在这种接地方式中,线路装有零序电流保护,一旦发生单相接地故障,保护动作将故障线路切除。该方式具有切除单相接地故障快、过电压水平低的优点,主要适用于以电缆线路为主,不容易发生瞬时性单相接地故障且系统电容电流较大的城市电网、发电厂用电系统及企业供配电系统。

第四节 供配电系统设计的主要内容和程序

一、供配电系统设计的基本要求

供配电系统的设计应严格按照现行的国家标准规范和有关技术经济政策的要求,在确

保人身安全的前提下，力求使设计方案安全可靠、技术先进、经济合理。供配电系统设计必须从全局出发，统筹兼顾，按照负荷性质、用电容量、工程特点和地区供电条件，合理确定设计方案。设计时应根据工程特点、规模和发展规划，正确处理好近期建设和远期发展的关系，在满足近期使用要求的同时，兼顾未来发展的需要。同时应注重采用符合国家现行有关标准的高效节能、性能先进、绿色环保、安全可靠的电气产品。

二、供配电系统设计的主要内容

供配电系统中变配电所设计的主要内容包括：① 供电区域的负荷计算（预测），负荷类型、特点及对供电可靠性要求分析；② 负荷功率因数的确定及拟采取的补偿措施；③ 变配电所位置、变压器台数、容量和运行方式的选择；④ 变配电所主接线方案的确定；⑤ 高低压电网短路电流计算；⑥ 高低压电气设备及导线选择与校验；⑦ 变配电所二次回路和继电保护设计与参数整定；⑧ 变配电所的电气照明、防雷与接地系统等的设计；⑨ 变配电所的数据采集、自动化控制、调度和通信方式的设计；⑩ 电压质量及谐波分析与治理措施。

供配电线路设计的主要内容包括：① 供配电线路的接线方式和路径规划设计；② 供配电线路结构形式设计，即选择架空线路还是电缆线路；③ 供配电线路计算负荷和短路电流的确定，导线截面和型号的选择及校验；④ 供配电线路敷设方式和设计；⑤ 供配电线路继电保护（或保护电器）的设计与整定。

三、供配电系统设计的程序简介

供配电系统的设计程序，一般分为方案设计（或可行性研究）、初步设计和施工图设计三个阶段。

1. 方案设计

方案设计时根据供电区域的类型、地理环境、功能定位、负荷特点及电源点分布等因素，在进行可行性研究的基础上，制定并编写出该区域供配电系统设计任务。方案设计是供配电系统设计的工艺要求阶段，它明确了后续阶段的电气设计目标。

2. 初步设计

初步设计是供配电系统设计的最关键部分。它是在方案设计的基础上，按照设计任务书的要求，进行供电区域的负荷计算（预测），确定区域内的供配电方案，选择主要供配电设备，并编制设备清单和工程概算。初步设计完成后，应提交详细完整的供配电设计说明书、主要设备清册、工程概算书和电气设计图样等资料。

3. 施工图设计

施工图设计是在初步设计被设计主管部门批准的基础上，为满足安装施工的要求所进行的技术设计。本阶段的重点是绘制各种安装施工图。施工图是安装施工时的重要依据资料。施工图设计的主要工作是：① 校正和修订初步设计的基础资料和设计计算数据；② 按照初步设计的成果，绘制各种设备的单项安装施工图和各项工程的电气平面布置图、剖面图等；③ 编制安装施工说明书和工程预算（根据需要），列出所需设备、材料明细表等。

第五节 本课程主要内容和特点

"供配电技术"课程是电气工程及其自动化专业的一门核心专业课，与电路、电机学、电子学等专业基础课程紧密联系，同时也是学习后续专业课程的重要基础。本课程主要介绍供配电系统和变电所设计、运行、维护与检修所必需的基础理论和基本知识，包括：供配电系统的主要电气设备、电力负荷及其计算、短路计算及电器的选择校验、供配电网络和变电所的接线、供配电系统的保护、供配电系统的二次回路与自动装置、过电压保护及安全用电、供配电系统的自动化等。通过本课程的学习，使学生掌握一般供配电系统运行维护及简单设计计算所必需的基础知识和基本技能，具备解决供配电系统实际工程和运行管理中的一般技术问题和对简单供配电系统进行设计的能力。

"供配电技术"课程的特点是工程性和实践性强，涉及内容广泛。相对于电力系统来说，供配电系统是电力系统的末端，是消耗电能的用户。与电力系统繁杂严密的知识不同，"供配电技术"课程内容涉及面广，既包含一次系统、二次系统，还包含防雷和接地。课程内容没有深奥复杂的理论，更加侧重于工程实际应用，融入了大量国家技术标准、设计规范和运行规程。综上所述可知，"供配电技术"课程知识简单易懂，却易学难精，主要困难在于课程知识面广、实践性强，但系统性欠缺。因此，在本课程学习中应当重视依照供配电系统的设计流程及时归纳总结相关知识点，并且对照实际工程案例加以分析和理解。

本 章 小 结

本章介绍了电力系统和供配电系统的概念，讲述了电能的质量指标和供配电系统设计内容及程序，重点讨论了电力系统中各种电力设备的额定电压及电力系统中性点运行方式。

1. 电力系统是由发电厂、变电所、电力线路和电力用户组成的整体。电力网由各级电压的电力线路及其联系的变配电所组成，它是电力系统中连接发电厂和电力用户的中间环节。

2. 供配电系统处于电力系统末端，相当于电力系统的电力用户，由区域变电所（总降变电所）、高压配电所、配电线路、车间变电所（小区或建筑物内变电所）和用电设备等组成。

3. 电气设备在额定电压下运行时，其技术性能和经济效益最好。用电设备的额定电压等于所连接系统的标称电压；发电机的额定电压比所连接系统的标称电压高 5%；变压器一次绕组的额定电压等于所连接系统的标称电压，变压器二次绕组的额定电压比所连接系统的标称电压高 10% 或 5%（视线路长度或线路电压损失而定）；当变压器一次绕组与发电机直接相连时，其额定电压等于发电机额定电压。

4. 衡量电能质量的指标主要有：电压偏差、频率偏差、谐波、三相不平衡度、电压波动和闪变等。

5. 中性点运行方式的选择主要取决于单相接地时电气设备绝缘及供电可靠性要求。我国 3～66 kV 系统，为提高供电可靠性，一般采用中性点不接地运行方式。当 3～10 kV 系统接地电流大于 30 A，35～66 kV 系统接地电流大于 10 A 时，应采用中性点经消弧线圈接地的运行方式。110 kV 及以上系统为降低设备绝缘要求，1 kV 以下低压系统考虑单相负荷的使用和人身安全，通常采用中性点直接接地运行方式。

6. 消弧线圈的补偿方式有全补偿、欠补偿和过补偿，一般都采用过补偿方式。

7. 供配电系统设计的内容包括：负荷计算、无功补偿、主变选择、网络及变电所主接线设计、短路电流计算、电气设备选择、继电保护整定、防雷与接地设计等。

8. 供配电系统设计的一般程序包括：初步设计、方案设计和施工图设计三个阶段。

思考题与习题

1.1 什么叫电力系统？什么叫电力网？电力系统由哪几部分组成？

1.2 供配电系统由哪几部分组成？对供配电系统运行的基本要求是什么？

1.3 我国规定的三相交流系统的标称电压有哪些？用电设备、发电机、变压器的额定电压与所连接系统标称电压之间有什么关系？为什么？

1.4 试说明不同电压等级的适用范围。

1.5 衡量电能质量的主要指标有哪些？

1.6 电力系统中性点运行方式有哪几种？

1.7 什么叫小电流接地系统？什么叫大电流接地系统？小电流接地系统发生单相接地故障时，各相对地电压如何变化？这时为何可以短时间继续运行，但又不允许长期运行？

1.8 消弧线圈的补偿方式有哪几种？一般采用哪种补偿方式？为什么？

1.9 为什么我国规定 110 kV 以上的高压电网和 380/220 V 的低压电网要采用直接接地系统？各有什么优点？

1.10 试确定图中所示供电系统中发电机 G 和变压器 T1、T2 和 T3 的额定电压。

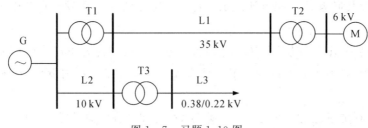

图 1-7 习题 1.10 图

第二章 负荷计算与无功功率补偿

第一节 概 述

一、计算负荷的概念

电力负荷(Electric Power Load)又称电力负载,一般是指电力系统中的用电设备或用户耗用的功率。实际负荷通常是随机变动的,故通常选取一个假想的持续性负荷,它在一定的时间间隔中产生特定效应与变动的实际负荷相等,这一假想的持续性负荷就称为计算负荷(Calculated Load)。

由于导体通过电流达到稳定温升所需时间为 $3\tau\sim4\tau$(τ 为导体发热时间常数),截面在 $16~mm^2$ 的导体,$\tau\geqslant10~min$,导体达到稳定温升所需时间约为 $3\tau=3\times10=30~min$。因此,通常采用"半小时最大负荷"作为计算负荷。

计算负荷是供配电系统设计计算(如选择和校验导体、电器、设备、保护装置和补偿装置,计算电压降、电压偏差、电压波动等)的基本依据。计算负荷的准确程度,直接影响电力设计的质量。如果计算负荷过大,电气设备及线缆的选择过大,就会造成投资增加,浪费有色金属;相反如果计算负荷过小,电气设备及线缆的选择偏小,会导致供电系统承受较大的过负荷电流而过热,加速其绝缘老化,降低使用寿命,增大电能损耗,甚至造成事故,影响供电系统的正常可靠运行。可见,正确确定计算负荷具有重要的意义。实际负荷情况复杂,计算负荷的确定涉及因素很多,它与设备性能、生产组织与管理、操作者的技能与素质以及能源供应状况等诸多因素有关,因此,负荷计算只能力求接近实际并留有一定裕度。

二、负荷曲线

负荷曲线(Load Curve)是表示电力负荷随时间变化情况的函数曲线。在直角坐标系中,纵坐标表示负荷(有功功率或无功功率)值,横坐标表示对应的时间(一般以小时为单位)。负荷曲线反映了电力用户的用电特点和规律,是进行电力系统规划和调度的依据。

负荷曲线按负荷对象,可分为大型商业、工矿企业或某类设备的负荷曲线;按负荷的功率性质,可分为有功负荷曲线和无功负荷曲线;按所表示的负荷变动的时间,可分为年负荷曲线、月负荷曲线和日负荷曲线。

1. 日负荷曲线

日负荷曲线描述负荷在一昼夜间($0\sim24~h$)的变化情况。有功或无功日负荷曲线,都可以用测量的方法得到数值后绘成曲线。如通过接在供电线路上的有功功率表或无功功率表,在一定的时间间隔内将仪表读数的平均值记录下来,如图 2-1(a)所示,就是在 24 h

内，将每隔 30 min 所测得的数据依次连成折线形式的日负荷曲线。负荷曲线所包围的面积，就表示该负荷所消耗的电能。为便于计算，负荷曲线多绘成梯形，即假定在每个时间间隔中，负荷是保持其平均值不变的，如图 2-1(b)所示。图 2-1 是某一班制工厂的日有功负荷曲线，其中一天中最大负荷称为峰荷，最小负荷称为谷荷，两者的差异称为峰谷差。峰谷差越大对发电容量的利用越不利，所以国内外都采取各种措施降低负荷的峰谷差。

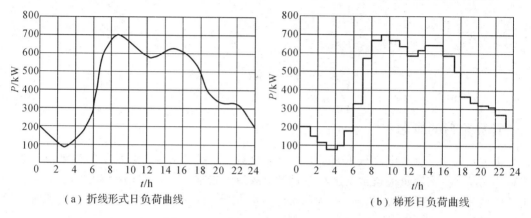

（a）折线形式日负荷曲线　　　　　　　（b）梯形日负荷曲线

图 2-1　一班制工厂的日有功负荷曲线

2. 年负荷曲线

年负荷曲线有两种：年负荷持续时间曲线和年每日最大负荷曲线。

1）年负荷持续时间曲线

年负荷持续时间曲线(Load Duration Curve)反映了全年负荷变动与负荷持续时间的关系，所以年负荷持续时间曲线是根据一年中具有代表性的冬日负荷曲线和夏日负荷曲线绘制而成，全年按规定的 8760 小时计，如图 2-2 所示。夏日和冬日在全年中所占的天数，应视当地的地理位置和气温情况而定。例如在我国北方，可近似地认为夏日 165 天，冬日 200 天；而在我国南方，则可近似地认为夏日为 200 天，冬日 165 天。从两条典型的日负荷曲线的功率最大值开始，依功率的递减顺序依次绘制。图 2-2(a)、(b)分别为南方某工厂的典型冬日负荷曲线和夏日负荷曲线，依此绘制该工厂的年负荷曲线。如功率 P_1 所持续的时间是：$T_1 = 200(t_1 + t'_1)$；功率 P_2 所持续的时间是：$T_2 = 200t_2 + 165t'_2$；在年负荷曲线上绘出功率 P_1、P_2 所持续的时间 T_1、T_2，以此类推，绘制出整个年负荷曲线，如图 2-2(c)所示。

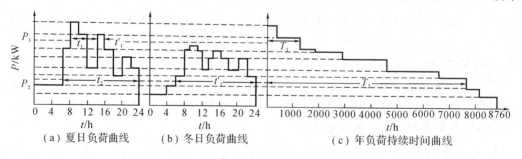

（a）夏日负荷曲线　　　（b）冬日负荷曲线　　　　（c）年负荷持续时间曲线

图 2-2　年负荷持续时间曲线绘制

2）年每日最大负荷曲线

年每日最大负荷曲线是年负荷曲线的另一种形式。按全年每日的最大负荷（通常取每日最大负荷的半小时平均值)绘制,如图 2 - 3 所示。横坐标依次以全年十二个月份的日期来分格。这种年最大负荷曲线可用来确定拥有多台电力变压器的变电所在一年的不同时期宜投入几台运行,即所谓经济运行方式,以降低电能损耗,提高供电系统的经济效益。

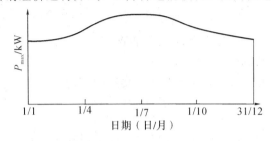

图 2 - 3 年每日最大负荷曲线

注意:日负荷曲线是按负荷的时间顺序绘制,而年负荷曲线则是按负荷的大小和累积时间绘制。

三、负荷曲线有关的物理量

1. 年最大负荷和年最大负荷利用小时数

年最大负荷 P_{max}(Annual Maximum Load),是全年中负荷最大的工作班内(这一工作班的最大负荷不是偶然出现的,而是全年至少出现过 2~3 次)消耗电能最大的半小时的平均功率,因此年最大负荷也称为半小时最大负荷,用 P_{30} 表示。图 2 - 4 为某工厂年有功负荷曲线,此曲线上最大负荷 P_{max} 即为年最大负荷。

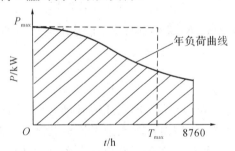

图 2 - 4 年最大负荷和年最大负荷利用小时数

年最大负荷利用小时数(Utilization Hours of Annual Maximum Load) T_{max} 又称为年最大负荷使用时间,它是一个假想时间,在此时间内,电力负荷按年最大负荷 P_{max}(或 P_{30})持续运行所消耗的电能,恰好等于该电力负荷全年实际消耗的电能。

图 2 - 4 用以说明年最大负荷利用小时数。P_{max} 延伸到 T_{max} 的横线与两坐标轴所包围的矩形面积,恰好等于年负荷曲线与两坐标轴所包围的面积,即全年实际消耗的电能 W_a。因此年最大负荷利用小时数为

$$T_{max} = \frac{W_a}{P_{max}} \tag{2-1}$$

T_{max} 的大小反映了变配电所设备利用率的大小和用户负荷的平稳程度,是反映电力负荷特征的一个重要参数。一般情况下,一班制工厂 $T_{max} \approx 1800 \sim 3000$ h;两班制工厂 $T_{max} \approx 3500 \sim 4500$ h;三班制工厂 $T_{max} \approx 5000 \sim 7000$ h。

2. 平均负荷和负荷系数

平均负荷（Average Load）P_{av}，就是电力负荷在一定时间 t 内平均消耗的功率。

$$P_{av} = \frac{W_t}{t} \tag{2-2}$$

式中：W_t——电力负荷 t 时间内消耗的电能，kW·h；

$\quad\quad t$——电力负荷运行的时间，h。

年平均负荷是指电力负荷在一年内消耗的功率的平均值，其表达式为

$$P_{av} = \frac{W_a}{8760} \tag{2-3}$$

图 2-5 用以说明年平均负荷。年平均负荷 P_{av} 延伸到 $t=8760$ 的横线与两坐标轴所包围的矩形面积，恰好等于年负荷曲线与两坐标轴所包围的面积，即全年实际消耗的电能量 W_a。

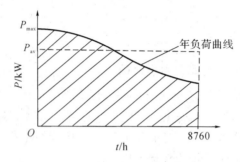

图 2-5　年平均负荷

负荷系数（Load Coefficient）K_L 又称负荷率，它是用电负荷的平均负荷 P_{av} 与其最大负荷 P_{max} 的比值，即

$$K_L = \frac{P_{av}}{P_{max}} \tag{2-4}$$

负荷系数表征负荷曲线波动的程度，即表征负荷起伏变动的程度。K_L 越小说明曲线起伏大即负荷变化大。K_L 是小于 1 的数值，从充分发挥供电设备的能力、提高供电效率来说，希望此系数越高、越趋近于 1 越好。从发挥整个电力系统的效能来说，应尽量使不平坦的负荷曲线"削峰填谷"，提高负荷系数。

对单个用电设备或用电设备组而言，负荷系数就是设备的输出功率 P 与设备额定功率 P_N 的比值，即

$$K_L = \frac{P}{P_N} \tag{2-5}$$

负荷系数 K_L 通常用百分数来表示。负荷系数有时称作负荷率，用 β 表示，而有的情况下有功负荷率用 α 表示，无功负荷率用 β 表示。

第二节　三相用电设备组计算负荷的确定

供配电设计中常用的确定计算负荷的方法有需要系数法、二项式系数法、利用系数法和单位指标法。需要系数法的特点是简单方便，对于任何性质的企业负荷均适用，且计算

结果基本上符合实际，尤其对各用电设备容量相差较小且用电设备数量较多的用电设备组，这种方法应用最为普遍。二项式系数法主要适用于设备台数较少而容量相差较大的场合。利用系数法以平均负荷作为计算的依据，其理论基础是概率论和数理统计，因而计算结果更接近实际情况，但因这种方法目前积累的实用数据不多，且其计算比较繁琐，因此在工程设计中未得到普遍应用。单位指标法常用于方案估算。本节主要介绍在我国应用比较广泛的需要系数法、二项式系数法和单位指标法。

一、用电设备额定容量的确定

每台用电设备的铭牌上都有"额定功率"，但由于各用电设备的额定工作条件不同，例如，有的是长期连续工作，有的是反复短时工作，不能简单地将铭牌上规定的额定功率直接相加作为用户电力负荷。必须先将其换算为同一工作制下的额定功率后，求和结果才有实际意义。将换算至统一规定工作制下的"额定功率"称为"设备容量"，用 P_e 表示。

1. 连续运行工作制（长期工作制）的用电设备

在规定的环境温度下连续运行，设备任何部分温升均不超过最高允许值，负荷比较稳定，如通风机水泵、空气压缩机、皮带输送机、破碎机、球磨机、搅拌机、电机车等机械的拖动电动机，以及电炉、电解设备、照明灯具等，均属连续运行工作制的用电设备。对连续运行工作制的用电设备有

$$P_e = P_N \tag{2-6}$$

2. 短时运行工作制（短暂工作制）的用电设备

在工作时间内，用电设备的温升尚未达到该负荷下的稳定值即停歇冷却，在停歇时间内其温度又降低为周围介质的温度，如机床上的某些辅助电动机（如横梁升降、刀架快速移动装置的拖动电动机）及水闸用电动机等设备均属于短时运行工作制的用电设备。对这类设备同样有

$$P_e = P_N \tag{2-7}$$

3. 断续运行工作制（重复短暂工作制）的用电设备

用电设备按一系列相同的工作周期运行，每个周期有一段恒定负载工作时间（t）与停歇时间（t_0），但在每一周期内运行时间较短，不足以使电动机达到热稳定，且每一周期的起动电流对温升无明显影响，这种设备即为断续运行工作制的用电设备。这类设备的工作周期一般不超过 10 min，如电焊机和起重机械。

断续运行工作制的设备，通常用暂载率 ε 表征其工作特征，其定义为一个工作周期内的工作时间与工作周期的百分比值，即

$$\varepsilon = \frac{t}{T} \times 100\% = \frac{t}{t + t_0} \times 100\% \tag{2-8}$$

式中：t、t_0——工作时间与停歇时间，两者之和为工作周期 T。

同一用电设备，在不同暂载率工作时，其输出功率是不同的。因此，不同暂载率的设备容量必须换算为同一暂载率下的容量才能相加。换算公式如下

$$P_\varepsilon = P_N \sqrt{\frac{\varepsilon_N}{\varepsilon}} \tag{2-9}$$

式中：ε、ε_N——负荷的实际暂载率与铭牌容量对应的负荷暂载率；

　　　P_ε——负荷暂载率为ε时设备的输出容量，kW。

常用的断续运行工作制用电设备的换算要求如下。

1）吊车电动机

吊车机组用电动机的设备容量统一换算到暂载率$\varepsilon=25\%$时的额定功率（kW），若其ε不等于25%则应进行换算，公式为

$$P_\varepsilon = P_N \times \sqrt{\frac{\varepsilon_N}{25\%}} = 2P_N\sqrt{\varepsilon_N} \qquad (2-10)$$

注意：电葫芦、起重机、行车等均按吊车机组用电动机考虑。

2）电焊机和电焊机组

电焊机及电焊机组的设备容量统一换算到暂载率$\varepsilon=100\%$时的额定功率（kW）。若其铭牌暂载率ε不等于100%则应进行换算，公式为

$$P_\varepsilon = P_N\sqrt{\varepsilon_N} = S_N\cos\varphi_N\sqrt{\varepsilon_N} \qquad (2-11)$$

式中：S_N——换算前的交流电焊机及电焊机组的额定视在功率，kVA；

　　　$\cos\varphi_N$——在S_N时的额定功率因数。

4. 照明设备的设备容量

（1）白炽灯、碘钨灯设备容量就等于灯泡上标注的额定功率（kW）。

（2）荧光灯需要考虑镇流器中的功率损失（约为灯管功率的20%），其设备容量应为灯管额定功率的1.2倍（kW）。

（3）高压水银荧光灯亦要考虑镇流器中的功率损失（约为灯泡功率的10%），其设备容量应为灯泡额定功率的1.1倍（kW）。

（4）金属卤化物灯：如采用镇流器，亦要考虑镇流器中的功率损失（约为灯泡功率的10%），故其设备容量应为灯泡额定功率的1.1倍（kW）。

【例2-1】 有一电焊变压器，其铭牌上给出：额定容量$S_N=42$ kVA，负荷持续率$\varepsilon_N=60\%$，功率因数$\cos\varphi=0.62$，试求该电焊变压器的设备容量P_ε。

解 电焊装置的设备功率统一换算到$\varepsilon=100\%$，所以设备功率为

$$P_\varepsilon = S_N\cos\varphi\sqrt{\frac{\varepsilon_N}{\varepsilon_{100}}} = 42 \times 0.62 \times \sqrt{0.6} = 20.2 \text{ kW}$$

【例2-2】 某车间有一台10吨桥式起重机，设备铭牌上给出：额定功率$P_N=39.6$ kW，负荷持续率$\varepsilon_N=40\%$。试求该起重机的设备容量。

解 起重机应换算到$\varepsilon=25\%$，因此设备容量为

$$P_\varepsilon = 2P_N\sqrt{\varepsilon_N} = 2 \times 39.6 \times \sqrt{0.4} = 50 \text{ kW}$$

二、需要系数法

需要系数法是根据用电设备容量来推测计算负荷的一种负荷计算方法。先对已经运行的系统进行调查分析，按一定规则（如工艺相似性等）将用电设备进行分组，找出各组设备容量与计算负荷的关系，并对每一组选用合适的需要系数，算出每组用电设备的计算负荷，然后根据各组计算负荷求总的计算负荷。

对于每一组用电设备，当在最大负荷运行时，安装的所有用电设备不可能全部同时运行，也不可能全部在满负荷下运行，再加之线路在输送功率时要产生损耗，用电设备本身也有损耗，所以不能将所有设备的额定容量简单相加来作为用电设备组的计算负荷，必须考虑在运行时可能出现的上述各种情况。因此，一个用电设备组的需要系数可表示为

$$K_d = \frac{K_\Sigma K_L}{\eta_{wl} \eta} \qquad (2-12)$$

式中：K_Σ——同时使用系数；

　　　K_L——负荷系数，即用电设备实际所需功率与其额定容量之比；

　　　η_{wl}——线路供电效率；

　　　η——用电设备组在实际运行功率时的平均效率。

需要系数 K_d 小于 1。附表 1~4 中给出了部分用电设备组、车间和企业的需要系数。

1. 单台用电设备的计算负荷

单台设备的计算负荷是选择该设备所在分支线的导线及其上开关设备的重要依据。考虑到单台用电设备总会有满载运行的时候，其计算负荷 P_{ca} 为

$$P_{ca} = \frac{P_e}{\eta} \qquad (2-13)$$

式中：P_e——换算到统一暂载率下的电动机的额定容量，kW；

　　　η——用电设备在额定负载下的效率，对于长期连续工作和反复短时工作的设备，η 取 1。

该设备的无功计算负荷为

$$Q_{ca} = P_{ca} \tan\varphi \qquad (2-14)$$

式中：φ——用电设备功率因数角。

2. 单组用电设备的计算负荷

一个车间内有很多台用电设备，在进行负荷计算时，要将用电设备按需要系数表上的分类方法详细地分成若干组，即将工艺性质相同且需要系数相近的用电设备合并成组，然后对各用电设备组的负荷进行计算。用电设备组的计算负荷是选择该组配电干线及其上开关设备的重要依据。

单组用电设备的计算负荷可按下式计算：

$$\left.\begin{array}{l} P_{ca} = K_d \sum P_e \\ Q_{ca} = P_{ca} \tan\varphi \\ S_{ca} = \dfrac{P_{ca}}{\cos\varphi} \end{array}\right\} \qquad (2-15)$$

式中：K_d——用电设备组的需要系数，见附表 1~4；

　　　$\sum P_e$——用电设备组的设备额定容量之和，但不包括备用设备容量，kW；

　　　φ——用电设备组的加权平均功率因数角，$\tan\varphi$ 值见附表 1、2、3、5。

3. 多组用电设备的计算负荷

当车间配电干线或变电所低压母线上接有多个用电设备组时，考虑各用电设备组的最大计算负荷不会同时出现，须将该干线或母线上各用电设备组的计算负荷相加，然后乘以

最大负荷同时系数（又称最大负荷混合系数），即得多个用电设备组的计算负荷。该计算负荷是选择车间低压配电干线及其上开关设备、变电所低压母线和车间变电所电力变压器容量的依据。其计算公式为

$$P_{ca} = K_P \sum P_{ca}$$
$$Q_{ca} = K_Q \sum Q_{ca}$$
$$S_{ca} = \sqrt{P_{ca}^2 + Q_{ca}^2}$$

$(2-16)$

式中：P_{ca}、Q_{ca}、S_{ca}——车间变电所低压母线上的有功、无功及视在计算负荷，kW、kvar 及 kVA；

$\sum P_{ca}$、$\sum Q_{ca}$——各用电设备组的有功、无功计算负荷的总和，kW、kvar；

K_P、K_Q——最大负荷时的有功、无功同时系数。K_P 的范围值见附表 6，K_Q 一般采用与 K_P 相同值。

【例 2-3】 某机修车间的 380 V 线路上，接有金属切削机床电动机 20 台共 50 kW（其中较大容量电动机有 7.5 kW 1 台、4 kW 3 台、2.2 kW 7 台）；另接通风机 3 台共 5 kW；电葫芦 1 个 3 kW（$\varepsilon_N = 40\%$），试求计算负荷（设同时系数为 0.9）。

解 冷加工电动机组：查附表 1 可得 $K_d = 0.16 \sim 0.2$（取 0.2），$\cos\varphi = 0.5$，$\tan\varphi = 1.73$，因此

$$P_{ca(1)} = K_d \sum P_e = 0.2 \times 50 = 10 \ (kW)$$

$$Q_{ca(1)} = P_{ca(1)} \tan\varphi = 10 \times 1.73 = 17.3 \ (kvar)$$

$$S_{ca(1)} = \frac{P_{ca(1)}}{\cos\varphi} = \frac{10}{0.5} = 20 \ (kVA)$$

通风机组：查附表 1 可得 $K_d = 0.75 \sim 0.85$（取 0.8），$\cos\varphi = 0.8$，$\tan\varphi = 0.75$，因此

$$P_{ca(2)} = K_d \sum P_e = 0.8 \times 5 = 4 \ (kW)$$

$$Q_{ca(2)} = P_{ca(2)} \tan\varphi = 4 \times 0.75 = 3 \ (kvar)$$

$$S_{ca(2)} = \frac{P_{ca(2)}}{\cos\varphi} = \frac{4}{0.8} = 5 \ (kVA)$$

电葫芦：由于是单台设备，可取 $K_d = 1$，查附表 1 可得 $\cos\varphi = 0.5$，$\tan\varphi = 1.73$，因此

$$P_e = P_N \times \sqrt{\frac{\varepsilon_N}{25\%}} = 2P_N \sqrt{\varepsilon_n} = 2 \times 3 \times \sqrt{0.4} = 3.79 \ (kW)$$

$$P_{ca(3)} = P_e = 3.79 \ (kW)$$

$$Q_{ca(3)} = P_{ca(3)} \tan\varphi = 3.79 \times 1.73 = 6.56 \ (kvar)$$

$$S_{ca(3)} = \frac{P_{ca(3)}}{\cos\varphi} = \frac{3.79}{0.5} = 7.58 \ (kVA)$$

因此总计算负荷为

$$P_{ca(\Sigma)} = K_\Sigma \sum P_{ca} = 0.9 \times (10 + 4 + 3.79) = 16.01 \ (kW)$$

$$Q_{ca(\Sigma)} = K_\Sigma \sum Q_{ca} = 0.9 \times (17.3 + 3 + 6.56) = 24.17 \ (kW)$$

$$S_{ca(\Sigma)} = \sqrt{P_{ca(\Sigma)}^2 + Q_{ca(\Sigma)}^2} = \sqrt{16.01^2 + 24.17^2} = 28.99 \ (kVA)$$

为了使人一目了然，便于审核，实际工程设计中常采用计算表格形式，如表 2-2 所示。

表 2-2　某机修车间电力负荷计算表

序号	用电设备组名称	台数	设备容量/kW	K_d	$\cos\varphi$	$\tan\varphi$	计算负荷		
							P_{ca}/kW	Q_{ca}/kvar	S_{ca}/kVA
1	机床组	20	50	0.2	0.5	1.73	10	17.3	20
2	通风机组	3	5	0.8	0.8	0.75	4	3	5
3	电葫芦	1	3.79($\varepsilon=25\%$)	1	0.5	1.73	3.79	6.56	7.58
负荷总计		24	—	—	—	—	17.79	26.86	—
		取 $K_\Sigma=0.9$		—	—	—	16.01	24.17	28.99

需要系数法由于简单易行，为设计人员所普遍接受，是当前通用的求取计算负荷的方法。需要系数法的数据来源于大量的测定和统计，但这种方法的缺点是将需要系数 K_d 看作与负荷群中设备多少及设备容量悬殊情况都无关的固定值，这是不严格的。因为事实上，只有当设备台数足够多，总容量足够大，且无特大型用电设备时，K_d 才能趋于一个稳定数值。因此，需要系数法比较适用于求全厂或大型车间变电所的计算负荷。当考虑大容量电动机对整个计算负荷 P_{ca}、Q_{ca} 的影响，尤其是当用电设备组内设备台数较少时，采用二项式系数法则更为准确。

三、二项式系数法

二项式系数法针对的是设备台数少、功率相差又大的低压干线和分支线上用电设备组的负荷计算。这种方法将计算负荷看成由两部分组成：一部分是由所有设备运行时产生的平均负荷，另一部分是由于大型设备（容量最大的 x 台）的投入所产生的负荷。二项式系数法的具体计算公式如下。

(1) 单组用电设备的计算负荷：

$$\begin{cases} P_{ca} = bP_e + cP_x \\ Q_{ca} = P_{ca}\tan\varphi \end{cases} \tag{2-17}$$

式中：P_e——用电设备组的设备额定容量之和；

$\quad\quad P_x$——用电设备组中 x 台容量最大的用电设备的功率之和；

$\quad\quad b$、c——二项式系数，是通过统计得出的数据，可以通过查表获得（见附表7）；

$\quad\quad \tan\varphi$——各用电设备组相应的功率因数角正切值。

当用电设备的台数等于最大容量用电设备的台数 x，且 $x \leqslant 3$ 时，一般将用电设备的设备容量总和作为最大计算负荷。

(2) 多组用电设备的计算负荷：

$$\begin{cases} P_{ca} = (cP_x)_{max} + \sum bP_e \\ Q_{ca} = (cP_x)_{max}\tan\varphi_x + \sum(bP_e\tan\varphi) \end{cases} \tag{2-18}$$

式中：$(cP_x)_{max}$——各用电设备组附加负荷 cP_x 中的最大值；

$\quad\quad \sum bP_e$——各用电设备组平均负荷 bP_e 的总和；

$\tan\varphi_x$——$(cP_x)_{max}$相应的功率因数角正切值；

$\tan\varphi$——各用电设备组相应的功率因数角正切值。

如果每组中的用电设备数量小于最大容量设备的台数 x，则采用各用电设备组中附加负荷 cP_x 最大的小于 x 的两组或更多组的 cP_x 总和，作为计算公式中的第一项。

采用二项式系数法计算时，应注意将计算范围内的所有用电设备统一分组，不应逐级计算后再代数相加，并且计算的最后结果，不再乘以最大负荷同时系数，因为由二项式系数法求得的计算负荷是总平均负荷和最大一组附加负荷之和，它与需要系数法的各用电设备组半个小时最大平均负荷的代数和概念不同。

【例 2-4】 试用二项式系数法确定例 2-3 所述机修车间 380 V 线路上的计算负荷。

解 先求各组的 bP_e 和 cP_x：

（1）冷加工电动机组。查附表 7 可得 $b=0.14$，$c=0.4$，$x=5$，$\cos\varphi=0.5$，$\tan\varphi=1.73$，故

$$bP_{e(1)}=0.14\times50=7\ (kW)$$
$$cP_{x(1)}=0.4\times(7.5\times1+4\times3+2.2\times1)=8.68(kW)$$

（2）通风机组。查附表 7 可得 $b=0.65$，$c=0.25$，$x=5$，$\cos\varphi=0.8$，$\tan\varphi=0.75$，故

$$bP_{e(2)}=0.65\times5=3.25\ (kW)$$
$$cP_{x(2)}=0.25\times5=1.25\ (kW)$$

（3）电葫芦。查附表 7 可得 $b=0.06$，$c=0.2$，$x=3$，$\cos\varphi=0.5$，$\tan\varphi=1.73$，电葫芦在 $\varepsilon=40\%$ 时 $P_N=3\ kW$，由例 2-3 可知，换算到 $\varepsilon=25\%$ 时的 $P_e=3.795\ kW$，故

$$bP_{e(3)}=0.06\times3.795=0.228\ (kW)$$
$$cP_{x(3)}=0.2\times3.795=0.759\ (kW)$$

以上各组设备中，附加负荷以 $cP_{x(1)}$ 为最大，因此总计算负荷为

$$P_{ca}=(7+3.25+0.228)+8.68=19.158(kW)$$
$$Q_{ca}=(7\times1.73+3.25\times0.75+0.228\times1.73)+8.68\times1.73\approx29.958(kvar)$$
$$S_{ca}=\sqrt{P_{ca}^2+Q_{ca}^2}=\sqrt{19.158^2+29.958^2}\approx35.56(kVA)$$
$$I_{ca}=\frac{S_{ca}}{\sqrt{3U_N}}=\frac{35.56}{\sqrt{3}\times0.38}=54.029(A)$$

比较例 2-3 和例 2-4 的计算结果可以看出，按二项式系数法计算的结果比按需要系数法计算的结果大得多。可见二项式系数法更适用于用电设备台数较少、各台设备容量相差悬殊的情况。但二项式系数法目前已有的系数数据都是机械加工设备的，且缺乏充分的理论依据，因而其应用受到一定的局限性。

四、单位指标法

单位指标法以实用指标积累为基础，对设备功率不明确的各类项目，可采用相应的指标直接求出计算负荷。

1. 负荷密度指标法

负荷密度指标法(单位面积功率法)主要用于工业和民用建筑工程。有功计算负荷计算公式为

$$P_{ca} = \frac{p_a A}{1000} \qquad (2-19)$$

式中：P_{ca}——有功计算负荷，kW；

$\quad$ p_a——负荷密度，W/m²；

$\quad$ A——建筑面积，m²。

规划单位建设用地负荷指标和规划单位建筑面积负荷指标参见附表 8。

2. 综合单位指标法

综合单位指标在住宅设计中应用最广。每套住宅的用电指标具有双重属性：用于选择入户线和电能表时，它是计算负荷；用于上级计算范围（如楼座、变电站）的负荷计算时，则代替每套住宅的设备功率。

$$P_{ca} = p_n N \qquad (2-20)$$

式中：p_n——综合单位用电指标，如 kW/户、kW/人、kW/床等；

$\quad$ N——综合单位数量，如户数、人数、床位数等。

综合单位可选取任何便于实测、统计和应用的单位。例如，高档宾馆可按 2～2.4 kW/床估算；影剧院可按 0.26 kVA/座位估算；用于住宅、商业、多层厂房的电梯，可分别按 30、40、50 kVA/部估算。

单位指标受多种因素的影响，不宜简单地规定硬性指标，附表 9、10 列出了住宅用电负荷的几种指标，住宅用电负荷的需要系数参见附表 11。

3. 单位产品耗电量法

单位产品耗电量法用于工业企业工程。有功计算负荷的计算公式为

$$P_{ca} = \frac{\omega N}{T_{max}} \qquad (2-21)$$

式中：ω——每一单位产品电能消耗量，如 kW/t、kW/台、kW/套等；

$\quad$ N——年产量，如 t、台、套等；

$\quad$ T_{max}——年最大负荷利用小时数，h。

单位产品耗电量由生产工业决定，示例参见附表 12。

第三节　单相用电设备组计算负荷的确定

一、计算原则

在用户供配电系统中，除了广泛使用三相用电设备外，还有各种单相用电设备，如照明、电热、电焊等设备。单相设备接在三相线路中，应尽量均衡分配在三相上，使三相负荷尽可能均衡。单相负荷计算的原则如下：

（1）如果三相线路中单相设备的总功率不超过三相设备总功率的 15%，则不论单相设备如何分配，单相设备可与三相设备综合按三相平衡计算。

（2）如果单相设备功率超过三相设备功率的 15%，则应将单相设备功率换算为等效三相设备功率，再与三相设备功率相加。

（3）对于单个功率小而数量多的灯具和电器，容易均衡地被分配到三相系统中，可视为三相设备。

二、单相设备组等效三相负荷的计算

1. 单相设备接于相电压时的等效三相负荷

其等效三相负荷按最大负荷相所接的单相设备容量 $P_{e,\varphi,m}$ 的 3 倍来计算

$$P_e = 3P_{e,\varphi,m} \qquad (2-22)$$

2. 单相设备接于线电压时的等效三相负荷

1）单相设备接于同一线电压时的等效三相负荷

由于容量为 $P_{e,\varphi}$ 的单相设备接在线电压上产生的电流为 $I = P_{e,\varphi}/(U_N\cos\varphi)$，这一电流与等效三相负荷产生的电流 $I' = P_e/(\sqrt{3}U_N\cos\varphi)$ 相等，因此其等效三相负荷为

$$P_e = \sqrt{3}\,P_{e,\varphi} \qquad (2-23)$$

2）单相设备接于不同线电压时的等效三相负荷

只有线间负荷时，将各线间负荷相加，取其中最大两项进行计算。以 $P_{AB} > P_{BC} > P_{CA}$ 为例计算等效三相负荷。按照等效发热原理，接于不同线电压的 P_{AB}、P_{BC}、P_{CA} 可等效为图 2-6 所示的三种接线的叠加，等效三相负荷为

$$P_e = \sqrt{3}\,P_{AB} + (3-\sqrt{3})P_{BC} \qquad (2-24)$$

$$Q_e = \sqrt{3}\,P_{AB}\tan\varphi_{AB} + (3-\sqrt{3})P_{BC}\tan\varphi_{BC} \qquad (2-25)$$

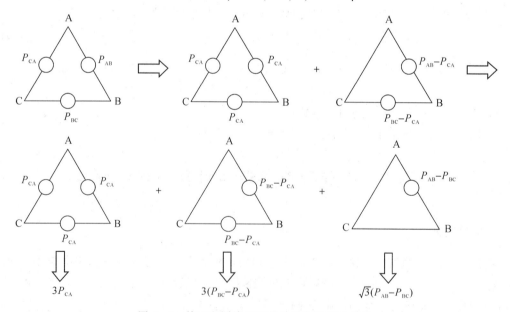

图 2-6 接于不同线电压的单相负荷等效变换

3. 单相设备分别接于线电压和相电压时的等效三相负荷

（1）首先应将接于线电压的单相设备功率换算为接于相电压的设备功率，可按下列换算公式进行换算：

A 相　　　$P_A = p_{AB-A}P_{AB} + p_{CA-A}P_{CA}$；$Q_A = q_{AB-A}P_{AB} + q_{CA-A}P_{CA}$

B 相　　　$P_B = p_{BC-B}P_{BC} + p_{AB-B}P_{AB}$；$Q_B = q_{BC-B}P_{BC} + q_{AB-B}P_{AB}$

C 相　　　$P_C = p_{CA-C}P_{CA} + p_{BC-C}P_{BC}$；$Q_C = q_{CA-C}P_{CA} + q_{BC-C}P_{BC}$

式中：P_{AB}、P_{BC}、P_{CA}——接于 AB、BC、CA 相间的有功负荷；

　　　P_A、P_B、P_C——换算为接于 A 相、B 相、C 相的有功负荷；

　　　Q_A、Q_B、Q_C——换算为接于 A 相、B 相、C 相的无功负荷；

　　　p_{AB-A}、q_{AB-A}、……——接于 AB、……线间负荷换算为 A 相负荷的有功和无功换算系数，具体可参见表 2-3。

表 2-3　相间负荷换算为等效相负荷的有功无功换算系数

换算系数	负荷功率因数								
	0.35	0.40	0.50	0.60	0.65	0.70	0.80	0.90	1.00
p_{AB-A}、p_{BC-B}、p_{CA-C}	1.27	1.17	1.00	0.89	0.84	0.80	0.72	0.64	0.50
p_{AB-B}、p_{BC-C}、p_{CA-A}	−0.27	−0.17	0	0.11	0.16	0.20	0.28	0.36	0.50
q_{AB-A}、q_{BC-B}、q_{CA-C}	1.05	0.86	0.58	0.38	0.30	0.22	0.09	−0.05	−0.29
q_{AB-B}、q_{BC-C}、q_{CA-A}	1.63	1.44	1.16	0.96	0.88	0.80	0.67	0.53	0.29

（2）分相计算各相的设备功率，并按需要系数法计算其计算负荷，而总的等效三相有功计算负荷为其最大有功负荷相的有功计算负荷的 3 倍，总的等效三相无功计算负荷为其最大有功负荷相的无功计算负荷的 3 倍。

【例 2-5】　某线路上装有单相 220 V 电热干燥箱 40 kW 2 台、20 kW 2 台，电加热器 20 kW 1 台及单相 380 V 自动电焊机（换算为 $\varepsilon = 100\%$）46 kW 3 台、51 kW 2 台、32 kW 1 台。试求该线路的计算负荷。

解　（1）首先应将单相负荷逐相分配，尽量使其平衡。负荷分配情况如下表所示。

设备名称及额定电压	设备功率/kW	台数	$\cos\varphi$ ($\tan\varphi$)	接于线电压的单相用电设备的功率/kW			接于相电压的单相用电设备功率/kW		
				AB	BC	CA	A	B	C
单相 220 V 电加热器	40	2	0.93				40	40	
电热干燥箱	20	3	(0.33)				20		20+20=40
单相 380 V 自动电焊机	46	3	0.6	46+51=97					
	51	2			46+32=78				
	32	1	(1.33)			46+51=97			
总计	412	11		97	78	97	40	60	40

（2）单相 220 V 电加热器和电热干燥箱的各相计算负荷。

查附表 1 得，电加热和电热干燥箱的 $K_d=0.6$，其计算负荷为

A 相：

$$P_{A1}=0.6\times40=24(kW)，Q_{A1}=P_{A1}\tan\varphi_{A1}=24\times0.33=7.92(kvar)$$

B 相：

$$P_{B1}=0.6\times60=36(kW)，Q_{B1}=P_{B1}\tan\varphi_{B1}=36\times0.33=11.88(kvar)$$

C 相：

$$P_{C1}=0.6\times40=24(kW)，Q_{C1}=P_{C1}\tan\varphi_{C1}=24\times0.33=7.92(kvar)$$

（3）单相 380 V 自动电焊机的各相计算负荷。

将线间负荷换算成接于各相的等效三相负荷。已知单相 380 V 自动电焊机的 $\cos\varphi=0.6$，查表 2-3 可得其转换系数，等效三相负荷为

$$P_{e,A2}=p_{AB-A}P_{AB2}+p_{CA-A}P_{CA2}=0.89\times97+0.11\times97=97(kW)$$

$$Q_{e,A2}=q_{AB-A}P_{AB2}+q_{CA-A}P_{CA2}=0.38\times97+0.96\times97=130(kvar)$$

$$P_{e,B2}=p_{BC-B}P_{BC2}+p_{AB-B}P_{AB2}=0.89\times78+0.11\times97=80.09(kW)$$

$$Q_{e,B2}=q_{BC-B}P_{BC2}+q_{AB-B}P_{AB2}=0.38\times78+0.96\times97=122.8(kvar)$$

$$P_{e,C2}=p_{CA-C}P_{CA2}+p_{BC-C}P_{BC2}=0.89\times97+0.11\times78=94.91(kW)$$

$$Q_{e,C2}=q_{CA-C}P_{CA2}+q_{BC-C}P_{BC2}=0.38\times97+0.96\times78=111.74(kvar)$$

查附表 1 可得，自动电焊机的 $K_d=0.5$，其计算负荷为

A 相：

$$P_{A2}=K_dP_{e,A2}=0.5\times97=48.5(kW)，Q_{A2}=K_dQ_{e,A2}=0.5\times130=65(kvar)$$

B 相：

$$P_{B2}=K_dP_{e,B2}=0.5\times80.09=40.5(kW)，Q_{B2}=K_dQ_{e,B2}=0.5\times122.8=61.4(kvar)$$

C 相：

$$P_{C2}=K_dP_{e,C2}=0.5\times94.91=47.46(kW)，Q_{C2}=K_dQ_{e,C2}=0.5\times111.74=55.87(kvar)$$

（4）各相总的计算负荷（取同时系数为 0.95）。

A 相：

$$P_{ca,A}=K_\Sigma(P_{A1}+P_{A2})=0.95\times(24+48.5)=68.88(kW)$$

$$Q_{ca,A}=K_\Sigma(Q_{A1}+Q_{A2})=0.95\times(7.92+65)=69.27(kvar)$$

B 相：

$$P_{ca,B}=K_\Sigma(P_{B1}+P_{B2})=0.95\times(36+40.5)=72.68(kW)$$

$$Q_{ca,B}=K_\Sigma(Q_{B1}+Q_{B2})=0.95\times(11.88+61.4)=69.62(kvar)$$

C 相：

$$P_{ca,C}=K_\Sigma(P_{C1}+P_{C2})=0.95\times(24+47.46)=67.89(kW)$$

$$Q_{ca,C}=K_\Sigma(Q_{C1}+Q_{C2})=0.95\times(7.92+55.87)=60.6(kvar)$$

（5）总的等效三相计算负荷。

因为 B 相的有功计算负荷最大，即

$$P_{ca,\varphi,max}=P_{ca,B}=72.68(kW)，Q_{ca,\varphi,max}=Q_{ca,B}=69.62(kvar)$$

总的等效三相计算负荷为

$$P_{ca} = 3P_{ca,\varphi,max} = 3 \times 72.68 = 218.04(kW)$$

$$Q_{ca} = 3Q_{ca,\varphi,max} = 3 \times 69.62 = 208.86(kvar)$$

$$S_{ca} = \sqrt{P_{ca}^2 + Q_{ca}^2} = \sqrt{218.04^2 + 208.86^2} = 301.93(kVA)$$

$$I_{ca} = \frac{S_{ca}}{\sqrt{3}U_N} = \frac{301.93}{\sqrt{3} \times 0.38} = 458.75(A)$$

第四节　尖峰电流计算

尖峰电流是电动机等用电设备启动或冲击性负荷工作时产生的最大负荷电流，一般比计算电流大得多，其持续时间一般为 $1 \sim 2$ s。尖峰电流是选择熔断器、整定低压断路器和继电保护装置、计算电压波动及校验电动机启动条件的依据。

1. 单台用电设备供电的支线尖峰电流

单台用电设备(如电动机、电弧炉或电焊变压器)的尖峰电流 I_{pk}，就是其启动电流 I_{st}，即

$$I_{pk} = I_{st} = K_{st}I_N \tag{2-26}$$

式中：I_N——用电设备的额定电流，A；

K_{st}——用电设备的启动电流倍数，鼠笼型电动机可达 7 倍左右，绕线型电动机一般不大于 2 倍，直流电动机一般取 $1.5 \sim 2$ 倍，单台电弧炉为 3 倍，弧焊变压器为小于或等于2.1倍，电阻焊机为 1 倍，闪光对焊机为 2 倍。

2. 多台用电设备供电的线路尖峰电流

接有多台用电设备的线路，只考虑其中一台设备启动，该设备启动电流最大，而其余用电设备达到最大负荷电流，计算公式为

$$I_{pk} = I_{st,max} + I_{ca(n-1)} \tag{2-27}$$

式中：$I_{st,max}$——启动电流最大的一台电动机启动的电流，A；

$I_{ca(n-1)}$——除启动电机以外的配电线路计算电流，A。

两台及以上设备有可能同时启动时，尖峰电流按实际情况确定。

【例 2-6】 某 380 V 供电干线向 3 台机床供电，已知 3 台机床电动机的额定电流和启动电流倍数分别为 $I_{N1} = 5$ A，$K_{st1} = 7$；$I_{N2} = 4$ A，$K_{st2} = 4$；$I_{N3} = 10$ A，$K_{st3} = 3$。试计算该干线的尖峰电流。

解 (1)计算各台设备的启动电流。

$$I_{st1} = K_{st1} \times I_{N1} = 7 \times 5 = 35(A)$$

$$I_{st2} = K_{st2} \times I_{N2} = 4 \times 4 = 16(A)$$

$$I_{st3} = K_{st3} \times I_{N3} = 3 \times 10 = 30(A)$$

可见，第 1 台设备的启动电流最大。

(2)计算供电干线的尖峰电流。

$$I_{pk} = I_{st,max} + I_{ca(n-1)} = I_{st,max} + K_d\sum I_N = 35 + 0.15 \times (4+10) = 37.1(A)$$

第五节 功率因数与无功功率补偿

一、供配电系统的无功功率和功率因数

1. 供配电系统的无功功率

无功功率是在电源与负荷之间来回交换的电功率，它是由电感性和(或)电容性阻抗产生的。根据电磁感应原理，感性无功功率能够建立交变磁场，从而实现能量转换和传递。供配电系统中的变压器、电动机等设备正是利用这一原理工作的。因此无功功率不是无用的功率，对于很多设备来说没有无功功率就不能工作。

供配电系统中的用电设备以电感居多，需要从电网吸收大量的无功功率。尽管无功功率不在负荷中消耗，但它在负荷与电源之间交换时必然会通过电网，将造成网损增加、电压损失加大、电网设备和线缆利用率降低等不良后果。减少电网中的无功功率，对供配电系统具有多方面的重要意义。

电网中无功功率相对大小一般用功率因数 $\cos\varphi$ 表示，其数值等于有功功率与视在功率的比值，如下式所示

$$\cos\varphi = \frac{P}{S} \tag{2-28}$$

功率因数总是小于或等于 1。在视在功率一定时，功率因数数值越大表示电网中有功功率比重越大，无功功率比重越小。功率因数是衡量供配电系统运行是否经济的一个重要指标。在《供用电规则》中规定：高压供电的工业用户和高压供电装有负荷调整电压装置的电力用户，功率因数为 0.9 以上；其他 100 kVA 及以上电力用户和大、中型排灌站，功率因数为 0.8 以上。

2. 功率因数的工程计算

在实际系统中，功率因数随着负荷和电压时刻变化着。每一时刻都有一个瞬时功率因数值，即

$$\cos\varphi = \frac{P}{\sqrt{3}\,IU} \tag{2-29}$$

瞬时功率因数对系统控制等是一个有用的参数，但不适合于供配电系统对功率因数的考核，因为不能仅凭某一个或几个瞬时的量来判断用户或系统的功率因数的长期情况。在供配电系统中，一般采用平均功率因数作为考核指标，用最大负荷功率因数来设计系统的无功补偿方案。

1）平均功率因数

平均功率因数是指某一规定时间段内功率因数的平均值。一般供电公司会定期抄表，读取有功和无功电能数据。用户在抄表周期内的平均功率因数 $\cos\varphi_{av}$ 正是由这些读数求得，即

$$\cos\varphi_{av} = \frac{W_P}{\sqrt{W_P^2 + W_Q^2}} = \frac{1}{\sqrt{1 + \dfrac{W_Q^2}{W_P^2}}} \tag{2-30}$$

式中：W_P——月有功电量，kW·h；

$\quad\quad W_Q$——月无功电量，kvar·h。

按式(2-30)计算平均功率因数需要系统运行数据，但在设计阶段，尚无系统运行参数，可以根据计算负荷估算平均功率因数。

$$\cos\varphi_{av}=\frac{P_{av}}{S_{av}}=\frac{\alpha P_{ca}}{\sqrt{(\alpha P_{ca})^2+(\beta Q_{ca})^2}} \quad\quad (2-31)$$

式中：P_{av}——全企业平均有功计算负荷，kW；

$\quad\quad Q_{av}$——全企业平均无功计算负荷，kvar；

$\quad\quad \alpha$——有功月平均负荷系数，一般为 0.7～0.75；

$\quad\quad \beta$——无功月平均负荷系数，一般为 0.76～0.82。

为了鼓励用户提高功率因数，我国供电企业每月向用户收取电费时采用"高奖低罚"的原则，即平均功率因数低于一定标准时，要增加一定比例的电费，而高于供电标准时，可适当减少一定比例的电费。

2）最大负荷功率因数

最大负荷时的功率因数是指电力用户的配电系统运行在年最大负荷(计算负荷)时的功率因数，即

$$\cos\varphi=\frac{P_{ca}}{S_{ca}}=\frac{P_{ca}}{\sqrt{P_{ca}^2+Q_{ca}^2}} \quad\quad (2-32)$$

国家标准 GB/T3485—1998《评价企业合理用电技术导则》中规定"在企业最大负荷时的功率因数应不低于 0.9，凡达不到上述规定的，应在负荷侧合理装设集中与就地无功补偿设备"。

3. 提高功率因数的方法

提高功率因数的关键是尽量减少电力系统中各个设备所需用的无功功率，特别是减少负荷从电网中取用的无功功率，使电网尽量少输送或不输送无功功率。电力用户功率因数不满足要求时，一般从两个方面采取措施：一是合理选取设备和改善设备运行工况，以提高自然功率因数；二是采用人工补偿技术，以提高总功率因数。

1）提高自然功率因数的措施

提高自然功率因数是指不需要增加任何补偿设备，采取科学措施就能减少供配电系统的无功功率的需要量。它不需要增加任何投资，是最经济的提高功率因数的方法，应优先采用。

提供自然功率因数的方法有以下五种。

(1) 合理选择异步电动机的规格和型号。

鼠笼型电动机的功率因数比绕线型的高，开启式和封闭式电动机的功率因数比密闭式的高，所以在满足工艺要求的情况下，尽量选用功率因数高的电动机。

异步电动机的功率因数和效率在负载率为 70% 至满载运行时较高，而在空载或轻载运行时较低。因此在选择电动机容量时，一般选择电动机的额定容量为拖动负载的 1.3 倍左右，防止"大马拉小车"现象。

（2）减少电动机的空载或轻载运行时间。

如果由于工艺要求，电动机在运行中出现长时间的空载或轻载运行情况，则必须采取相应的解决措施，如装设空载自停装置或降压运行等。降压运行可将电动机的定子绕组由三角形接线改为星形接线，或通过自耦变压器、电抗器、调压器等实现降压。

（3）保证电动机的检修质量。

电动机的定转子间气隙的增大或定子线圈的减少都会导致励磁电流的增加，从而增加从电网吸收的无功量而使功率因数降低。因此，检修时应严格保证电动机的结构参数和性能参数。

（4）尽可能采用同步电动机代替异步电动机，或绕线型异步电动机同步运行。

同步电动机过励磁运行时，可以向电网输送无功功率，但同步电动机结构复杂，附有启动控制设备，维护工作量大，一般容量小于 250 kW 的电动机不宜采用同步电动机。对低速、恒速且长期连续工作的较大容量的电动机，如球磨机、空压机、鼓风机、水泵等设备宜采用同步电动机。

（5）合理选择变压器的容量。

变压器一次侧的功率因数不仅与二次侧负荷的功率因数有关，还与变压器的负荷率有关。当变压器空载或轻载运行时，功率因数明显下降。研究表明当负荷率在 60% 以上时，变压器运行比较经济，当负荷率在 30% 以下时，需更换小容量的变压器。

2）人工补偿提高功率因数

人工补偿提高功率因数就是采用供应无功功率的设备来就地补偿用电设备所需要的无功功率，以减少电网中的无功功率传输。人工补偿提高功率因数一般有 3 种方法。

（1）并联电力电容器组。

利用电容器产生的无功功率与电感负载产生的无功功率进行交换，从而减少负载从电网吸取无功功率。并联电容器补偿具有投资省、有功功率损耗小、运行维护方便、故障范围小、无振动与噪声、安装地点较为灵活的优点；缺点是只能有级调节，不能随无功变化进行平滑的自动调节，当通风不良及运行温度过高时易发生漏油、鼓肚、爆炸等故障。

（2）同步调相机补偿。

同步调相机实际上就是一个大容量的空载运行的同步电动机，其功率大都在5000 kW以上，在过励磁时，它相当于一个无功发电机。其显著的优点是可以无级调节无功功率，但造价高，有功损耗大，需要专人进行维护。因而同步调相机主要用于电力系统的大型枢纽变电站，来调整区域电网的无功功率。

（3）动态无功功率补偿。

动态无功功率补偿主要用于急剧变动的冲击负荷，如炼钢电弧炉、轧钢机等的无功补偿。

动态无功功率补偿装置通常指静止无功补偿器(Static Var Compensator，SVC)，由特殊电抗器和电容器组成，通过晶闸管控制电抗器或（和）电容器。它具有响应快（可小于10 ms）、平滑调节性能好、补偿效率高、维修方便及谐波、噪声、损耗均小等优点，因此得到越来越广泛的应用。

随着电力电子技术，特别是大功率可关断器件技术的发展和日益完善，国内外已研制开发出一种更为先进的静止无功功率发生器（Static Var Generator，SVG），又称静止同步补偿器（Static Synchronous Compensator，STATCOM），是一种采用自换相变流电路的静止无功补偿装置。它能够提供超前和滞后的无功，与 SVC 相比调节速度更快且不需要大量的电容、电感等储能元件，同容量占地面积小。

二、无功功率补偿的原理与计算

1. 无功功率补偿的原理

所谓无功功率补偿，并不是减少设备本身的无功功率需求，而是在设备附近设置一个无功电源，向设备提供其所需的无功功率，以补偿其减少的从电源吸取的无功功率，这个无功电源就称为无功补偿装置。图 2-7 说明了无功功率补偿的原理：补偿前负荷从电源吸取无功功率 Q_L，Q_L 通过整个电网；补偿后补偿装置向负荷提供无功功率 Q_c，因此通过电网的无功功率减少为 $Q_L - Q_c$。

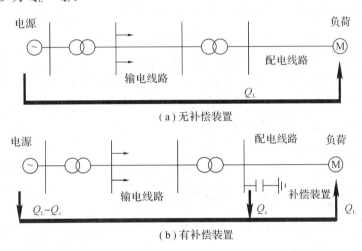

图 2-7　无功功率补偿的原理

2. 补偿容量计算

设某电力用户补偿前的平均负荷为 P_{av}，自然功率因数 $\cos\varphi_1$。若要求将功率因数提高到 $\cos\varphi_2$，则需要补偿的容量 Q_c 为

$$Q_c = P_{av} \cdot (\tan\varphi_1 - \tan\varphi_2) = \alpha \cdot P_{ca}(\tan\varphi_1 - \tan\varphi_2) \qquad (2-33)$$

式中：P_{ca}——最大有功计算负荷，kW；

α——月平均有功负荷系数；

φ_1、φ_2——补偿前、后的功率因数角；

$(\tan\varphi_1 - \tan\varphi_2)$——无功补偿率。

若采用电力电容器进行无功功率补偿，在确定总补偿容量 Q_c 之后，就可根据所选并联电容器单只容量 Q_{c1} 决定并联电容器的个数 n：

$$n = \frac{Q_c}{Q_{c1}} \qquad (2-34)$$

由上式计算所得的三相电容器个数 n 应取相近偏大的整数。若为单相电容器则应取 3

的整数倍以便三相均衡分配。

需要特别指出的是，在计算补偿用电力电容器容量和个数时，应考虑到实际运行电压可能与额定电压不同，电容器能补偿的实际容量将低于额定容量，此时须对额定容量作修正。电容器铭牌上的额定容量是在额定电压时的无功容量，因此，如电容器实际运行电压不等于额定电压，应按下式进行换算（注意：实际运行电压只能低于或等于额定电压）

$$Q_e = Q_N \left(\frac{U}{U_N}\right)^2 \tag{2-35}$$

式中：Q_N——电容器铭牌上的额定容量，kvar；

Q_e——电容器在实际运行电压下的容量，kvar；

U_N——电容器的额定电压，kV；

U——电容器的实际运行电压，kV。

例如，将 YY10.5-10-1 型高压电容器用在 6 kV 的工厂变电所中作无功补偿设备，则每个电容器的无功容量由额定值 10 kvar 降低为：$Q_e = 10 \times \left(\frac{6}{10.5}\right)^2 = 3.27 \text{(kvar)}$。显然，除了在不得已的情况下，这种降压使用的做法应尽可能避免。

【例 2-7】 某工厂的计算负荷为 2400 kW，平均功率因数为 0.67。根据规定应将平均功率因数提高到 0.9（在 10 kV 侧固定补偿），如果采用 BWF-10.5-40-1 型并联电容器，需装设多少个？并计算补偿后的实际平均功率因数。（取平均负荷系数 $\alpha = 0.75$，$\beta = 0.8$）

解 $\tan\varphi_1 = \tan(\arccos 0.67) = 1.1080$

$\tan\varphi_2 = \tan(\arccos 0.9) = 0.4843$

$Q_c = P_{av}(\tan\varphi_1 - \tan\varphi_2) = 0.75 \times 2400 \times (1.1080 - 0.4843) = 1122.66 \text{(kvar)}$

$n = \dfrac{Q_c}{Q_{c1}} = \dfrac{1122.66}{40} \approx 30 \text{(个)}$，每相装设 10 个。

此时的实际补偿容量为 $30 \times 40 = 1200 \text{(kvar)}$，所以补偿后实际平均功率因数为

$$\cos\varphi_{av} = \frac{P_{av}}{S_{av}} = \frac{\alpha P_{ca}}{\sqrt{(\alpha P_{ca})^2 + (\beta Q_{ca} - Q_c)^2}}$$

$$= \frac{\alpha P_{av}}{\sqrt{(\alpha P_{ca})^2 + (\alpha P_{ca}\tan\varphi_1 - Q_c)^2}}$$

$$= \frac{0.75 \times 2400}{\sqrt{(0.75 \times 2400)^2 + (0.75 \times 2400 \times 1.108 - 1200)^2}}$$

$$= 0.91$$

4. 补偿电容器的接线方式

补偿电容器的基本接线方式有三角形和星形两种，两种接法各有优缺点。采用三角形接法，电容器所加电压为线电压，其补偿容量是星形接法的 3 倍。但是采用三角形接法时电容器直接接在线电压上，任何一台电容器因故障被击穿时，就形成两相短路，故障电流很大，如果故障不能迅速切除，故障电流和电弧将使绝缘介质分解产生气体，使油箱爆炸，并波及邻近的电容器。

因此，在供配电系统中，对于 220/380 V 系统，为了提高补偿容量，电容器多采用三角形接线；10 kV 以上高压系统一般采用星形或双星形接线。所谓双星形接线，是将电容器平

均分成两个电容相等或相近的星形接线电容器组，并联到电网母线，两组电容器的中性点之间经过一台低变比的电流互感器相连。这种接线可以利用其中性点连接构成电流保护装置，当电容器故障击穿切除后，会产生不平衡电流，使保护装置动作将电源断开。这种保护方式简单有效，不受系统电压不平衡或接地故障的影响。

三、无功功率补偿方式

无功功率补偿方式合理性主要从补偿范围的大小、补偿容量的利用率高低以及补偿装置的运行和管理维护等方面来权衡。根据无功补偿装置在供配电系统中的装设位置不同，通常可分为高压集中补偿、低压成组补偿和分散就地补偿（个别补偿）三种补偿方式，它们装设位置与补偿区的分布如图 2-8 所示。

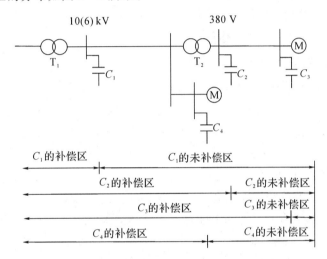

图 2-8　无功补偿装置装设位置与补偿区分布

1）高压集中补偿

无功补偿装置集中安装在电力用户或地方总降压变电所二次侧（6～10 kV 侧），如图 2-8 中的 C_1 所示。高压集中补偿一般设有专门的电容器室，并要求通风良好，且配有可靠的放电设备。这种补偿方式补偿范围小，只能补偿 6～10 kV 母线（补偿点）之前线路上的无功功率。但这种补偿方式投资比较小，电容器利用率高，能够提高整个变电所的功率因数，安装、调试、调节、维护等很方便，因此在大中企业中被广泛采用。

2）低压成组补偿

将补偿装置分散安装在各个车间低压配电母线上，如图 2-8 中 C_2 所示。它能够补偿变电所低压母线前的变压器和所有有关高压系统的无功功率，因此其补偿区大于高压集中补偿。该补偿方式能够减小流经变压器的视在功率，从而能够有效减小供电线路和变压器的容量，因此较为经济。这种补偿多以低压配电屏这种成套方式实施，配电屏一般安装在低压配电室内，运行维护安全方便。该补偿方式在用户中应用相当普遍。

3）分散就地补偿

将补偿装置直接安装在吸取无功功率的用电设备附近，如图 2-8 中 C_3、C_4 所示。这种补偿方式能够补偿安装点以前的所有变压器和高低压线路上的无功功率，补偿范围最大，补偿效果最好。但该方式设备利用率低、投资大，所以个别补偿只适用于运行时间长的大容量设备、所需补偿的无功功率较大以及供电线路较长的情况。

在设计中一般根据用电单位负荷分布的特点综合考虑，将这三种补偿方式有机结合，达到最佳补偿效果；同时必须将计量电能侧的平均功率因数补偿到规定标准以上。

第六节　供配电系统的计算负荷

一、供配电系统的功率损耗与电能损耗

电流流过电力线路和变压器时，必然引起功率损耗和电能损耗。因此，在确定供配电系统总计算负荷时，应计入这部分损耗。

1. 电力线路的功率损耗

假设三相供配电线路参数三相对称，则有功功率损耗 ΔP_W（kW）、无功功率损耗 ΔQ_W（kvar）分别按下式计算：

$$\begin{cases} \Delta P_\text{W} = 3I_\text{ca}^2 R_\text{WL} \times 10^{-3} = 3I_\text{ca}^2 R_0 l \times 10^{-3} \\ \Delta Q_\text{W} = 3I_\text{ca}^2 X_\text{WL} \times 10^{-3} = 3I_\text{ca}^2 X_0 l \times 10^{-3} \end{cases} \tag{2-36}$$

式中：I_ca——线路的计算电流，A；

R_WL、R_0——线路每相的电阻和单位长度电阻，Ω、Ω/km；

X_WL、X_0——线路每相的电抗和单位长度电抗，Ω、Ω/km；

l——线路的计算长度，km。

2. 电力变压器的功率损耗

电力变压器的功率损耗包括铁损和铜损。

铁损是变压器主磁通在铁芯中产生的损耗。变压器主磁通只与外加电压有关，当外加电压和频率恒定时，铁损为一常数，与负荷无关。铁损可由变压器空载实验测定，通常又称为空载损耗。空载损耗分为空载有功功率损耗 ΔP_0 和空载无功功率损耗 ΔQ_0 两部分。

铜损是变压器负荷电流在一次和二次绕组中产生的损耗，其值与负荷电流的平方成正比。铜损可由变压器负载损耗测定，通常又称为负载损耗。负载损耗分为负载有功功率损耗 ΔP_L 和负载无功功率损耗 ΔQ_L 两部分。

1）电力变压器的有功功率损耗

变压器的有功功率损耗由空载有功功率损耗和负载有功损耗两部分组成，如下式所示

$$\Delta P_\text{T} = \Delta P_0 + \Delta P_\text{L} = \Delta P_0 + \Delta P_\text{K} \beta_\text{ca}^2 \tag{2-37}$$

式中：ΔP_K——变压器额定负载时的有功功率损耗，kW；

β_ca——变压器的计算负荷系数，公式如下

$$\beta_\text{ca} = \frac{S_\text{ca}}{S_\text{NT}} \tag{2-38}$$

式中：S_ca——变压器的计算负荷，kVA；

S_{NT}——变压器的额定容量，kVA。

2）电力变压器的无功功率损耗

变压器的无功功率损耗也由空载无功功率损耗 ΔQ_0 和负载无功功率损耗 ΔQ_L 两部分组成。

空载无功功率损耗是用来产生磁通的励磁电流形成的，它与励磁电流或近似地与空载电流成正比，即

$$\Delta Q_0 \approx \frac{I_0\%}{100} S_{NT} \tag{2-39}$$

式中：$I_0\%$——变压器空载电流百分数。

负载无功功率损耗是消耗在变压器一、二次绕组电抗上的无功功率，它与负荷电流的二次方成正比。由于变压器的电抗远大于电阻，额定负荷下的这部分无功损耗 ΔQ_k 近似地与短路电压成正比，即

$$\Delta Q_K \approx \frac{U_K\%}{100} S_{NT} \tag{2-40}$$

式中：$U_K\%$——变压器短路电压百分数。

因此变压器的无功功率损耗为

$$\Delta Q_T = \Delta Q_0 + \Delta Q_K \beta_{ca}^2 \approx \left(\frac{I_0\%}{100} + \frac{U_K\%}{100}\beta_{ca}^2\right) S_{NT} \tag{2-41}$$

在负荷计算中，当变压器技术数据不详时，变压器的功率损耗在负荷率不大于 85% 时，低损耗变压器的功率损耗可按下式估算

$$\begin{cases} \Delta P_T = 0.01 S_{ca} \\ \Delta Q_T = 0.05 S_{ca} \end{cases} \tag{2-42}$$

式中：S_{ca}——变压器二次侧的计算视在功率。

3. 电能损耗

电力网的运行情况随时间在经常变化，其中变压器和线路的功率损耗也随之而变，所以电力系统运行经济性不能以某一瞬间的功率损耗来衡量，必须计算某一时间段（日、月或年）内电力网的电能损耗。

线路上流过的电流、有功负荷和无功负荷是随时间变化的，因此线路上的电能损耗为

$$\Delta W = \int_0^T I^2 R \mathrm{d}t = \int_0^T \left(\frac{P^2 + Q^2}{U^2}\right) R \mathrm{d}t \tag{2-43}$$

式中：ΔW——电能损耗；

I——线路上电流；

R——线路电阻；

P、Q、U——线路某一端有功负荷、无功负荷和电压。

式（2-43）的计算虽然严格，但计算工作量大，实用计算中一般采用最大负荷利用小时数 T_{max} 和最大负荷损耗时间 τ 的关系来计算。根据已知的 T_{max} 和功率因数，从表 2-4 中直接查出最大负荷损耗时间 τ 值，则全年电能损耗为

$$\Delta W = \Delta P_{max} \times \tau \tag{2-44}$$

表 2-4　最大负荷损耗时间 τ 与最大负荷利用小时数 T_{max} 的关系

T_{max}/h 　　 $\cos\varphi$	0.8	0.85	0.9	0.95	1
2000	1500	1200	1000	800	700
2500	1700	1500	1250	1100	950
3000	2000	1800	1600	1400	1250
3500	2350	2150	2000	1800	1600
4000	2750	2600	2400	2200	2000
4500	3150	3000	2900	2700	2500
5000	3600	3500	3400	3200	3000
5500	4100	4000	3950	3750	3600
6000	4650	4600	4500	4350	4200
6500	5250	5200	5100	5000	4850
7000	5950	5900	5800	5700	5600
7500	6650	6600	6550	6500	6400
8000	7400		7350		7250

变压器绕组中电能损耗的计算也可以采用最大负荷损耗时间法,与线路中电能损耗的计算不同之处是变压器铁芯中电能损耗按全年投入运行的实际小时数来计算,即

$$\Delta W=\Delta P_0 T+\Delta P_{max}\tau \tag{2-45}$$

求得电能损耗后,就可以计算电力系统的一项重要经济指标——线损率(或网损率)。线损率是指在一段时间内,电力网电能损耗与供电量比值,通常以百分比表示,即

$$线损率=\frac{电能损耗}{供电量}\times 100\%$$

线损率是衡量供电企业管理水平的主要标志之一。

二、供配电系统计算负荷的确定

确定用户或区域供配电系统的计算负荷是选择电源进线和一、二次设备的基本依据,是供配电系统设计的重要组成部分,也是与电力部门签订用电协议的基本依据。在进行技术设计时,供配电系统计算负荷的确定,一般采用逐级计算法,由用电设备组开始逐级向电源进线侧计算。各级计算点的选取,一般为各级配电箱(屏)的出线和进线、变电所的低压出线、变压器低压母线、高压进线等处。采用需要系数法逐级计算供配电系统计算负荷的原则和步骤如下:

(1)首先确定单台用电设备的计算负荷;

(2)将用电设备分类,采用需要系数法确定各用电设备组的计算负荷;

(3)根据用户的供配电系统图,从用电设备向电源进线侧逐级计算负荷;

(4)在计算点(配电点)处考虑同时系数;

(5)在变压器安装时,变压器高压侧应加上变压器功率损耗,配电线路较长时,应考虑线路上的功率损耗;

(6)在变配电所的高压侧和并联电容器安装处,应取无功补偿后的负荷进行计算。

以图 2-9 所示变电所为例，说明采用需要系数法求计算负荷的原则和步骤。

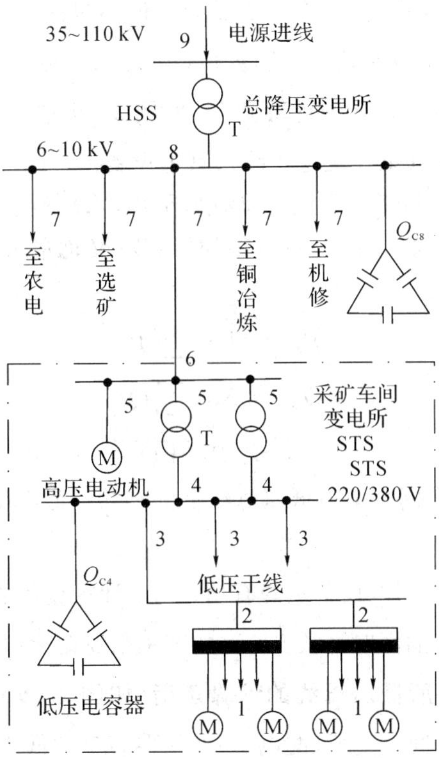

图 2-9 某铜矿供配电系统

1. 单台用电设备的计算负荷（如图 2-9 中点"1"）

计算目的：用于选择该设备所在分支线的导线及其上设备。

因为是单台设备，故不存在同时系数，即 $K_\Sigma = 1$；考虑到单台用电设备总会有满载运行的时候，负荷系数 K_L 可取 1；线路一般较短，线路效率 η_{WL} 可视为 1，其计算负荷为

$$\begin{cases} P_{ca1} = \dfrac{P_e}{\eta} \\ Q_{ca2} = P_{ca1} \tan\varphi_N \end{cases} \qquad (2-46)$$

式中：P_e——换算到统一暂载率下的电动机的额定容量，kW；

η——用电设备在额定负载下的效率，对于长期连续工作和反复短时工作的设备，η 取 1；

φ_N——用电设备功率因数角。

2. 单组用电设备的计算负荷（如图 2-9 中点"2"）

计算目的：用来选择该组配电干线及其上设备。

单组用电设备的计算负荷可按下式计算：

$$\begin{cases} P_{ca2} = K_d \sum P_e \\ Q_{ca2} = P_{ca2} \tan\varphi \\ S_{ca2} = P_{ca2} / \cos\varphi \end{cases} \qquad (2-47)$$

式中：K_d——用电设备组的需要系数，见附表 1～4；

$\sum P_e$——用电设备组的设备额定容量之和，但不包括备用设备容量，kW；

φ——用电设备组的加权平均功率因数角，$\tan\varphi$ 值见附表 1、2、3、5。

3. 车间干线或多组用电设备的计算负荷（如图 2-9 中点"3"）

计算目的：用来选择车间低压配电干线及其上设备。

当车间配电干线或变电所低压母线上接有多个用电设备组时，考虑各用电设备组的最大计算负荷不会同时出现，需计入最大负荷同时系数（又称最大负荷混合系数），其计算公式为

$$\begin{cases} P_{ca3} = K_{\sum} \sum P_{ca2} \\ Q_{ca3} = K_{\sum} \sum Q_{ca2} \\ S_{ca3} = \sqrt{P_{ca2}^2 + Q_{ca2}^2} \end{cases} \tag{2-48}$$

式中：P_{ca3}、Q_{ca3}、S_{ca3}——车间变电所低压母线上的有功、无功及视在计算负荷，kW、kvar 及 kVA；

$\sum P_{ca2}$、$\sum Q_{ca2}$——各用电设备组的有功、无功计算负荷的总和，kW、kvar；

$K_{\sum}$——最大负荷时的同时系数。$K_{\sum}$ 的范围值见附表 6。

4. 车间变电所或配电所低压母线的计算负荷（如图 2-9 中点"4"）

计算目的：用来选择车间变电所（配电所）变压器容量和低压母线及其上设备。

考虑每条干线上的最大负荷不一定同时出现，所以还要引入一个同时系数，计算公式为

$$\begin{cases} P_{ca4} = K_{\sum p} \sum P_{ca3} \\ Q_{ca4} = K_{\sum q} \sum Q_{ca3} \\ S_{ca4} = \sqrt{P_{ca3}^2 + Q_{ca3}^2} \end{cases} \tag{2-49}$$

此时，$K_{\sum p}$ 可取 $0.90\sim0.95$，$K_{\sum q}$ 可取 $0.93\sim0.97$。

如果在低压母线上装有无功补偿用的静电电容器组，其容量为 Q_{c3}（kvar），则当计算为 Q_{ca4} 时，要减去无功补偿容量，即

$$Q_{ca4} = K_{\sum q} \sum Q_{ca3} - Q_{c3} \tag{2-50}$$

5. 车间变电所中变压器高压侧的计算负荷（如图 2-9 中点"5"）

计算目的：用来选择高压配电线及其上设备。

将车间变电所低压母线的计算负荷加上车间变压器的功率损耗，即可得其高压侧负荷，计算公式为

$$\begin{cases} P_{ca5} = P_{ca4} + \Delta P_T \\ Q_{ca5} = Q_{ca4} + \Delta Q_T \\ S_{ca5} = \sqrt{P_{ca5}^2 + Q_{ca5}^2} \end{cases} \tag{2-51}$$

式中：P_{ca5}、Q_{ca5}、S_{ca5}——车间变电所中变压器高压侧的有功、无功及视在计算负荷，kW、kvar 及 kVA；

ΔP_{T}、ΔQ_{T}——变压器的有功损耗与无功损耗，kW、kvar。

但是，在计算负荷时，车间变压器尚未选出，变压器损耗可按式(2-42)计算。

6. 全车间变电所中高压母线上的计算负荷（如图2-9中点"6"）

计算目的：用来选择车间变电所高压母线、高压配电线路及其上设备。

当车间变电所的高压母线上接有多台电力变压器和多台高压用电设备时，将车间各变压器高压侧计算负荷及高压用电设备计算负荷相加，即得车间变电所高压母线上的计算负荷 P_{ca6}、Q_{ca6}、S_{ca6}。其计算公式为

$$\begin{cases} P_{\mathrm{ca6}} = \sum P_{\mathrm{ca5}} + P_{\mathrm{5m}} \\ Q_{\mathrm{ca6}} = \sum Q_{\mathrm{ca5}} + Q_{\mathrm{5m}} \\ S_{\mathrm{ca6}} = \sqrt{P_{\mathrm{ca6}}^2 + Q_{\mathrm{ca6}}^2} \end{cases} \qquad (2-52)$$

式中：P_{5m}、Q_{5m}——车间高压用电设备的有功及无功计算负荷，kW、kvar，计算方法同单台设备负荷计算。

7. 总降压变电所出线上的计算负荷（如图2-9中点"7"）

计算目的：用来选择高压配电干线及其上设备。

由于一般用户或区域供电的范围不大，且高压线路中电流较小，故在高压配电线路中的功率损耗较小，在负荷计算中可忽略不计。故有

$$\begin{cases} P_{\mathrm{ca7}} = P_{\mathrm{ca6}} \\ Q_{\mathrm{ca7}} = Q_{\mathrm{ca6}} \\ S_{\mathrm{ca7}} = S_{\mathrm{ca6}} \end{cases} \qquad (2-53)$$

8. 总降压变电所低压侧母线的计算负荷（如图2-9中点"8"）

计算目的：用来选择总降变电所变压器容量和低压母线及其上设备。

将总降压变电所6～10 kV出线上的计算负荷（P_{ca7}、Q_{ca7}）分别相加后，乘以各自最大负荷的同时系数，就可求得总降压变电所低压侧母线上的计算负荷 P_{ca8}、Q_{ca8}、S_{ca8}。如果根据技术经济比较结果，决定在总降压变电所6～10 kV二次母线侧采用高压电容器进行无功功率补偿，则在计算总无功功率 Q_{ca8} 时，应减去补偿设备的容量 Q_{c7}，即

$$\begin{cases} P_{\mathrm{ca8}} = K_{\sum} \sum P_{\mathrm{ca7}} \\ Q_{\mathrm{ca8}} = K_{\sum} \sum Q_{\mathrm{ca7}} - Q_{\mathrm{c7}} \\ S_{\mathrm{ca8}} = \sqrt{P_{\mathrm{ca8}}^2 + Q_{\mathrm{ca8}}^2} \end{cases} \qquad (2-54)$$

9. 确定全厂总计算负荷

计算目的：用来选择高压进线及其上设备和确定供电部门申请的用电容量。

将总降压变电所低压侧母线上的计算负荷（P_{ca8}、Q_{ca8}）加上主变压器的功率损耗（ΔP_{T}、ΔQ_{T}），即可求得全厂总计算负荷 P_{ca9}、Q_{ca9}、S_{ca9}。

$$\begin{cases} P_{\mathrm{ca9}} = P_{\mathrm{ca8}} + \Delta P_{\mathrm{T}} \\ Q_{\mathrm{ca9}} = Q_{\mathrm{ca8}} + \Delta Q_{\mathrm{T}} \\ S_{\mathrm{ca9}} = \sqrt{P_{\mathrm{ca9}}^2 + Q_{\mathrm{ca9}}^2} \end{cases} \qquad (2-55)$$

【例 2 - 8】 某企业 35/10 kV 的总降压变电所，分别供电给 1♯～4♯ 10 kV 车间变电所及 3 台 10 kV 空气压缩机，如图 2-10 所示。其中 1♯ 变电所负荷有：机加工车间冷加工机床功率共 342 kW、通风机 18 kW、电焊机 81 kW(60%)、吊车 87.5 kW(40%)、照明(荧光灯、电子镇流器)5.4 kW，办公大楼照明(荧光灯、电子镇流器)12.6 kW，空调 126 kW，科研设计大楼照明(荧光灯、电子镇流器)21.6 kW，空调 180 kW，室外照明(高压钠灯、节能型电感镇流器)10 kW。2♯～4♯ 车间变电所的计算负荷分别为：$P_{ca2}=720$ kW，$Q_{ca2}=550$ kvar；$P_{ca3}=650$ kW，$Q_{ca3}=446$ kvar；$P_{ca4}=568$ kW，$Q_{ca4}=420$ kvar。空调压缩机电动机每台容量为 355 kW。试计算该用户总计算负荷(忽略线损)。

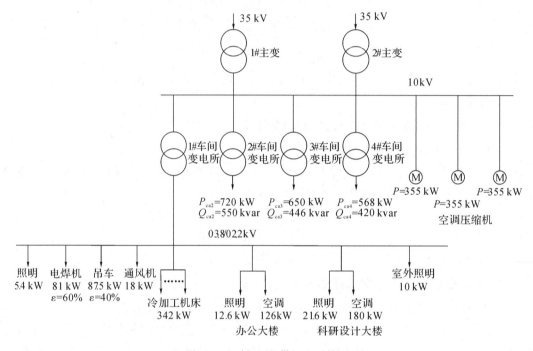

图 2-10 例 2-8 供配电系统图

解 采用需要系数法逐级计算。

首先用需要系数法计算 1♯ 车间变电所各用电设备组的计算负荷，然后考虑用电设备组的同时系数计算 1♯ 车间变电所低压侧计算负荷，再考虑变压器损耗计算出高压侧计算负荷；同样计算 2♯～4♯ 车间变电所高压侧计算负荷及空调压缩机的计算负荷；再考虑总降压变电所二次侧出线的同时系数和变压器损耗后即得企业计算负荷。

以 1♯ 10 kV 车间变电所计算负荷为例说明具体计算过程如下：

(1) 计算各用电设备组的计算负荷。

① 冷加工机床。

查附表 1，大批生产冷加工机床 $K_d=0.20$，$\cos\varphi=0.50$，$\tan\varphi=1.73$，则

$$P_{c1,1}=K_d P_{e1,1\Sigma}=0.20\times342=68.4(kW)$$

$$Q_{c1,1}=P_{c1,1}\tan\varphi=68.4\times1.73=101.03(kvar)$$

② 通风机。

查附表 1，通风机 $K_d=0.80$，$\cos\varphi=0.80$，$\tan\varphi=0.75$，则

$$P_{cl,2} = K_d P_{el,2\Sigma} = 0.80 \times 18 = 14.4 (\text{kW})$$

$$Q_{cl,2} = P_{cl,2} \tan\varphi = 14.4 \times 0.75 = 10.8 (\text{kvar})$$

③ 吊车。

吊车要求统一换算到 $\varepsilon = 25\%$ 时的额定功率，即

$$P_{el,3\Sigma} = 2\sqrt{\varepsilon} P_N = 2\sqrt{40\%} \times 87.5 = 110.8 (\text{kW})$$

查附表 1，吊车 $K_d = 0.25$，$\cos\varphi = 0.50$，$\tan\varphi = 1.73$，则

$$P_{cl,3} = K_d P_{el,3\Sigma} = 0.25 \times 110.8 = 27.7 (\text{kW})$$

$$Q_{cl,3} = P_{cl,3} \tan\varphi = 27.7 \times 1.73 = 47.9 (\text{kvar})$$

④ 电焊机。

电焊机要求统一换算到 $\varepsilon = 100\%$ 时的额定功率，即

$$P_{el,4\Sigma} = \sqrt{\varepsilon} P_N = \sqrt{60\%} \times 81 = 62.74 (\text{kW})$$

查附表 1，电焊机 $K_d = 0.35$，$\cos\varphi = 0.60$，$\tan\varphi = 1.33$，则

$$P_{cl,4} = K_d P_{el,4\Sigma} = 0.35 \times 62.74 = 21.96 (\text{kW})$$

$$Q_{cl,4} = P_{cl,4} \tan\varphi = 21.96 \times 1.33 = 29.2 (\text{kvar})$$

⑤ 车间照明。

荧光灯要考虑镇流器的功率损失，电子镇流器 $K_{bl} = 1.1$，即

$$P_{el,5\Sigma} = K_{bl} P_{Nl,5\Sigma} = 1.1 \times 5.4 = 5.94 (\text{kW})$$

查附表 4，车间照明 $K_d = 0.90$，查附表 5，荧光灯（电子镇流器）$\cos\varphi = 0.98$，$\tan\varphi = 0.20$，则

$$P_{cl,5} = K_d P_{el,5\Sigma} = 0.90 \times 5.94 = 5.35 (\text{kW})$$

$$Q_{cl,5} = P_{cl,5} \tan\varphi = 5.35 \times 0.2 = 1.07 (\text{kvar})$$

⑥ 办公大楼照明。

荧光灯要考虑镇流器的功率损失，电子镇流器 $K_{bl} = 1.1$，即

$$P_{el,6\Sigma} = K_{bl} P_{Nl,6\Sigma} = 1.1 \times 12.6 = 13.86 (\text{kW})$$

查附表 4，办公楼 $K_d = 0.80$，查附表 5，荧光灯（电子镇流器）$\cos\varphi = 0.98$，$\tan\varphi = 0.20$，则

$$P_{cl,6} = K_d P_{el,6\Sigma} = 0.80 \times 13.86 = 11.09 (\text{kW})$$

$$Q_{cl,6} = P_{cl,6} \tan\varphi = 11.095 \times 0.2 = 2.22 (\text{kvar})$$

⑦ 办公大楼空调。

查附表 1，空调 $K_d = 0.80$，$\cos\varphi = 0.80$，$\tan\varphi = 0.75$，则

$$P_{cl,7} = K_d P_{el,7\Sigma} = 0.80 \times 126 = 100.8 (\text{kW})$$

$$Q_{cl,7} = P_{cl,7} \tan\varphi = 100.8 \times 0.75 = 75.6 (\text{kvar})$$

⑧ 科研设计大楼照明。

荧光灯要考虑镇流器的功率损失，电子镇流器 $K_{bl} = 1.1$，即

$$P_{el,8\Sigma} = K_{bl} P_{Nl,8\Sigma} = 1.1 \times 21.6 = 23.76 (\text{kW})$$

查附表 4，科研设计楼 $K_d = 0.90$，查附表 5，荧光灯（电子镇流器）$\cos\varphi = 0.98$，$\tan\varphi = 0.20$，则

$$P_{c1,8} = K_d P_{e1,8\Sigma} = 0.90 \times 23.76 = 21.38(kW)$$

$$Q_{c1,8} = P_{c1,8} \tan\varphi = 21.38 \times 0.2 = 4.28(kvar)$$

⑨ 科研设计大楼空调。

查附表 1，空调 $K_d = 0.80$，$\cos\varphi = 0.80$，$\tan\varphi = 0.75$，则

$$P_{c1,9} = K_d P_{e1,9\Sigma} = 0.80 \times 180 = 144(kW)$$

$$Q_{c1,9} = P_{c1,9} \tan\varphi = 144 \times 0.75 = 108(kvar)$$

⑩ 室外照明。

高压钠灯要考虑镇流器的功率损失，节能型电感镇流器 $K_{bl} = 1.1$，即

$$P_{e1,10\Sigma} = K_{bl} P_{N1,10\Sigma} = 1.1 \times 10 = 11(kW)$$

查附表 4，室外照明 $K_d = 1.0$，查附表 5，高压钠灯 $\cos\varphi = 0.50$，$\tan\varphi = 1.73$，则

$$P_{c1,10} = K_d P_{e1,10\Sigma} = 1.0 \times 11 = 11(kW)$$

$$Q_{c1,10} = P_{c1,10} \tan\varphi = 11 \times 1.73 = 19(kvar)$$

（2）计算 1# 车间变电所低压侧的计算负荷。

取同时系数 $K_{\Sigma p} = 0.95$，$K_{\Sigma q} = 0.97$，则

$$\begin{aligned}
P_{c1} &= K_{\Sigma p} \sum_{i=1}^{10} P_{c1,i} \\
&= 0.95 \times (68.4 + 14.4 + 27.7 + 21.96 + 5.35 \\
&\quad + 11.09 + 100.8 + 21.38 + 144 + 11.4) \\
&= 405.16(kW)
\end{aligned}$$

$$\begin{aligned}
Q_{c1} &= K_{\Sigma q} \sum_{i=1}^{10} Q_{c1,i} \\
&= 0.97 \times (101.03 + 10.8 + 47.9 + 29.2 + 1.07 \\
&\quad + 2.22 + 75.6 + 4.28 + 108 + 19.74) \\
&= 387.84(kvar)
\end{aligned}$$

$$S_{c1} = \sqrt{P_{c1}^2 + Q_{c1}^2} = \sqrt{405.16^2 + 387.84^2} = 560.9(kVA)$$

（3）计算变压器的功率损耗。

$$\Delta P_1 = 0.01 S_{c1} = 0.01 \times 560.9 = 5.609(kW)$$

$$\Delta Q_1 = 0.05 S_{c1} = 0.05 \times 560.9 = 28.045(kvar)$$

（4）计算车间变电所高压侧的计算负荷。

$$P_{c1}' = P_{c1} + \Delta P_1 = 405.16 + 5.609 = 410.77(kW)$$

$$Q_{c1}' = Q_{c1} + \Delta Q_1 = 387.84 + 28.045 = 415.89(kvar)$$

$$S_{c1}' = \sqrt{P_{c1}'^2 + Q_{c1}'^2} = \sqrt{410.77^2 + 415.89^2} = 584.55(kVA)$$

$$I_{c1}' = \frac{S_{c1}'}{\sqrt{3} U_N} = \frac{584.55}{\sqrt{3} \times 10} = 33.75(A)$$

具体计算数据和结果见负荷计算表 2-5。该企业总计算负荷为 $P = 3134.2$ kW，$Q = 2721.38$ kvar。

表2-5 例2-8负荷计算表

计算内容		设备名称	设备容量/kW	K_d	$\cos\varphi$	$\tan\varphi$	P_c/kW	Q_c/kvar	S_c/kVA	I_c/A
1#车间变电所计算负荷	各设备组计算负荷	冷加工机床	342	0.2	0.5	1.73	68.4	101.03		
		通风机	18	0.8	0.8	0.75	14.4	10.8		
		吊车(40%)	87.5	0.25	0.5	1.73	27.7	47.9		
		电焊机(60%)	81	0.35	0.6	1.33	21.96	29.2		
		车间照明	5.4	0.9	0.98	0.2	5.35	1.07		
		办公楼照明	12.6	0.8	0.98	0.2	11.09	2.22		
		办公楼空调	126	0.8	0.8	0.75	100.8	75.6		
		科研设计楼照明	21.6	0.9	0.98	0.2	21.38	4.28		
		科研设计楼空调	180	0.8	0.8	0.75	144	108		
		室外照明	10	1	0.5	1.73	11	19		
	变压器1T低压侧计算负荷 $K_{\Sigma p}=0.95, K_{\Sigma q}=0.97$						405.16	387.84	560.9	
	变压器1T损耗						5.609	28.045		
	变压器1T高压侧计算负荷						410.77	415.89	584.55	33.75
2#车间变电所	变压器2T低压侧计算负荷						720	550	906.04	
	变压器2T损耗						13.6	54.5		
	变压器2T高压侧计算负荷						733.6	604.4	950.5	54.9
3#车间变电所	变压器3T低压侧计算负荷						650	446	788.3	
	变压器3T损耗						11.8	47.3		
	变压器3T高压侧计算负荷						661.8	493.3	825.4	47.7
4#车间变电所	变压器4T低压侧计算负荷						568	420	706.4	
	变压器4T损耗						10.6	42.4		
	变压器4T高压侧计算负荷						578.6	462.4	740.7	42.8
空压机高压电动机计算负荷			0.8	0.8		0.75	852	639	950.9	54.9
总降变电所低压侧计算负荷 $K_{\Sigma p}=0.95, K_{\Sigma q}=0.95$							3074.9	2484.2	3953	
总降压变压器损耗							59.3	237.18		
企业(总降变电所高压侧)计算负荷							3134.2	2721.38	4150.8	68.5

本 章 小 结

本章介绍了电力负荷和功率因数的基本概念，讲述了负荷计算的方法，以及无功功率补偿的基本原理，重点讨论了需要系数法负荷计算、单相设备组等效三相负荷计算和电容器无功功率补偿容量的确定方法。

1. 电力负荷是指消耗电能的设备（用户），有时也把设备消耗的功率称为负荷。按照负荷对供电可靠性的要求，通常将负荷分为一、二、三级负荷，其中一级负荷需要两路独立电源供电，二级负荷要求双回路供电，三级负荷对供电电源无特殊要求。

2. 负荷曲线描述的是电力负荷随时间波动的情况。按照时间周期可分为年负荷曲线、月负荷曲线和日负荷曲线等。负荷曲线的特征参数有最大负荷利用小时数、最大负荷利用小时数、平均负荷及负荷率等。其中最大负荷利用小时数是一个假想时间，指的是最大负荷在最大负荷利用小时数内消耗的电能与实际负荷在工作时间中消耗的电能相等。

3. 根据用电设备的工作条件，可以将设备的工作方式分为：连续工作制、短时工作制和断续工作制。在确定用户计算负荷时，需要将设备额定功率折算到同一工作制下，即断续工作的设备额定功率应统一归算至标准暂载率下的功率。

4. 供配电系统中负荷计算最常用的方法是需要系数法。需要系数法首先根据生产工艺等规则对用电设备进行分组，然后每组负荷选择合适的需要系数求得该组计算负荷，依此类推，从负荷端向电源端逐级计算。需要系数考虑了同时性、设备负荷率、线路效率、设备本身效率四个因素。

5. 二项式系数法针对的是设备台数少、功率相差又大的低压干线和分支线上的用电设备组的负荷计算。这种方法将计算负荷看成两部分：一部分是由所有设备运行时产生的平均负荷，另一部分是由于大型设备（容量最大的 x 台）的投入所产生的负荷。

6. 单相设备接在三相线路中，应尽量均衡分配在三相上，使三相负荷尽可能均衡。如果三相线路中单相设备的总功率不超过三相设备总功率的15%，则不论单相设备如何分配，单相设备可与三相设备综合按三相平衡计算；如果单相设备功率超过三相设备功率的15%，则应将单相设备功率换算为等效三相设备功率，再与三相设备功率相加；对于单个功率小而数量多的灯具和电器，容易均衡地被分配到三相系统中，可视为三相设备。

7. 大量无功功率在供配电系统中传输会使得电能损耗增大、电压损失增大，降低设备利用率。功率因数表征的就是系统中无功功率占视在功率的比重。我国相关标准和供电规则都对功率因数作了要求，如果功率因数不满足要求则应当予以补偿。

8. 供配电系统中最常用的无功功率补偿装置是并联电容器。在确定补偿电容器数量和容量时，应当注意如果实际运行电压不等于电容器额定电压，对其补偿容量应当进行修正，电容器的数量应尽量取 3 的整数倍，以便保证三相平衡。在 380 V 低压系统中，补偿电容通常接成三角形；而 10 kV 及以上高压系统，补偿电容一般采用星形或双星形接线。

思 考 题 与 习 题

2.1 负荷分级的原则是什么？两路独立电源的要求是什么？

2.2　电力负荷按工作制分为几类，各自特点是什么？断续工作制设备的功率如何折算？

2.3　简述常用负荷曲线的类型、定义及特点，并说明各自的作用。

2.4　什么是"计算负荷"？为什么要进行负荷计算？

2.5　简述负荷计算的基本方法及其特点，并说明各方法的适用场合。

2.6　简述用需要系数法计算负荷的步骤。

2.7　需要系数的含义是什么？

2.8　在接有单相用电设备的三相线路中，什么情况下可按三相对称确定计算负荷？

2.9　试说明需要系数法和二项式系数法分别适用于什么情况下的负荷计算。

2.10　简述功率因数对供配电系统的影响，谈谈目前常用的提高功率因数的方法有哪些。

2.11　某机修车间，装有冷加工机床 56 台，共 260 kW；行车 1 台，共 5.1 kW（$\varepsilon_N =$ 15%）；通风机 4 台，共 5 kW；电焊机 3 台，共 10.5 kW（$\varepsilon_N = 66\%$）。试用需要系数法确定该车间的计算负荷（P_{ca}、Q_{ca}、S_{ca}）。

2.12　某车间设有小批量生产冷加工机床电动机 40 台，总容量 152 kW，其中较大容量的电动机有 10 kW 1 台、7 kW 2 台、4.5 kW 5 台、2.8 kW 10 台；卫生用通风机 6 台共 6 kW。试分别用需要系数法和二项式系数法求车间的计算负荷。

2.13　某 220/380 V 三相四线制线路上接有下列负荷：220 V、3 kW 电热箱 2 台接于 A 相，6 kW 电热箱 1 台接于 B 相，4.5 kW 1 台接于 C 相；380 V、20 kW（$\varepsilon = 65\%$）单头手动弧焊机 1 台接于 AB 相，6 kW（$\varepsilon = 10\%$）3 台接于 BC 相，10.5 kW（$\varepsilon = 50\%$）2 台接于 CA 相。试求该线路的计算负荷。

2.14　某厂机加工车间变电所供电电压 10 kV，低压侧负荷有金属切削机床容量共 920 kW，通风机容量共 56 kW，起重机容量共 76 kW（$\varepsilon = 15\%$），照明负荷容量 42 kW（白炽灯），线路额定电压 380 V。试求：

（1）该车间变电所高压侧（10 kV）的计算负荷。

（2）若车间变电所低压侧进行自动补偿，功率因数补偿到 0.95，应装设 BW0.4 - 28 - 3 型电容器多少台？

（3）补偿后车间变电所高压侧的计算负荷。

第三章 供配电系统的一次接线

供配电系统的电气接线包括供配电网络接线和变电所的主接线两部分。本章主要介绍了供配电系统主要电气设备、常用的典型网络接线方式、变电所主接线方式，以及变电所的结构和布置。通过实际案例分析了各种接线方式的特点和适用场合。

第一节 概 述

一、一次接线的概念

所谓一次接线(Primary Connection)是将电力变压器、各种开关电器、电流互感器、电压互感器、母线、电力电缆或导线、移相电容器、避雷器等电气设备以一定次序相连接的接受和分配电能的电路，也称为主电路(Main Circuit)或主接线(Main Connection)。一次接线是供配电系统的主体，对系统的安全、可靠、优质、灵活、经济运行起着重要作用。一次接线包括供配电网络接线和变配电所电气主接线两方面。

二、一次接线的表示

一次接线的图形表示称为一次接线图或者主接线图，它是用标准的设备图形符号和文字符号，按电气设备的实际连接顺序绘制而成的接线图。由于交流供电系统通常是三相对称的，故一次接线图一般绘制成单线图。

主接线图有以下两种绘制形式：

(1) 系统式主接线图。这是按照电力输送的顺序依次安排其中的设备和线路相互连接关系而绘制的一种简图，如图 3-1 所示。它全面系统地反映出主接线中电力的传输过程，但是它并不反映其中各成套配电装置之间相互排列的位置，这种接线图多用于变电所的运行中。

(2) 装置式主接线图。这是按照主接线中高压或低压成套配电装置之间的相互连接关系和排列位置而绘制的一种简图，通常按不同电压等级分别绘制，如图 3-2 所示。从这种主接线图上可以一目了然地看出某一电压级的成套配电装置的内部设备连接关系及装置之间的相互排列位置，这种主接线图多在变配电所施工中使用。

三、对一次接线的基本要求

概括地说，对一次接线的基本要求包括安全、可靠、优质、灵活、经济等方面。

(1) 安全性。应符合有关国家标准和技术规范的要求，必须保证在任何可能的运行方式及检修状态下运行人员及设备的安全。

（2）可靠性。能满足各级用电负荷特别是一二级负荷对供电可靠性的要求。

（3）优质性。一次接线应能保证供电电压质量、波形质量和三相对称性等技术参数达到国家和行业标准，满足用户对电能质量的要求。

（4）灵活性。应在安全、可靠的前提下，力求使接线简单运行灵活，应能适应各种必要的运行方式，且便于切换操作和检修，适应负荷的发展，便于扩建。

（5）经济性。在满足上述要求的前提下，应尽量使主接线简单、投资少、运行费用低，节约电能和有色金属的消耗。

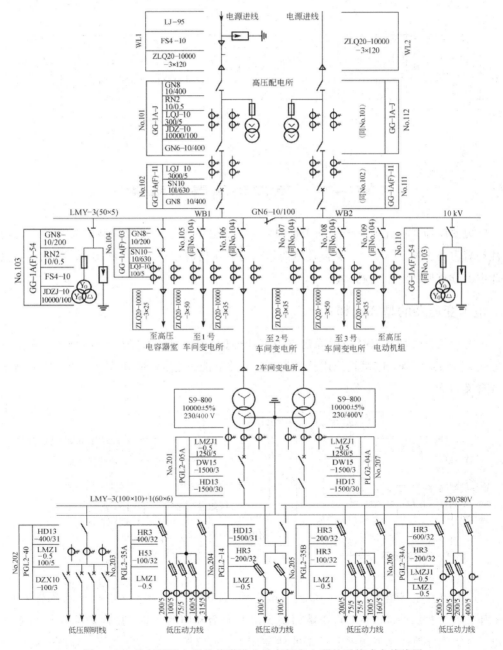

图 3-1 某高压配电所及其附设 2 号车间变电所的系统式主接线图

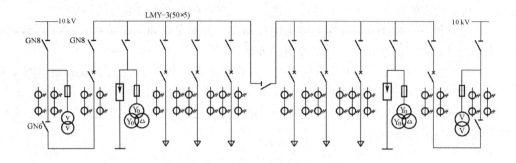

No.101	No.102	No.103	No.104	No.105	No.106		No.107	No.108	No.109	No.110	No.111	No.112
电能计量柜	1号进线开关柜	避雷器及电压互感器	出线柜	出线柜	出线柜	GN6-40/400	出线柜	出线柜	出线柜	避雷器及电压互感器	2号进线开关柜	电能计量柜
GG—1A-J	GG—1A(F)—11	GG—1A(F)—54	GG—1A(F)—03	GG—1A(F)—03	GG—1A(F)—03		GG—1A(F)—03	GG—1A(F)—03	GG—1A(F)—03	GG—1A(F)—54	GG—1A(F)—11	GG—1A-J

图 3-2　某高压配电所的装置式主接线图

第二节　电力变压器的选择

电力变压器是供配电系统中的关键设备，对变电所电气主接线的型式及其可靠性与经济性有着重要影响。所以，正确合理地选择电力变压器的型式、台数和容量，是电气主接线设计中十分重要的一个问题。

一、电力变压器的型式选择

电力变压器的型式选择是指确定电力变压器的相数、调压方式、绕组型式、绝缘及冷却方式、联结组别等，应优先选用技术先进、高效节能、免维护的新产品。变压器的型号表示及含义如下：

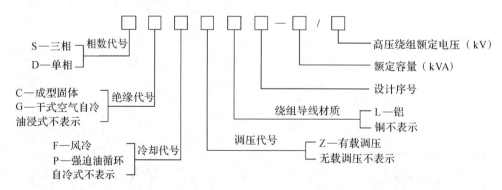

（1）电力变压器相数。用户变电所一般采用三相电力变压器。当单台单相负荷很大时，相电压会产生很大波动，将严重影响照明光源的寿命和照明质量，此时应采用单相变压器供电。对负荷分散且无三相供电需求的住宅用电、道路照明及广告牌等，为降低低压电网的电能损耗，可采用单相变压器供电。

（2）电力变压器调压方式。配电变压器一般采用无励磁调压方式；35 kV 总降压变电所的主变压器在电压偏差不能满足要求时和 110 kV 总降压变电所的主变压器应采用有载调压方式。

（3）电力变压器绕组型式。用户变电所一般采用双绕组电力变压器。在具有三种电压等级的变电所中，当通过主变压器各侧绕组的功率达到该变压器额定容量的 15% 以上时，宜采用三绕组电力变压器。

（4）电力变压器绝缘及冷却方式。110 kV 变压器多采用油浸式，风冷或强迫油循环冷却，如图 3-3 所示。对于高层建筑、地下建筑、化工厂等防火防爆要求较高的场所，宜采用干式变压器，如图 3-4 所示。

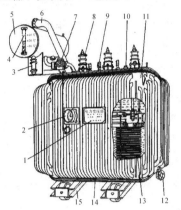

1—铭牌；2—信号式温度计；3—吸湿器；

4—油表；5—储油柜；6—安全气道；

7—气体继电器；8—高压套管；9—低压套管；

10—分接开关；11—油箱；12—放油阀门；

13—器身；14—接地板；15—小车

图 3-3　油浸式电力变压器

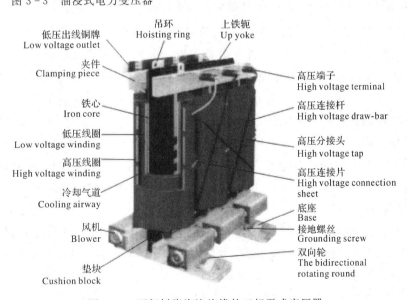

图 3-4　环氧树脂浇注绝缘的三相干式变压器

（5）电力变压器联结组别。110 kV 降压变电所的主变压器的联结组别号一般为 YNd11，35 kV 降压变电所一般采用 Yd11 接线，20 kV 及以下配电变压器有 Yyn0 和 Dyn11 两种常见联结组别。由于 Dyn11 接线变压器具有低压侧单相接地故障电流大（有利于切除接地故障)、承受单相不平衡负荷的能力强、有利于抑制零序谐波电流注入电网的优点，在低压为 TN 及 TT 系统接地型的电网中得到广泛的应用。

二、变压器台数和容量的确定

1. 地区变电所(总降变电所)主变压器台数和容量的确定

地区变电所(总降变电所)中，向用户输送电能的变压器称为主变压器。根据设计规程规定：变电所中一般装设两台主变压器，经技术、经济比较合理时，可以装设两台以上变压器；若只有一个电源或变电所可由中、低压侧电力网取得备用电源，也可只设一台主变压器；三级负荷的变电所一般只设一台主变压器，若负荷较大，可以设置两台主变压器。

变电所主变压器一般选择三相变压器，其容量应根据今后 5～10 年的发展规划进行选择。仅设置单台变压器时，其额定容量 S_{NT} 应能满足全部用电设备的计算负荷 S_{ca}，同时考虑留有一定裕度，并考虑变压器的经济运行，即

$$S_{NT} \geqslant (1.15 \sim 1.4)S_{ca} \qquad (3-1)$$

装设两台主变压器时，其中任意一台主变压器容量 S_N 应同时满足下列两个条件。

(1) 任一台主变压器单独运行时，应能满足总计算负荷 $60\% \sim 70\%$ 的供电需求，即

$$S_{NT} \geqslant (0.6 \sim 0.7)S_{ca} \qquad (3-2)$$

(2) 任一台主变压器单独运行时，应能满足全部一、二级负荷 $S_{ca(I+II)}$ 的供电需求，即

$$S_{NT} \geqslant S_{ca(I+II)} \qquad (3-3)$$

2. 配电所(车间变电所)变压器台数和容量的确定

配电所(车间变电所)变压器台数和容量的确定原则和地区变电所基本相同。对有大量一、二级负荷的变电所，宜采用两回独立电源进线，设置两台变压器。对只有二、三级负荷而无一级负荷的变电所，且能从邻近配电所取得低压备用电源时，可采用单台变压器。

配电所变压器的容量一般不宜大于 1250 kVA，以使变压器更接近负荷中心，减少配电线路投资和电能损耗，同时可以使变压器低压侧短路电流不至于太大。当负荷较大而集中，低压电器条件允许且运行也较合理时，也可采用 1600～2000 kVA 的配电变压器。

【例 3-1】 某工业企业拟建造一座 10/0.38 kV 变电所，所址设在厂房建筑内。已知总计算负荷为 1800 kVA，$\cos\varphi = 0.8$，其中一、二级负荷为 900 kW。试选择其配电变压器的型式、台数和容量。

解 (1) 变压器型式的选择。变电所在厂房建筑内，所以选用低损耗的 SCB12 型 10/0.4 kV 三相干式双绕组电力变压器。变压器采用无励磁调压方式，分接头 ±5%，联结组别号为 Dyn11，带风机冷却。

(2) 变压器台数选择。因有较多的一、二级负荷，故选择两台变压器。

(3) 变压器容量选择。变压器容量是根据无功补偿后的计算负荷确定的。由于负荷功率因数未达到供电部门的规定，需在低压进行无功补偿将功率因数提高到 0.92，以使高压侧功率因数达到 0.9。

无功补偿后的总计算负荷为

$$S_{ca} = \frac{P_{ca}}{\cos\varphi} = \frac{1800 \times 0.8}{0.92} = 1565(\text{kVA})$$

其中一、二级负荷为

$$S_{ca(\text{I}+\text{II})} = \frac{900}{0.92} = 978.3(\text{kVA})$$

单台变压器容量为

$$S_{NT} \approx (0.6 \sim 0.7)S_{ca} = (0.6 \sim 0.7) \times 1565 = 939 \sim 1096(\text{kVA})$$

且

$$S_{NT} \geqslant S_{ca(\text{I}+\text{II})} = 978.3(\text{kVA})$$

因此，可选择两台等容量的变压器，每台容量为 1000 kVA。

第三节　供配电系统主要电气设备

供配电系统主要电气设备又称变电所一次设备，即接受、变换和分配电能的设备。一次设备主要包括：变压器、断路器、隔离开关、熔断器、避雷器、电流互感器、电压互感器、并联电容器、高低压成套配电装置等，其文字符号和图形符号见表 3-1。

表 3-1　电气主接线常用的电气设备名称、文字与图形符号

电气设备名称	文字符号	图形符号	电气设备名称	文字符号	图形符号
断路器	QF		电力变压器	T	
隔离开关	QS		电流互感器	TA	
负荷开关	QL		电压互感器（双绕组）	TV	
熔断器	FU		电压互感器（三绕组）	TV	
跌落式熔断器	FD		母线及引出线	WB	
刀开关	QK		电抗器	L	
刀熔开关	FU-QK		补偿电容	C	
避雷器	FV		电缆及其终端头	WL	

一、高压断路器

高压断路器（High Voltage Circuit - breaker，文字符号 QF）是一种能关合、承载和开断正常回路电流，并能关合和开断一定短路电流的开关设备。高压断路器除用来对高压电路进行正常关合、开断外，还可在继电保护装置作用下自动跳闸，切除短路故障。

高压断路器按其采用的灭弧介质分，主要有油断路器、六氟化硫（SF_6）断路器、真空断路器。目前 110 kV 及以下供配电系统中主要采用真空断路器和六氟化硫断路器。

高压断路器型号的表示和含义如下：

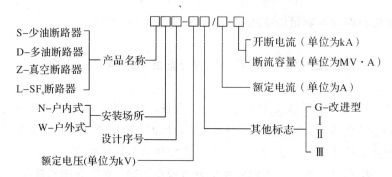

1. 真空断路器

真空断路器（Vacuum Circuit - breaker）是利用"真空"（气压为 $10^{-4} \sim 10^{-10}$ Pa）灭弧的一种断路器，主要由真空灭弧室、操作机构（多为弹簧操作机构）、绝缘体、传动件、机架等组成，如图 3-5、3-6 所示。真空断路器触头安装在灭弧室内，如图 3-7 所示。断路器分闸时，最初在动、静触头间产生电弧，使触头表面产生金属蒸气。随着触头的分开和电弧电流的减小，触头间金属蒸气的密度也逐渐减小。当电弧电流过零时，电弧暂时熄灭。触头周围的金属离子迅速扩散，凝聚在四周的屏蔽罩上，使触头间隙的绝缘强度迅速恢复。因此，当电流过零后，外加电压虽然恢复，但触头间隙不会再被击穿，真空电弧在电流第一次过零时就能完全熄灭。

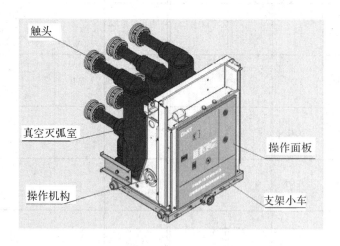

图 3-5　ZN28-12 真空断路器外形图

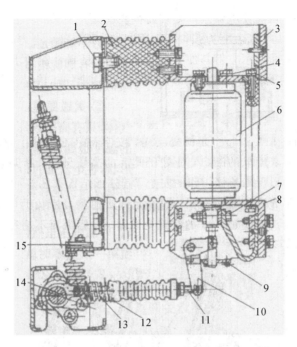

1—绝缘子紧固螺栓；2—绝缘子；3—静支架；4—真空灭弧室紧固螺栓；5—螺栓；6—真空灭弧室；
7—导电夹紧固螺栓；8—动支架；9—导向板；10—拐臂；11—接触行距调整螺栓；12—弹簧座；
13—触头压力弹簧；14—主轴；15—开距调整垫

图 3-6 ZN28-12 真空断路器内部结构剖面图

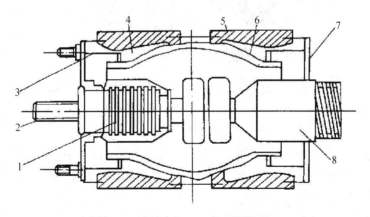

1—波纹管；2—动触头杆；3—均压屏蔽罩；4—真空；
5—陶瓷圆筒；6—金属屏蔽罩；7—端板；8—静触头杆

图 3-7 真空断路器灭弧室结构

真空断路器具有体积小、重量轻、动作快、寿命长、操作噪声小、安装可靠和便于维护等优点，在 35 kV 及以下现代化配电网中应用非常广泛。

2. SF$_6$ 断路器

SF$_6$ 断路器是利用 SF$_6$ 气体做灭弧介质的一种断路器。SF$_6$ 是一种无色、无味、无毒、不燃烧的惰性气体。SF$_6$ 具有优良的电绝缘性能和灭弧性能，在电流过零时，电弧暂时熄灭，并迅速恢复绝缘强度，从而使电弧难以复燃而很快熄灭。

SF_6断路器的特点是：断流能力强，灭弧速度快，不易燃，电寿命长，可频繁操作，机械可靠性高以及免维护周期长。但其加工精度要求高，密封性能要求非常严格，价格较高，在高压供电系统中应用较普遍。

二、高压隔离开关

高压隔离开关(High Voltage Disconnector，文字符号 QS)的主要功能是隔离电源，当它处于分闸状态时，有着明显的断口，使处于其后的高压母线、断路器等电力设备与电源或带电高压母线隔离，以保障检修工作的安全，其外形结构如图 3-8 所示。由于不设灭弧装置，隔离开关一般不允许带负荷操作，即不允许接通和分断负荷电流。但可用来分合一定的小电流，如励磁电流不超过 2 A 的空载变压器、电容电流不超过 5 A 的空载线路以及电压互感器和避雷器等。

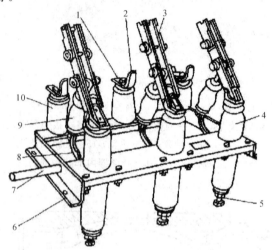

1—上接线端子；2—静触头；3—闸刀；4—套管绝缘子；5—下接线端子；
6—框架；7—转轴；8—拐臂；9—升降绝缘子；10—支柱绝缘子
图 3-8　中压隔离开关的外形

高压隔离开关按安装地点分为户内式和户外式两大类；按使用方式分为一般用、快分用、变压器中性点接地用三类；按结构形式可分为水平旋转式、垂直旋转式、摆动式、插入式等。

高压隔离开关的型号表示和含义如下：

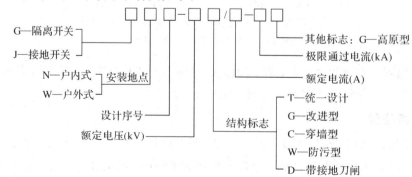

三、高压负荷开关

高压负荷开关(High Voltage Load Switch,文字符号 QL)具有简单的灭弧装置,常用来分合负荷电流和较小的过负荷电流,但不能分断短路电流。此外,负荷开关大多数还具有明显的断口,有隔离开关的作用,如图 3-9 所示。负荷开关常与熔断器联合使用,由负荷开关分断负荷电流,利用熔断器切断故障电流。因此在容量不是很大、同时对保护性能的要求也不是很高时,负荷开关与熔断器组合起来便可取代断路器,从而降低设备投资和运行费用。

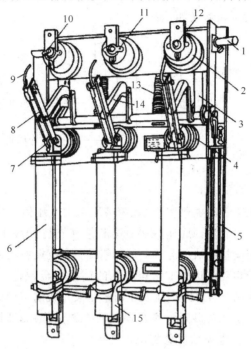

1—主轴；2—上绝缘子兼气缸；3—连杆；4—下绝缘子；5—框架；
6—RN1 型熔断器；7—下触座；8—闸刀；9—弧动触头；10—绝缘碰嘴；
11—主静触头；12—上触座；13—断路弹簧；14—绝缘拉杆；15—热脱扣器
图 3-9　户内压气式负荷开关外形

高压负荷开关主要有固体产气式、压气式、真空式和 SF_6 式等类型,按安装地点分为户内式和户外式,主要用于 6～10(20)kV 配电网。

高压负荷开关的型号表示及含义如下:

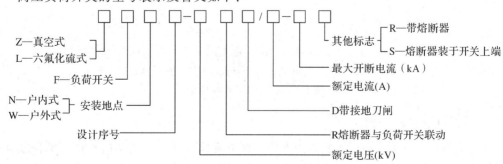

Z—真空式
L—六氟化硫式
F—负荷开关
N—户内式
W—户外式
安装地点
设计序号
其他标志
R—带熔断器
S—熔断器装于开关上端
最大开断电流（kA）
额定电流(A)
D带接地刀闸
R熔断器与负荷开关联动
额定电压(kV)

四、高压熔断器

熔断器(Fuse)是最简单和最早使用的一种过电流保护设备,当通过的电流超过某一规定值时,熔断器的熔体会因自身产生的热量自行熔断而断开电路,其主要功能是对电路及其设备进行短路或过负荷保护。

根据安装地点不同,高压熔断器分为户内式和户外式两大类。户内广泛采用 XRN(X 表示限流型)和 RN 系列管式限流熔断器;户外则广泛使用 RW 系列跌落式熔断器。

高压熔断器型号的表示和含义如下:

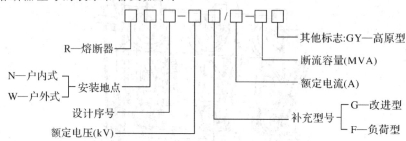

1) 户内管式限流熔断器

XRN、RN 系列高压熔断器主要用于 3～35 kV 电力变压器、电压互感器和电力电容器的短路保护和过载保护,由底座、底座触头、熔断件和支持绝缘子等组成,如图 3-10 所示。熔体一般由镀银的细铜丝制成,铜丝上焊有锡球,埋放在石英砂中。过负荷时,铜丝上锡球受热熔化,铜锡分子相互渗透形成熔点较低的铜锡合金(冶金效应),使铜熔丝能在较低的温度下熔断,灵敏度高。当短路电流发生时,几根并联铜熔丝熔断时可将粗弧分细弧,电弧在石英砂中燃烧。由于石英砂对电弧有强烈的去游离作用,因此能在短路后不到半个周期即短路电流未达到冲击电流值时就将电弧熄灭。

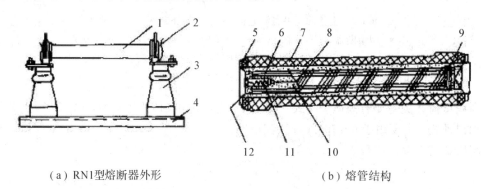

(a) RN1型熔断器外形 　　　　　　(b) 熔管结构

1—熔管;2—触头座;3—绝缘子;4—底板;5—密封圈;6—六角瓷套;
7—瓷管;8—熔丝;9—导电片;10—石英砂;11—指示器;12—盖板

图 3-10　户内限流熔断器

2) 户外跌落式熔断器

RW 系列户外跌落式高压熔断器主要作为配电变压器或电力线路的短路保护和过负荷保护。其结构主要由上静触头、上动触头、熔管、熔丝、下动触头、下静触头、绝缘子和安装板等组成，如图3-11所示。熔管内装铜、银或银铜合金质熔丝，其上端拉紧在可绕转轴2转动的压板上。其下端固定在下触头上。熔管固定在鸭嘴罩与金属支座之间，其轴线与铅垂线成30°倾角。熔丝熔断后，压板将在弹簧作用下朝顺时针方向转动，使上触头自鸭嘴罩中抵舌处滑脱，而熔管便在自身重力作用下绕转轴9跌落。熔丝熔断后产生的电弧灼热产气管，使之产生大量气体。后者快速外喷，对电弧施以纵吹，使之冷却，并在电弧自然过零时熄灭。因此，跌落式熔断器灭弧时无截流现象，过电压不高，并在跌落后形成一个明显可见的断口。

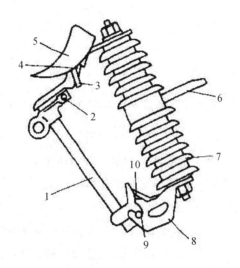

1—接线端子；2—上静触头；3—上动触头；4—管帽(带薄膜)；5—操作环；6—熔管；
7—熔丝；8—下动触头；9—下静触头；10—下接线端子；11—绝缘子；12—固定安装板

图3-11　跌落式熔断器

五、互感器

互感器是一次回路与二次回路的联络元件，实质上是一种特种变压器，可分为电流互感器和电压互感器两大类。互感器主要有以下三个功能：

(1)量程转换。将高电压变换为低电压(100 V)，大电流变换为小电流(5 A或1 A)，供测量仪表及继电器线圈使用，实现高电压和大电流测量。

(2)隔离一次和二次设备。可使测量仪表、继电器等二次设备与一次主电路隔离，保证测量仪表、继电器和工作人员的安全。

(3)使仪表和继电器标准化。

1. 电流互感器

1) 电流互感器的工作原理

电流互感器(Current Transformer, CT)的原理接线图如图3-12所示，由一次绕组、铁芯、二次绕组组成。一次绕组导线较粗、匝数少(穿心式仅一匝)，二次绕组导线细，且匝数多。工作时一次绕组串入一次电路，二次绕组与仪表、继电器串联形成闭合回路。由于仪表内阻、继电器的线圈阻抗均较小，电流互感器二次绕组近似短路。

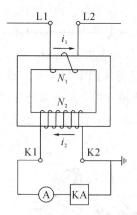

图 3-12 电流互感器的原理接线图

电流互感器一次、二次电流之比称为电流互感器的变比，用 K_i 表示，即

$$K_i = \frac{I_{1N}}{I_{2N}} \approx \frac{N_2}{N_1} \qquad (3-4)$$

式中：I_{1N}、I_{2N}——电流互感器一次侧和二次侧的额定电流值；

N_1、N_2——电流互感器一次和二次绕组匝数。

2）电流互感器的类型

电流互感器的类型很多，按一次电压分为高压和低压两大类；按一次绕组匝数分为单匝式（包括母线式、芯柱式、套管式）和多匝式（包括线圈式、绕环式、串级式）；按用途分为测量用和保护用两大类；按准确度等级分为 0.2、0.5、1、3、5P、10P 等级；按绝缘介质分为油浸式、环氧树脂浇注式、干式、SF_6 气体绝缘式等；按安装形式分为穿墙式、母线式、套管式、支持式等。

电流互感器型号的表示和含义如下：

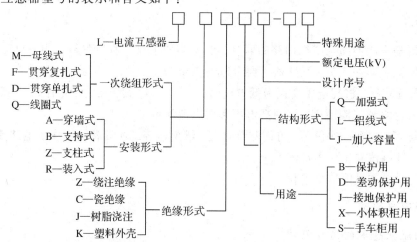

3）电流互感器的接线方式

电流互感器几种常用接线方式如图 3-13 所示。

（1）单相式接线。只能测量一相电流，应用于负荷平衡的三相系统，见图 3-13(a)。

（2）两相不完全星形接线。这种接线也叫两相 V 形接线，如图 3-13(b)所示，两只电流互感器组成不完全星形接线，用于测量负荷平衡系统的三相电流。

（3）两相电流差接线。如图 3-13(c) 所示，流过电流继电器线圈的电流为 $\dot{I}_a - \dot{I}_c$，其值是相电流的 $\sqrt{3}$ 倍。这种接线比较经济，常用于中性点不接地的三相三线制系统中，作过流保护之用。

（4）三相完全星形接线。如图 3-13(d) 中三只电流互感器组成星形接线，用于测量负荷平衡或者不平衡系统中的三相电流。

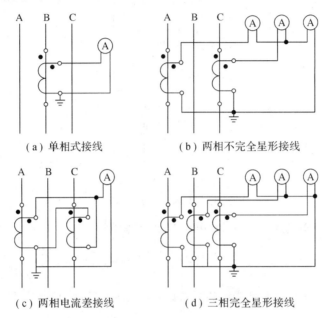

（a）单相式接线　　　　　　　　（b）两相不完全星形接线

（c）两相电流差接线　　　　　　（d）三相完全星形接线

图 3-13　电流互感器的接线方式

4）电流互感器的使用注意事项

（1）电流互感器在工作时二次侧不允许开路。电流互感器正常工作时二次侧接近于短路状态，如果二次侧开路，互感器成为空载运行，此时一次侧被测电流成了励磁电流，使铁心中磁通急剧增加而过热，产生剩磁，降低铁心准确度级数。另外电流互感器二次侧开路时会感应出很高的电压，危及人身和设备的安全。

（2）电流互感器二次侧必须有一点接地。这主要是为了防止一、二次绕组间绝缘损坏后，一次侧的高压窜入二次侧，危及人身和设备的安全。

（3）注意电流互感器二次绕组的极性。我国采用"减极性"标号法确定电流互感器的极性端，即在一次绕组和二次绕组的同极性端（同名端）通入同相位电流时，两个绕组产生的磁通在铁心中同方向。通常，一次绕组的出线端子标为 L1 和 L2，二次绕组的出线端子标为 K1 和 K2，其中 L1 和 K1 为同名端，L2 和 K2 为同名端。如果一次电流从极性端流入，则二次电流应从同极性端流出。如果极性接反，其二次侧的测量仪表、继电器中获得的电流就不是预想值，甚至可能烧坏电流表。

2. 电压互感器

1）电压互感器的工作原理

电压互感器（Potential Transformer，PT）是一种降压变压器，其一次绕组匝数很多，并联在供配电系统的一次电路中，而二次绕组匝数很少，与电压表、继电器的电压线圈等并联。由于这些电压线圈的阻抗较大，所以电压互感器工作时二次绕组接近于空载状态。图3-14为电压互感器的原理接线图。

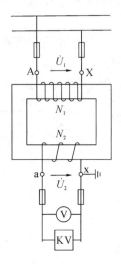

图3-14　电压互感器原理接线图

电压互感器的一次电压 U_1 与二次电压 U_2 的关系为

$$U_1 \approx U_2 \frac{W_1}{W_2} = K_{TV} U_2 \qquad (3-5)$$

式中：K_{TV}——电压互感器原副绕组的匝数比，即电压互感器的变比，$K_{TV} = \dfrac{W_1}{W_2}$。

2）电压互感器的类型

电压互感器按相数分有单相和三相两大类；按用途分有测量和保护用两大类；按准确度等级分，有0.2、0.5、1、3、3P、6P等级；按安装地点分，有户内式和户外式；按绕组数分，有双绕组和三绕组；按绝缘介质分，有油浸式、干式和浇注式。

电压互感器型号的表示及含义如下：

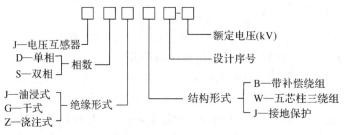

3）电压互感器的接线方式

（1）单相式接线。用一个单相电压互感器接于电路中，可用来测量电网的线电压（小电流接地系统）或相对地电压（大电流接地系统），如图3-15（a）所示。

（2）V/V形接线。用两个单相电压互感器接成V/V形，如图3-15（b）所示，可用来测量三相三线制电路的各个线电压，但不能测量相电压，主要用于中性点不接地的小电流接地系统中。

（3）Y_0/Y_0形接线。用三个单相电压互感器接成 Y_0/Y_0 形，如图 3-15(c)所示，可用来测量电网的线电压，并可供电给接相电压的绝缘监察电压表。

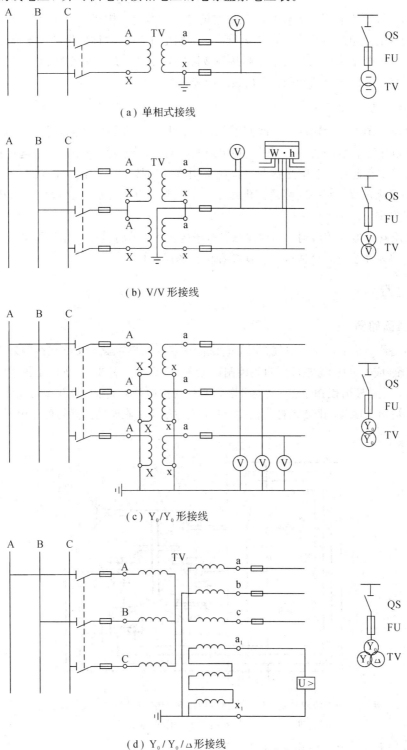

（a）单相式接线

（b）V/V 形接线

（c）Y_0/Y_0 形接线

（d）$Y_0/Y_0/\triangle$ 形接线

图 3-15　电压互感器的接线方式

（4）$Y_0/Y_0/\triangle$形接线。用三个单相三绕组电压互感器或一个三相五柱式电压互感器接成 $Y_0/Y_0/\triangle$形，如图3-15(d)所示，可用来测量电网的线电压和相电压，主要用于小电流接地系统的绝缘监视装置，接成开口三角的辅助二次绕组，构成零序电压过滤器，供电给监视线路绝缘的过电压继电器。正常运行时，三相电压基本对称，开口三角形两端的电压接近于零。当小电流接地系统发生单相接地故障时，开口三角形两端将出现接近100 V的零序电压，使过电压继电器动作，发出接地故障信号。

4）电压互感器使用注意事项

（1）电压互感器在使用时，二次侧不能短路。电压互感器二次侧短路以后短路电流很大，会烧坏电压互感器的绕组，同时会使电压互感器二次侧保险丝熔断，引起保护误动。

（2）为了安全起见，电压互感器二次侧必须有一端接地。为了防止互感器一次绕组与二次绕组的绝缘击穿，使一次侧的高电压窜入二次侧，电压互感器二次侧必须接地，保护设备与人身安全。

（3）电压互感器在接线时，必须注意其端子的极性。若将其中一相绕组接反，二次回路中的线电压将发生变化，会造成测量误差和保护的误动作。

六、低压电器

1. 低压断路器

低压断路器又称低压自动空气开关，它既能带负荷通断电路，又能在线路发生短路、过负荷、欠电压（或失电压）等故障时自动跳闸，其原理示意图如图3-16所示。图中所示断路器为合闸状态，传动杆由锁扣锁住，此时分断弹簧受到拉伸并且储能。锁扣2可以绕转轴转动，如果锁扣2被向上顶开，即传动杆与锁扣脱扣，则主触头1在断路器弹簧的作用下迅速跳闸。

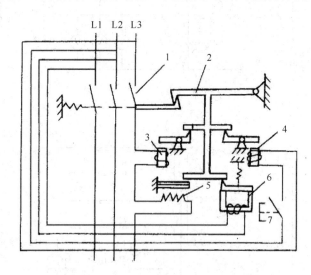

1—主触头；2—锁扣；3—过流脱扣器；4—分励脱扣器；5—热脱扣器；6—欠电压脱扣器；7—起动按钮

图3-16　低压断路器的工作原理示意图

脱扣动作通过以下脱扣器完成。

（1）过流脱扣器。过流脱扣器用于短路或过负荷保护，当电流超过某一规定值时，过电流脱扣器的衔铁吸合，其顶杆向上运动将锁扣顶开，断路器跳闸。过流脱扣器的动作特性有瞬时、短延时和长延时 3 种，可以构成两段式和三段式保护，如图 3-17 所示。

（2）欠电压脱扣器。用于欠电压或失电压保护，当电源电压低于某一规定值时，欠电压脱扣器 6 将衔铁释放，断路器跳闸。

（3）热脱扣器。用于线路或设备长时间过负荷保护，当出现过负荷时，加热电阻使双金属片发热弯曲，将锁扣顶开，使断路器跳闸。

（4）分励脱扣器。用于远距离跳闸。

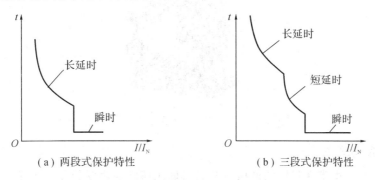

（a）两段式保护特性　　　　（b）三段式保护特性

图 3-17　低压断路器的保护特性曲线

低压断路器按灭弧介质分，有空气断路器和真空断路器等；按操作方式分，有手动操作、电磁铁操作和电动机储能操作；按用途分，有配电用、电动机保护用、照明用和漏电保护用等。

配电用低压断路器按结构形式分为万能式和塑壳式两大类。

（1）万能式断路器（也称框架式断路器）一般有一个带绝缘衬垫的钢质框架，所有部件均安装在这个框架底座内，如图 3-18 所示。万能式断路器容量较大，可装设较多的脱扣器，不同的脱扣器组合可产生不同的保护特性，辅助触头的数量也较多，主要用于配电网络的总开关和保护。

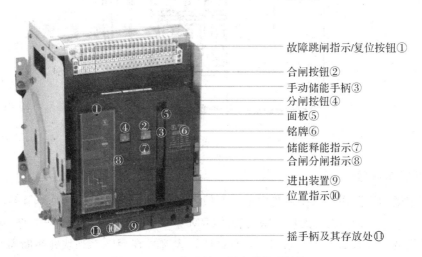

故障跳闸指示/复位按钮①
合闸按钮②
手动储能手柄③
分闸按钮④
面板⑤
铭牌⑥
储能释能指示⑦
合闸分闸指示⑧
进出装置⑨
位置指示⑩
摇手柄及其存放处⑪

图 3-18　万能式低压断路器外形结构

（2）塑壳式断路器。塑壳式断路器把断路器的触头系统、灭弧室、机构和脱扣器等零部件都装在一个塑料壳体内，如图 3-19。其结构简单、紧凑、体积小、使用较安全、价格低。但是，其通断能力较低，保护方案和操作方式较少，常用于低压配电开关柜(箱)中，用作配电线路、电动机、照明电路及电热器等设备的电源控制开关及保护。

图 3-19　塑壳式低压断路器外形结构

2. 低压负荷开关

低压负荷开关由带灭弧罩的低压刀开关与低压熔断器串联组成，兼有刀开关和熔断器的双重功能，既可以带负荷操作，又能进行短路保护。常用的低压负荷开关有 HH 和 HK 两种系列，其中 HH 系列为封闭式负荷开关，如图 3-20 所示；HK 为开启式负荷开关。

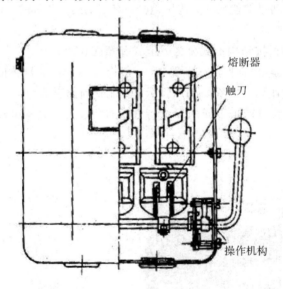

熔断器
触刀
操作机构

图 3-20　封闭式负荷开关

3. 低压熔断器

低压熔断器主要用于低压系统中设备及线路的过载和短路保护，种类很多，有瓷插式(RC 型)、螺旋式(RL 型)、无填料密闭管式(RM 型)、有填料密闭管式(RT 型)等，供配电系统中常用的主要有 RL、RT 系列有填料密闭管式熔断器，RS 系列快速熔断器和 RZ 系列自复式熔断器。

低压熔断器型号的表示和含义如下：

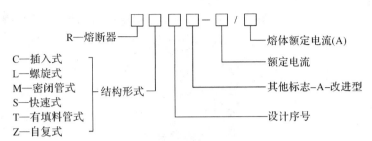

RL、RT 和 RS 系列低压熔断器的结构与工作原理与高压户内限流熔断器类似，都是利用熔丝熔断实现其保护功能，必须更换熔丝才能恢复供电。RZ 系列自复式低压熔断器克服了这一缺点，无需更换熔体。我国自行研制的 RZ1 型自复式熔断器采用金属钠作熔件，在常温下，钠的电阻率很小，可使负荷电流顺利通过；发生短路时，钠迅速气化，电阻率变得很大，从而可限制短路电流。

七、高低压成套配电装置

成套配电装置是按一定的线路方案将有关一、二次设备组装而形成一种成套设备的产品，在供配电系统中作控制、监测和保护之用，其中安装有开关电器、监测仪表、保护和自动装置以及母线、绝缘子等。

成套配电装置分为高压成套配电装置（即高压开关柜）、低压成套配电装置（含低压配电屏、盘、柜、箱）和全封闭组合电器。

1. 高压开关柜

高压开关柜（High Voltage Switch gear）主要用在 3～35 kV 系统中，结构紧凑，占地面积小，安装工作量小，使用和维修方便，且有多种接线方案以供选择，故用户使用极为便利。

高压开关柜按结构形式可分为固定式、移开式（手车式）两大类；按开关柜隔室的结构分，有金属封闭铠装式、间隔式和箱式等；按断路器手车安装位置分，有落地式和中置式；按用途分，有馈线柜、电压互感器柜、避雷器柜、电能计量柜、高压电容器柜、高压环网柜等。

高压开关柜型号的表示和含义如下：

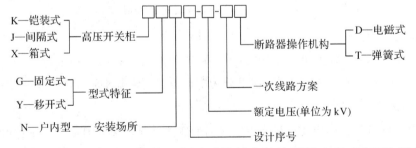

为了提高供电的安全性和可靠性，高压开关柜在结构设计上具有"五防"闭锁功能：① 防止误分、误合断路器；② 防止带负荷推拉小车；③ 防止误入带电间隔；④ 防止带电挂接地线或合接地开关；⑤ 防止接地开关在接地位置时送电。

（1）固定式开关柜。固定式开关柜是指柜体内高压断路器等主要电气设备的安装位置固定，由断路器室、母线室、电缆室和仪表室等组成，如图 3-21 所示。其特点是价格低，内部空间大，运行维护方便。一般用于企业的中小型变配电所和负荷不太重要的场所。

图 3-21 XGN2-10 型固定式封闭高压开关柜

（2）移开式开关柜。移开式开关柜包括固定的柜体和可抽出式部件（手车）两大部分。断路器等一次设备安装在手车上，手车置于手车室内，手车可抽出或插入，如图 3-22 所示。移开式开关柜具有灵活性好、检修安全、供电可靠性高、安装紧凑和占地面积小等优点，但价格较贵，主要用于大中型变配电所和负荷比较重要的场所。

图 3-22 KYN28A-12 型金属铠装移开式高压开关柜

2. 低压开关柜

低压开关柜用于 500 V 以下的供配电系统中，作动力和照明配电之用，包括配电屏（盘、柜）和配电箱两类，按其控制层次可分为配电总盘、分盘和动力、照明配电箱。

1）低压配电屏

低压配电屏按其结构型式可分为固定式和抽屉式两种类型。固定式低压配电屏的所有电器元件都固定安装、固定接线，主要有 GGD、GLL、GBD 等系列。抽屉式低压配电屏的主要电器元件均装在抽屉内或手车上，再按一、二次接线方案将有关功能单元的抽屉装在封闭的金属柜体内，可按需要抽出或推入，如图 3-23 所示。抽屉式低压配电屏结构紧凑、通用性好、安装维护方便、安全可靠，但价格稍高，主要有 GCS、GCL、GCK 和引进国外先进技术生产的 DOMINO、MNS 系列。

图 3-23　GCS-0.4 型抽屉式低压开关柜

2）低压配电箱

从低压配电屏引出的低压配电线路一般需经动力配电箱或照明配电箱接至各用电设备。动力配电箱通常具有配电和控制两种功能，主要用于动力配电和控制。照明配电箱主要用于照明配电，也可配电给一些小容量的动力设备和家用电器。

3. 环网供电单元

为了提高供电可靠性，环网供电在现代供配电系统中应用越来越广泛。环网供电单元又称环网柜（Ring Main Unit），实质就是针对环形配电网设计的一种高压开关柜。所谓"环网柜"就是每个配电支路设一台开关柜（出线开关柜），这台开关柜的母线同时就是环形干线的一部分，如图 3-24 所示。

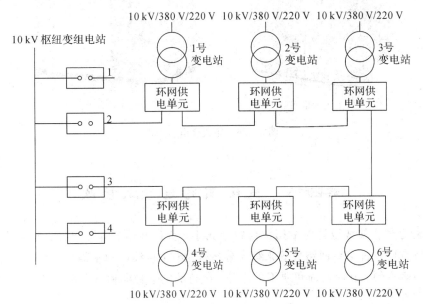

图 3-24　环网供电单元组成环网示意图

典型的环网开关柜是三回路单元，即由两条线路、负荷开关单元和一个变压器保护单元组成的，也可以根据需要由多回路单元组成，如图 3 - 25 所示。其中线路、负荷开关单元中的负荷开关，通常可采用空气、SF_6、真空负荷开关。环网柜结构紧凑、体积小、安装方便，可以根据需要扩展，不受外部环境的影响，运用灵活，价格合理，因而广泛应用于电缆敷设的中压配电网。

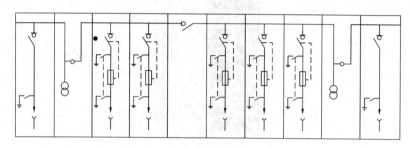

图 3 - 25　典型的环网供电单元组合方案

4. 箱式变电所

箱式变电所又称预装式变电所（Prefabricated Substation）是一种把高压开关设备，配电变压器和低压开关按一定的结构和接线方式组合起来的预装式配电装置。箱式变电所一般有美式和欧式两种形式，如图 3 - 26 所示。箱式变电所特别适用于城网建设与改造，具有成套性强、体积小、占地少、能深入负荷中心、提高供电质量、减少损耗、送电周期短、选址灵活、对环境适应性强、安装方便、运行安全可靠及投资少、见效快等一系列优点。

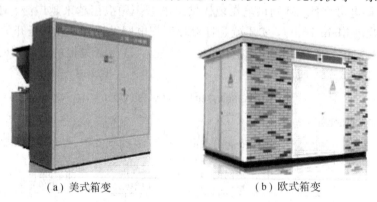

（a）美式箱变　　　　　　　　　（b）欧式箱变

图 3 - 26　箱式变电所外形

第四节　变电所的电气主接线

变电所电气主接线设计应根据负荷容量大小、负荷性质、电源条件、变压器容量及台数、设备特点以及进出线回路数等来综合分析确定。主接线应力求简单、运行灵活、供电可靠、操作检修方便、节约投资和便于扩建等。在满足供电要求和可靠性的条件下，宜减少电压等级和简化接线。

变配电所的电气主接线（Main Electrical Connection）基本形式按有无母线通常分为有母线的主接线和无母线的主接线两大类。

一、有母线的主接线

母线(Busbar 或 Bus)实质上是主接线电路中接受和分配电能的一个电气联结点，形式上它将一个电气联结点延展成一条线，以便于多个进出线回路的联结。在供配电系统中，常用的有母线的主接线有单母线接线、单母线分段接线和双母线接线三种形式。

1. 单母线接线

单母线接线形式如图 3-27 所示，是有汇流母线的主接线中结构最为简单的一类。在这种接线中所有电源和引出线回路都连接于同一母线上。为了便于每回路线路的投入和切除，在每条引线上均装有断路器和隔离开关。断路器作为切断负荷电流和短路电流之用。隔离开关有两种，靠近母线侧的称为母线隔离开关，用于隔离母线电压、检修断路器；靠近线路侧的称为线路隔离开关，用于防止检修断路器时从用户侧反向送电，或防止雷电过电压沿线路侵入，保证维修人员安全。

单母线接线的优点是简单、清晰、设备少、运行操作方便且有利于扩建，但可靠性和灵活性都较低，母线或连接于母线上的任一隔离开关发生故障或检修时，都将影响全部负荷的用电。

单母线接线适用于出线回路少的小型变配电所，一般供三级负荷，两路电源进线的单母线可供二级负荷。

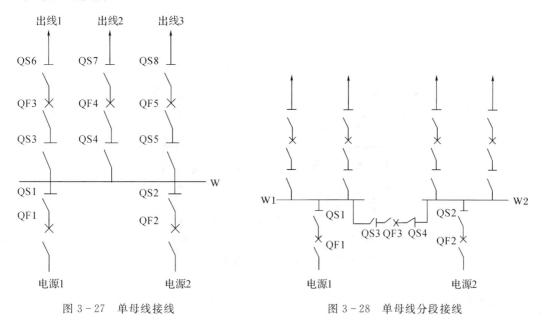

图 3-27 单母线接线　　　　　　　　　图 3-28 单母线分段接线

2. 单母线分段接线

变电所如有两个以上电源进线或馈出线较多时，可用断路器将母线分段，称为单母线分段接线，如图 3-28 所示，图中的 QF3 称为分段断路器。在正常工作时，分段断路器可断开也可接通，即单母线分段接线既可分段单独运行，也可以并列同时运行。

分段运行时，分段断路器 QF3 断开，两路电源同时工作互为备用(又称暗备用)。此时，任一电源(如电源 1)故障，电源进线断路器 QF1 自动跳闸，分段断路器 QF3 自动合闸，保证全部出线或重要负荷继续供电。

并列运行时,分段断路器 QF3 合闸,此时一般两路电源中的一路工作,另一路备用(又称明备用)。任一母线故障,分段断路器与故障段进线断路器均会在继电保护装置作用下跳闸,将故障段母线切除,重要用户仍可通过正常段母线继续供电。

单母线分段接线既保留了单母线接线简单、经济、方便等优点,又在一定程度上提高了供电可靠性,基本上可以满足一、二级负荷的供电需求,因此得到了广泛应用。但单母线分段接线仍不能克服某一回路断路器检修时,该回路要长时间停电的缺点。

3. 双母线接线

双母线接线中,每个回路经一台断路器和两组隔离开关分别接到两组母线 W1、W2 上,两组母线之间通过母线联络断路器 QF 连接起来,如图 3-29 所示。正常工作时,一组母线(如 W1)工作,一组母线(如 W2)备用,各回路连接在工作母线上的隔离开关闭合,连接在备用母线上的隔离开关均断开。若工作母线(如 W1)故障或检修,可通过倒闸操作将所有出线转移到备用母线(W2)上来,从而保证所有出线的供电可靠性。

双母线接线的优点是可靠性高、运行灵活、扩建方便,缺点是设备多、操作繁琐、造价高。一般用于有大量一、二级负荷的大型变电所,如 35 kV 线路有 8 回及以上时、110 kV 线路有 6 回及以上时,宜采用双母线接线。

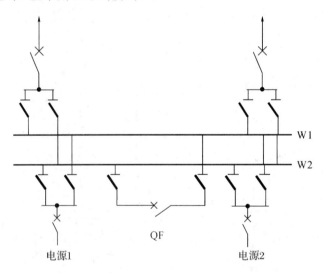

图 3-29　双母线接线

二、无母线的主接线

无母线主接线在电源与出线或变压器之间没有母线连接。在供配电系统中,常用的无母线主接线有线路-变压器组单元接线和桥式接线两种形式。

1. 线路-变压器组单元接线

线路-变压器组单元接线(Line-transformer Unit Connection)用于只有一回进线和一回出线的场合,如图 3-30 所示,其特点是接线简单、设备少、经济性好。

图 3-30(a)中,在变压器高压侧设置断路器和隔离开关,当变压器故障时,继电保护

装置动作令断路器 QF 跳闸。采用断路器操作简便，故障后恢复供电快，易与上级保护配合，便于实现自动化。

图 3-30(b)中采用负荷开关与熔断器组合代替价格较高的断路器，变压器的短路保护由熔断器实现。负荷开关除了用于变压器的投入与切除外，还可用来隔离高压电源以便安全检修变压器。这种接线方式适用于容量不大的变压器，对干式变压器不大于 1250 kVA，对油浸式变压器不大于 630 kVA。

图 3-30(c)中变压器的高压侧仅设置负荷开关，未设置保护，其保护必须依靠安装在线路首端的保护装置来完成，因此仅适用于距上级变电所较近的变配电所采用。当变压器容量较小时，负荷开关也可采用隔离开关代替，但需注意的是，隔离开关只能用来切除空载运行的变压器。

图 3-30(d)是户外杆上变电台的典型接线形式，电源线路架空敷设，小容量变压器安装在电杆上，户外跌落式熔断器作为变压器的短路保护，也可用来切除空载运行的变压器。这种接线简单经济，但可靠性差。

线路-变压器组单元接线可靠性不高，只可供三级负荷。采用环网供电时，可靠性相应提高，可供少量二级负荷。

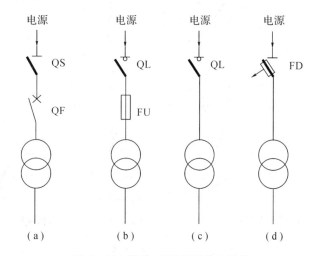

图 3-30　线路-变压器组单元接线

2. 桥式接线

当变电所具有两台变压器和两条电源进线时，在双回线路-变压器组单元接线中间跨接一连接"桥"，便构成桥式接线，如图 3-31 所示，其中 QF3 为桥断路器。按照桥断路器的位置，可分为内桥和外桥两种类型。

1) 内桥式接线

桥断路器在进线断路器的内侧(即变压器侧)，称为内桥式接线，如图 3-31(a)所示。内桥式接线的特点是：线路的投切比较方便，变压器的投切比较复杂。例如当线路 L1 故障检修时，只需断开 QF1，变压器 T1 可由线路 L2 通过桥断路器供电；但当变压器 T1 故障或检修时，需断开 QF1、QF3 和 QF4，拉开 QS5、QS7，再闭合 QF6，才能恢复正常供电。所以内桥式接线适用于进线线路较长，负荷比较平稳，变压器不需要经常投切的场合。

2）外桥式接线

桥断路器在进线断路器的外侧（即进线侧），则称为外桥式接线，如图 3-31（b）所示。外桥式接线的特点和内桥式相反，对变压器回路的操作非常方便，但对电源进线的操作不便。因此外桥式接线适用于进线线路较短、负荷变化较大、变压器需要经常切换的场合。此外，当两条线路间有穿越功率时，也采用外桥式接线。

桥式接线有工作可靠、灵活、使用的电器少、装置简单清晰和建设费用低等优点，并且它特别容易发展为单母线分段接线和双母线接线。35～110 kV 变电所在其进线为两回及以下时，宜采用桥式接线。当变电所具有三台主变时，可采用具有两个桥路的扩大桥式接线。

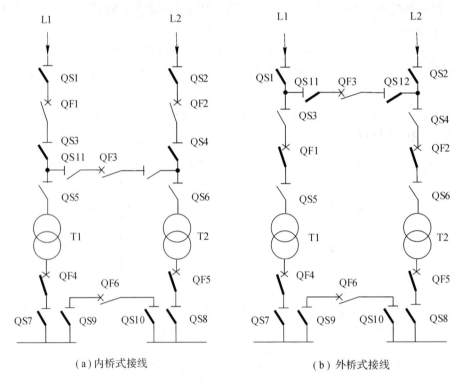

（a）内桥式接线　　　　　　　　　　（b）外桥式接线

图 3-31　桥式接线

三、变配电所主接线示例

1. 35～110kV 变电所电气主接线示例

区域供电的变电所高压侧多为 110(35)kV，低压侧为 10 kV，然后经 10 kV 配电线路将电能分配至负荷中心。对于大型企业用户一般都设有总降压变电所，与区域变电所类似，其进线电压为 35～110 kV，经总降压变电所将电源电压降为 6～10 kV 的高压配电电压。这一类变电所的电气主接线应根据变电所主变配置和高压侧进出线情况来设计。

1）装有一台主变的 35～110 kV 变电所

区域变电所（总降压变电所）为单电源进线和一台变压器时，通常一次侧采用线路-变压器组单元接线、二次侧采用单母线主接线，如图 3-32 所示。这种接线简单经济、使用设备少、基建快，但供电可靠性不高，只能用于三类负荷的供电。

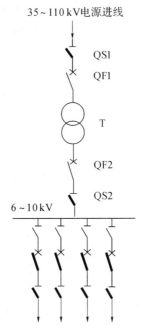

图 3-32　单电源单主变的 35~110 kV 变电所主接线

2）装有两台主变的 35~110 kV 变电所

若变电所一次侧有两回电源进线，且无其他出线，则一次侧宜采用内桥式或外桥式接线，二次侧采用单母线分段接线，如图 3-33 所示。这种接线使用设备少、结构简单、占地面积小、供电可靠性较高，可供一、二级负荷。

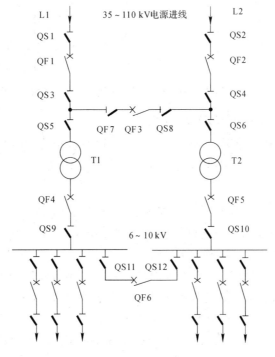

图 3-33　一次侧采用内桥式、二次侧单母线分段接线的 35~110 kV 变电所主接线

若变电所一次侧进出线较多时,一、二次侧均可采用单母线分段接线,如图 3-34 所示。这种接线供电可靠性较高,运行灵活,但所用设备较多,投资较大,可供一、二级负荷,常用于 110 kV 侧进出线较多的区域变电所。

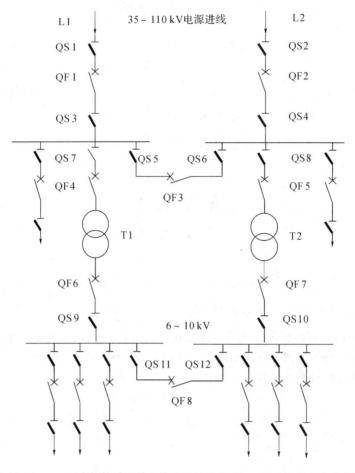

图 3-34 一、二次侧均采用单母线分段接线的 35～110 kV 变电所主接线

2. 10(6)kV 变配电所电气主接线示例

根据《城市配电网技术导则》的规定,当用户变电总容量为 50 kVA～8000 kVA 时,宜采用 10 kV 供电,由用户的 10 kV 变电所将 10 kV 电压降为 380/220 V 的使用电压,其典型接线如下。

1) 单电源进线的 10(6)kV 变电所主接线

对于三级负荷且负荷不大的用户变电所(终端变电所),常采用单电源接线。当 10 kV 变电所只有一台变压器时,一次侧宜采用线路-变压器组单元接线、二次侧采用单母线不分段主接线,其高压侧开关可以根据负荷情况选用隔离开关熔断器组(或跌落式熔断器)、负荷开关熔断器组或断路器,一般负荷较大时选用断路器,如图 3-35 所示。这种接线比较简单,可靠性不高,适用于三级负荷的小型变电所。

若 10 kV 变电所装有两台变压器,则一次侧宜采用单母线不分段主接线、二次侧采用单母线分段主接线,如图 3-36 所示。这种接线的可靠性不高,适用于三级负荷。

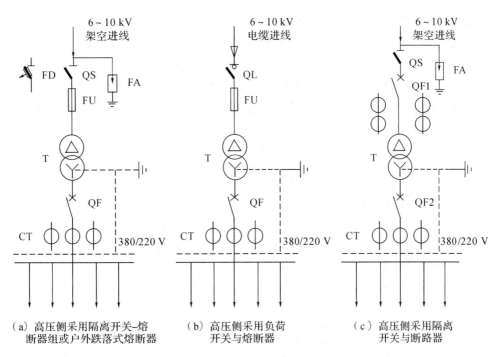

（a）高压侧采用隔离开关-熔断器组或户外跌落式熔断器

（b）高压侧采用负荷开关与熔断器

（c）高压侧采用隔离开关与断路器

图 3-35 装有一台变压器的单电源进线 10 kV 变电所主接线

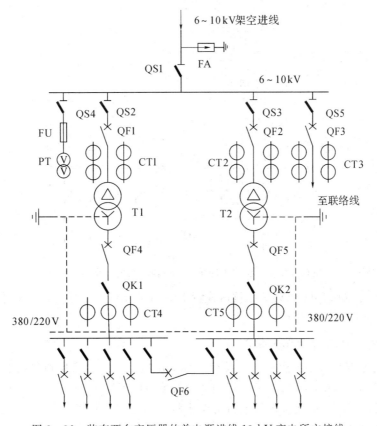

图 3-36 装有两台变压器的单电源进线 10 kV 变电所主接线

2）双电源进线的 10(6)kV 变电所主接线

根据简单可靠、经济适用的原则，双电源进线的 10 kV 变电所一次侧宜采用线路-变压器组单元接线，二次侧采用单母线分段接线，如图 3-37 所示。该主接线可靠性较高，当任一台变压器或任一电源进线故障检修时，通过闭合低压母线分段开关，可迅速恢复对整个变电所的供电，因此可供一、二级负荷或用电量较大的车间变电所。

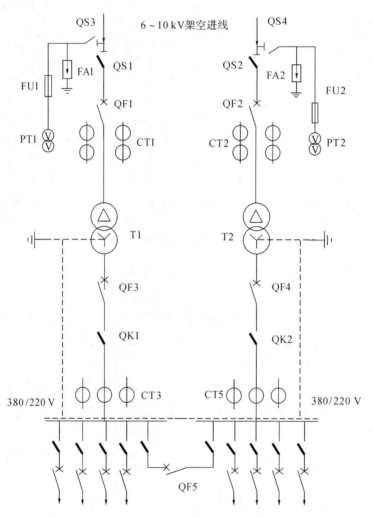

图 3-37　一次侧采用线变组、二次侧采用单母线分段接线的双电源进线 10 kV 变电所主接线

若该变电所拥有 10(6)kV 高压负荷或者 10(6)kV 出线，此时一、二次侧均应采用单母线分段接线，如图 3-38 所示。

3）10 kV 配电所的电气主接线

在公用配电网和大中型企业中常设有 10 kV 配电所，它起接收和分配电能的作用，其位置应尽量靠近负荷中心。每个配电所的馈电线路一般不少于 4～5 回，配电所一般为单母线接线，根据负荷的类型及进出线数目可考虑将母线分段，如图 3-39 所示是双回路进线配电所单母线分段主接线。

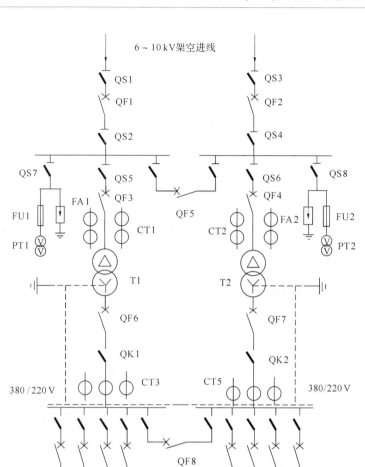

图 3 - 38　一次、二次侧均采用单母线分段接线的双电源进线 10 kV 变电所主接线

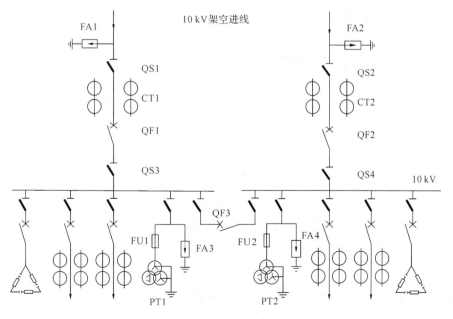

图 3 - 39　10 kV 配电所的主接线

第五节　供配电网络的接线方式

供配电网络起着将电能从变配电所输送与分配至下级变（配）电所或负荷的作用。常用的供配电网络接线方式有放射式、树干式和环式。

一、放射式

放射式接线方式的特点是每路馈线仅给一个负荷点单独供电，如图 3 - 40 所示。图 3 - 40(a)为单回路放射式接线，图 3 - 40(b)为双回路放射式接线。放射式线路故障只影响单一负荷，负荷之间的相互影响小，可靠性较高，而且易于控制和实现自动化。采用放射式接线时，每个负荷点均需要一回线路，因此所需线路数和设备数量很多，投资大，占用空间大，有色金属消耗量大。基于以上特点，放射式接线多用于向重要负荷供电，或向单台功率较大的设备供电。

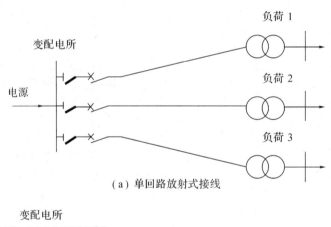

（a）单回路放射式接线

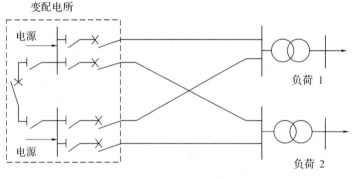

（b）双回路放射式接线

图 3 - 40　放射式接线

二、树干式

树干式接线是有分支的辐射网络，特点是每路馈线可给同一方向的多个负荷点供电，如图 3 - 41 所示。树干式接线中，每一负荷都是通过分支线向干线索取所需电能的，分支线的型式主要有两种："T"接和"Π"接。"T"接不需要断开干线，常用于架空线路；"Π"接又称环入环出接法，需要将干线断开接到分支母线上，常用于具有分支箱的电缆线路。

　　树干式接线所需线路及开关设备数量少，投资省，但可靠性不高，不便于实现自动化，一般用于向三级负荷或小功率用电设备供电。若用户负荷对供电可靠性要求较高，可采用双回路树干式接线，如图 3−41(c)所示。

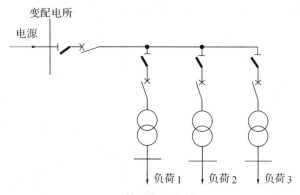

（a）单回路"T"接

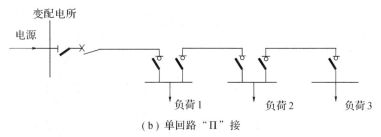

（b）单回路"Π"接

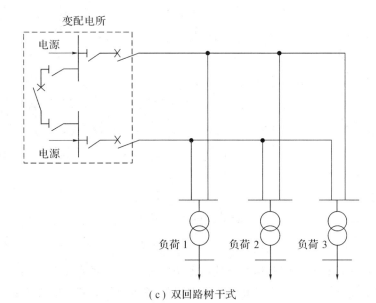

（c）双回路树干式

图 3−41　树干式接线

三、环式

普通环式接线可以看成是树干式接线的改进，把两路树干式线路的末端连接起来就构成了环式接线，如图 3-42 所示。图 3-42(a)为普通环式，图 3-42(b)为双电源手拉手环式。环式接线的优点是运行灵活，供电可靠性高，当线路的任何线段发生故障时，都可以通过"倒闸操作"拉开故障段线路两侧的隔离开关，将故障段线路切除，迅速恢复非故障段线路用户的供电。

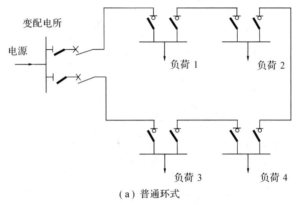

（a）普通环式

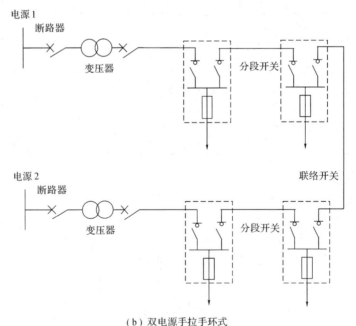

（b）双电源手拉手环式

图 3-42 环式接线

环式接线有开环和闭环两种运行方式。由于闭环运行需要满足一些特定的条件，运行控制要求也相对较高，因此在供配电系统中多采用开环运行方式，即正常运行时环形线路某台环路开关是断开的，这台开关所处地点称为"开环点"。

环式接线可靠性较高，网络中任何一段线路故障均不会造成用户停电，且网络结构清晰，可用于重要负荷供电。但环路中的配电线路和所有开关都要承受环路功率，因此投资较树干式接线大，保护整定和运行切换也较复杂。

四、供配电网络接线示例

1. 110 kV 供电网络接线示例

高压供配电网络的设计，应根据供电可靠性的要求、变电所变压器的台数和容量、变电所的分布和地理环境等情况，选择合适的接线形式。同一电压等级、同类供电区域的电网结构宜简化统一。一般情况下，110 kV 高压供电网络宜采用放射式，便于运行管理，同时还可以限制短路电流，便于选择轻型电气设备。但放射式接线的供电可靠性不能满足一、二级负荷的要求，因此在工程实践中通常从两个 220 kV 变电所分别馈出一条线路，构成双电源手拉手环网结构，图 3-43 中杨根变、济山变等均属于此供电方式。正常情况下，采用开环运行方式，即 110 kV 变电所两台变压器分列运行，在一路电源故障时，可以由另一路电源带两台变压器运行。若从两个 220 kV 变电所取得电源困难时，也可以从一个 220 kV 变电所的不同 110 kV 母线馈出两回线路，经不同路径向负荷供电，如图 3-43 中临江变所示。

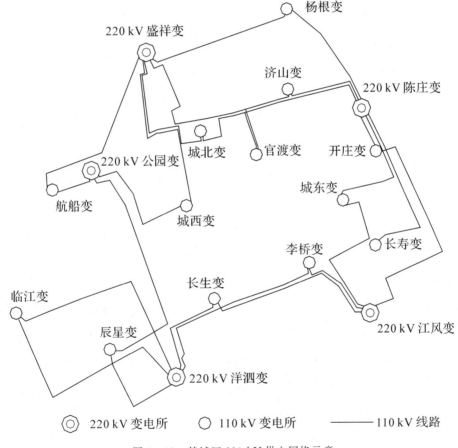

图 3-43 某城区 110 kV 供电网络示意

2. 10 kV 配电网络接线示例

10 kV 配电网应根据区域类别、地区负荷密度、性质和地区发展规划，选择相应的接线方式。配电网的网架结构宜简洁，并尽量减少结构种类，以利于配电自动化的实施。10 kV

架空网络宜采用环网设计，开环运行，如图 3-44 中 10 kV 工业 1#、2# 线，北平 1#、2# 线所示的手拉手单联络结构，10 kV 江府线和 10 kV 江开线则属于双联络结构，正常运行时联络开关均处于断开状态。10 kV 电缆网络一般采用单环接线，可靠性要求较高的高负荷密度地区可以采用双环接线，如图 3-45 所示。

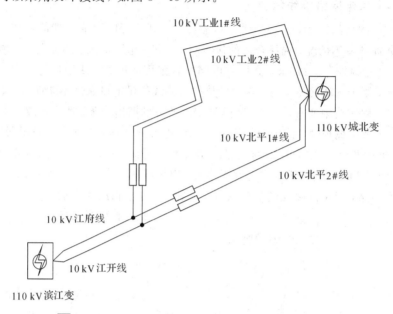

图 3-44 某城区 10 kV 架空配电网接线

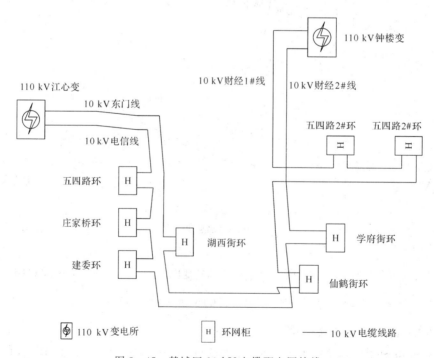

图 3-45 某城区 10 kV 电缆配电网接线

3. 低压配电网络接线示例

低压配电网的设计应满足用电设备对供电可靠性和电能质量的要求，同时应注意尽量使接线简单、操作方便安全，设计应具有一定的灵活性，能适应生产和使用上的变化及设备检修的需要。供电系统应简单可靠，同一电压等级的配电级数低压不应超过三级。例如从变配电所以低压配电至总配电箱为一级，再从总配电箱配电至分配电箱或低压用电设备，则认为低压配电级数为两级。根据 GB50052—2009《供配电系统设计规范》的规定，当大部分用电设备为中小容量，且无特殊要求时，宜采用树干式接线；用电设备为大容量，或负荷性质重要，或有特殊要求时，宜采用放射式接线；若负荷对可靠性要求较高，可以采用普通环式或手拉手环式接线。

图 3-46 所示为一幢 24 层住宅楼低压配电系统接线图。住宅用电为三级负荷，每层设置 1 只电能表箱，因该住宅楼为高层住宅，负荷容量较大，采用分区树干式接线，每 6 层为一树干式配电区域，从变电所低压柜共配出 4 路干线。公共照明为一级负荷，每层设置 1 只公共照明配电箱，因负荷容量小，采用分区树干式接线，每 12 层为一个配电分区。由于负荷重要，故在一层设置双电源自动切换配电箱，两路电源分别引自变电所低压侧两段母线。消防水泵、电梯、生活水泵为一级负荷，容量集中，就地设置双电源自动切换配电箱及控制箱，由变电所低压配电柜采用双回路放射式供电。生化处理设备、大楼景观照明为三级负荷，容量集中，采用单回路放射式接线。屋顶机房照明容量小，但负荷重要，故接入公共照明配电线路中。屋顶机房空调为三级负荷，故接入住宅用电配电线路中。

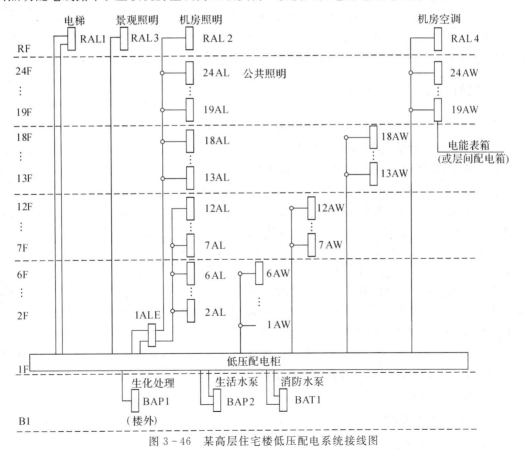

图 3-46 某高层住宅楼低压配电系统接线图

第六节　变电所的结构与布置

一、变电所的选址

变电所位置的确定应遵循以下原则：

（1）尽量接近负荷中心。接近负荷中心主要是从节约一次投资和减少运行时电能损耗的角度出发。

（2）接近电源侧。特别是工厂的总降变电所和高压配电所。

（3）进出线方便。要有足够的进出线走廊，提供给架空进线、电缆沟或电缆隧道。

（4）满足供电半径的要求。由于电压等级决定了线路最大的输送功率和输送距离，供电半径过大导致线路上电压损失太大，使末端用电设备处的电压不能满足要求，因此变电所的位置应保证所有用电负荷均处于该站的有效供电半径内，否则应增加变电所或采取其他措施。

（5）运输设备方便。特别是要考虑电力变压器和高低压成套配电装置的运输。

（6）所区地形、地貌、土地面积及地质条件应适宜。所址选择不仅要贯彻节约土地、不占或少占农田的精神，而且要结合具体工程条件，因地制宜选择地形、地势。所址应不能被洪水淹没及受山洪冲刷，应避开断层、滑坡、塌陷区、溶洞等特殊地质条件地带。

（7）所区周围环境应适宜。避免设在有剧烈震动和高温的场所，避免设在多尘或有腐蚀性气体的场所，避免设在潮湿或易积水场所。

（8）确定所址时，应考虑与临近设施的影响。避免设在有爆炸危险的区域或有火灾危险的区域的正上面或正下面，注意对公共通信设施的干扰问题。

二、变电所的布置

1. 基本要求

变配电所的总体布置应满足以下基本要求：

（1）便于运行维护和检修。变压器、高低压开关柜等电气装置要留有操作维护通道，并考虑交通运输的方便。根据需要设置值班室、工具间和维修间。

（2）保证运行安全。变压器等电气装置要有足够的安全净距。变电所应设置防雨、防雪和防止蛇、鼠类小动物进入室内的设施。另外变配电所还应考虑防火、通风等要求。

（3）便于进出线。如果是架空进线，高压配电室宜位于进线侧；变压器的安装位置宜靠近低压配电室；低压配电室宜位于其低压架空出线侧。

（4）节约土地和建筑费用。干式变压器只要具有不低于 IP2X 的防护外壳，就可和高低压配电装置在同一房间内。现代高压开关柜和低压配电屏均为封闭外壳，防护等级不低于IP3X 级，两者可以靠近布置。

（5）适应发展要求。变压器室应考虑到扩建时有更换大一级容量变压器的可能，高低压配电室内均应留有适当数量开关柜的备用位置。既要考虑为变配电所留有扩展的余地，又要不妨碍企业的发展。

2. 变配电所的结构

变配电所内的功能房间包括变压器室、高压配电室、低压配电室、电容器室、控制室

（值班室）、休息室、工具间、电缆夹层等，具体到某一变配电所，不一定具有以上所有的功能房间，可能有些房间不设，有些则可以合并。

（1）变压器。单台油量大于等于 100 kg 的三相油浸式变压器，应设置在单独的变压器室内，非油浸式变压器可不设单独的变压器室。当变电所采用双层布置时，变压器应设在底层。

（2）高、低压配电室。35～110 kV 户内变电所宜采用双层布置，6 kV～10 kV 变电所宜采用单层布置。对于 6～10 kV 变电所，当高压开关柜的数量为 6 台及以下时，可与低压配电柜（屏）设置在同一房间内。高、低压配电装置和非油浸式电力变压器可设置在同一房间内。

需要特别说明的是，以上所谓的高压配电室，对于 10/0.4 kV 变电所而言，就是指 10 kV 配电室，"高压"是相对于"低压"而言的。以下有类似情况，不再说明。

（3）电容器室。高压电容器组一般应装设在单独的房间内；但数量较少时，可装设在高压配电室内。低压电容器组可装设在低压配电室内；但数量较多时，宜装设在单独的房间内。

（4）控制室。一般有集中控制设备时才考虑设置控制室。

（5）值班室。有人值班的变电所，一般应设值班室，值班室应尽量靠近高低压配电室，且有门直通。值班室也可以与低压配电室合并，低压配电室的面积应适当增大。

图 3-47 为几种常用的变电所平面布置方案。

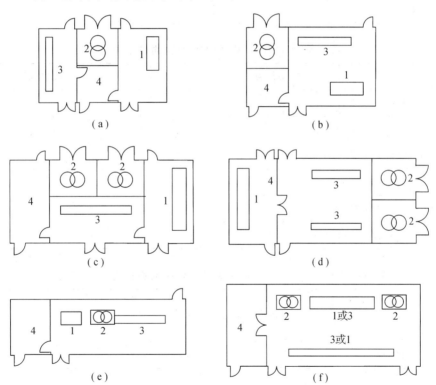

1—高压开关柜；2—变压器；3—低压配电屏；4—值班室
（a）一台油浸式变压器，高低压配电室分设；（b）一台油浸式变压器，高低压配电室合一；
（c）两台油浸式变压器，设值班室；（d）两台油浸式变压器，低压配电室兼值班室；
（e）一台干式变压器，与高低压配电装置设于同一房间；
（f）两台干式变压器，与高低压配电装置设于同一房间
图 3-47　几种常用变电所平面布置方案

3. 变配电所的电气设备布置

变配电所电气装置和变压器的布置，主要应考虑设备与设备之间以及设备与建筑墙（柱）之间的间距。这些间距所形成的空间有些是为了满足操作的需要，称为操作通道，如配电柜前通道；有些是为了满足维护检修的需要，称为维护通道，如配电柜后通道；有些则是为了安装的需要，称为安装距离；还有些是为了出现危险时便于人员疏散，称为疏散通道。表3-2、表3-3、表3-4分别列出了高、低压配电装置和变压器布置时必须满足的间距要求。对于成排布置的配电柜（屏），当其长度大于6 m时，还应留出由柜后通向室内的出口。

表3-2 10 kV配电室内各种通道最小宽度

通道分类	柜后维护通道/mm	柜前操作通道/mm	
		固定式	移开式
单列布置	800	1500	单车长＋1200
双列面对面布置	800	2000	双车长＋900
双列背对背布置	1000	1500	单车长＋1200

表3-3 低压配电室内各种通道最小宽度

布置方式	柜前操作通道/mm	柜后操作通道/mm	柜后维护通道/mm
固定式柜单列布置	1500	1200	1000
固定式柜双列面对面布置	2000	1200	1000
固定式柜双列背对背布置	1500	1500	1000
抽出式柜单列布置	1800	—	1000
抽出式柜双列面对面布置	2300	—	1000
抽出式柜双列背对背布置	1800	—	1000

表3-4 油浸式变压器外廓（防护外壳）与变压器室墙和门的最小净距

变压器容量/kV·A	≤1000	≥1250
与后壁和侧墙的净距/m	0.6	0.8
与门的净距/m	0.8	1.0

有关电气装置布置更详细的要求，可参阅相关的设计规范，此处不再赘述。

三、变电所布置和结构示例

1. 10 kV变电所平面布置

某企业10 kV变电所平面布置如图3-48所示。该变电所采用户内单层布置，主要由变压器室、高压配电室、低压变配电室、值班室等组成。

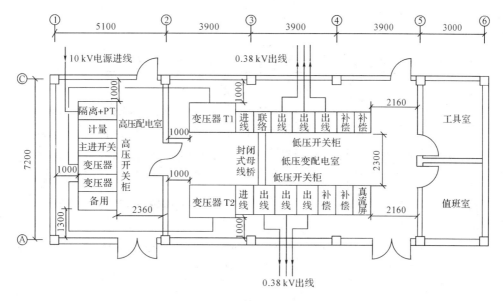

图 3-48 某企业 10/0.4 kV 变电所平面布置图

2. 35 kV 变电所平面布置及结构剖面

某区域 35 kV 变电所平面布置及结构剖面图如图 3-49 所示。该变电所采用户内双层布置（局部单层），35 kV 高压配电室和控制室位于二层，变压器室、10 kV 高压配电室、电容器室、休息室、工具室、维修间等位于一层。

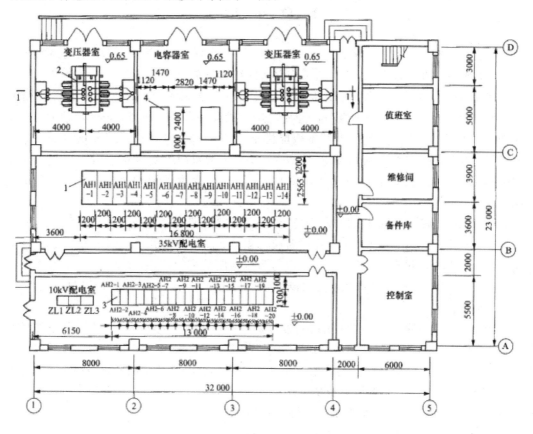

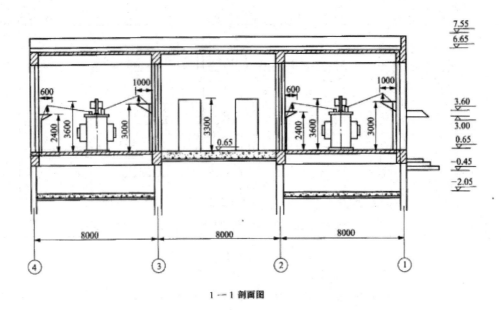

1—1 剖面图

1—GBC-35A(F)型开关柜；2—SL7-6300/35型变压器；3—XGN2-12型开关柜；

4—GR-1型10 kV电容器柜；5—PK-1型控制柜

图3-49 35/10 kV 2×6300 kVA变电所双层布置设计实例

本 章 小 结

本章主要介绍了电力变压器的选择、供配电系统常用的电气设备、供配电网络的接线方式、变电所的主接线方式，最后介绍了变电所的结构与布置。

1. 变配电所一般装设两台主变压器；若只有一个电源或中、低压侧可取得备用电源，也可只设一台主变压器；三级负荷的变电所一般设一台主变压器，若负荷较大，可以设置两台主变压器。单台主变压器容量应能满足60%～70%总计算负荷的供电需求，同时应能满足所有一、二级负荷的需求。110 kV及以上的双绕组变压器采用YNd11联结；35/10 kV变压器通常采用Yd11联结；6～10 kV配电变压器通常采用Yyn0或Dyn11联结。

2. 高压断路器的作用是接通和断开负荷电流，故障时断开短路电流；高压隔离开关的主要功能是隔离高压电源，保证人身和设备检修安全；高压负荷开关可以通断一定的负荷电流和过负荷电流，由于断流能力有限，常与高压熔断器配合使用。低压开关设备主要有低压断路器、低压负荷开关。低压断路器既能带负荷通断电路，又能在短路、过负荷、欠电压时自动跳闸。

熔断器主要用于线路及设备的短路或过负荷保护。高压熔断器有户内式、户外式两种类型，其中户内RN1型用于保护电力线路和电力变压器，RN2型用于保护电压互感器，属于"限流"式熔断器；户外RW系列跌落式熔断器用户场所的高压线路和设备的短路保护，属于"非限流"式熔断器。供配电系统中常用的低压熔断器主要有RL、RT系列有填料密闭管式熔断器，RS系列快速熔断器和RZ系列自复式熔断器。

互感器的作用是使二次设备与主电路隔离和扩大仪表、继电器的使用范围。电流互感器串联于线路中，其二次额定电流一般为 5 A，常用的有接线方式单相式接线、两相不完全星形接线、两相电流差接线和三相完全星形接线。电流互感器在使用时二次侧不允许开路，二次侧必须有一点接地，应当注意其二次绕组的极性。电压互感器并联在线路中，二次额定电压一般为 100 V，常用接线方式有单相式接线、V/V 形接线、Y_0/Y_0 形接线和 $Y_0/Y_0/\triangle$ 形接线。电压互感器在使用时二次侧不能短路，二次侧必须有一点接地。

成套配电装置包括开关柜、环网供电单元(环网柜)、箱式变电所等。目前的开关柜都具有"五防"闭锁功能，即防止误分、误合断路器，防止带负荷推拉小车，防止误入带电间隔，防止带电挂接地线或合接地开关，防止接地开关在接地位置时送电。

3. 对于高压配电网，在预期负荷密度比较低的地区，宜采用单侧电源放射形接线方式；对于预期负荷密度较高、可靠性要求也较高的地区，宜采用双侧电源放射接线方式；若需要满足上级一个 220 kV 变电所全部停电时仍能保证用户可靠供电，则宜采用环形接线方式或双电源手拉手接线方式。中压配电网接线应用较为广泛的是树干式和手拉手环式。低压配电网的接线通常都采用放射形接线。

4. 变电所主接线的设计应当综合考虑安全性、可靠性、经济性、运行灵活性和可扩展性，以及占用土地面积等因素，力求简单实用。在供配电系统中，一般 220 kV 变电所使用双母线接线；35～110 kV 变电所，如为一条进线多使用单元接线，若有两路电源进线则采用单母线分段或桥式接线；10 kV 多为单母线或单母分段接线。

思考题与习题

3.1　电力变压器的联结组别有哪几种？分别适用于什么情况？

3.2　高压断路器有哪些功能？常用灭弧介质有哪些？常用的 10 kV 断路器有哪几种？各写出一种型号并解释型号的含义。

3.3　高压隔离开关的作用是什么？为什么不能带负荷操作？

3.4　高压负荷开关有哪些功能？能否实现短路保护？在什么情况下自动跳闸？在采用负荷开关的高压电路中，采取什么措施来作短路保护？

3.5　试画出高压断路器、高压隔离开关、高压负荷开关的图形和文字符号。

3.6　低压断路器有何功能？配电用低压断路器按结构型式分为哪两大类？各有何结构特点？

3.7　熔断器的作用是什么？常用的户内和户外高压熔断器的型号有哪些？分别适用于哪些场合？

3.8　互感器的作用是什么？电流互感器和电压互感器的常用接线方式有哪些？分别适用于什么场合？

3.9　互感器的使用注意事项有哪些？

3.10　电流互感器有两个二次绕组时，各有何用途？在主接线图中，其图形符号怎样表示？

3.11　什么叫开关柜的"五防"功能？

3.12　电气主接线设计的原则是什么？

3.13 何谓内桥式接线和外桥式接线? 它们分别适用于什么场合?

3.14 隔离开关与断路器在运行操作时应如何配合? 怎样防止误操作? 写出线路停电、送电的操作步骤。

3.15 某 110 kV 变电所主接线如图 3-33 所示,该变电所正常运行方式为两线两变分列运行。请分别写出主变压器 T1 检修和♯1 进线检修时的倒闸操作票。

3.16 试说明线路-变压器组单元接线中,变压器高压侧开关的配置原则。

3.17 区域变电所(或总降变电所)常用何种接线方式? 配电所(或车间变电所)常用何种接线方式? 在什么情况下变电所高压侧需设置母线?

3.18 简述高、中、低压配电网常用的接线方式,并比较各接线方式的优缺点和适用情况。

3.19 变电所的选址有哪些基本要求?

3.20 变电所总体布置的基本要求有哪些? 变电所一般应设置哪些功能房间?

3.21 某企业总计算负荷为 6000 kVA,约 45% 为二级负荷,其余的为三级负荷,拟采用两台变压器供电。可以从附近取得两回 35 kV 电源,假定变压器采用并联运行方式,试确定变压器的型号和容量及主接线,并画出主接线方案草图。

第四章 短路电流计算

本章简要介绍了电力系统中短路发生的原因、类型以及短路带来的危害，分析了无穷大容量电源系统与有限容量电源系统三相短路的暂态过程。三相短路是最严重的短路类型，因此着重讲述了三相短路电流计算的方法，并分析了电动机对短路电流的影响。介绍了两相和单相短路电流实用计算方法。最后，简要介绍了短路电流的热效应和力效应。

第一节 概 述

一、短路的原因

短路是供配电系统乃至电力系统的严重故障。所谓短路(short circuit)，是指电力系统中一切不正常的相与相之间或相与地之间(对于中性点接地的系统)发生通路的情况。

引起短路故障的原因很多，主要有以下三个方面：

(1) 电气绝缘损坏。电气设备载流部分的绝缘损坏是产生短路的主要原因，而造成设备绝缘损坏的原因主要有绝缘材料的自然老化、机械损伤和各种形式的过电压等。

(2) 运行人员误操作。运行人员不按正确的操作规程操作，如带负荷拉合隔离开关，检修后未拆除地线就送电等，也是引起短路的主要因素。

(3) 其他因素。鸟兽跨接在裸露的载流导体上，气象条件恶化如大风、雨雪、冰雹等，以及施工挖伤电缆也是造成短路的常见因素。

二、短路的类型

在三相交流系统中，短路故障的基本类型有三相短路、两相短路、两相接地短路和单相接地短路。其中三相短路也称为对称短路，发生该种故障后系统与正常运行一样仍保持三相对称。其余三种短路故障发生时，整个三相系统处于不对称状态，称为不对称短路。

电力系统的运行经验表明，在各种类型的短路中，单相接地短路占大多数，三相短路的机会最少。但是由于三相短路的短路电流最大，危害最严重，并且从计算方法来看，一切不对称短路的计算，都以对称短路计算为基础，所以三相短路是研究的重点。

各种短路的示意图和代表符号列于图 4-1。

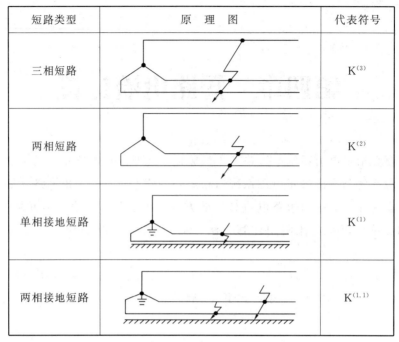

短路类型	原 理 图	代表符号
三相短路		$K^{(3)}$
两相短路		$K^{(2)}$
单相接地短路		$K^{(1)}$
两相接地短路		$K^{(1.1)}$

图 4-1 短路类型及其代表符号

三、短路的危害

发生短路时，短路回路的总阻抗很小，因此短路电流很大，其数值通常是正常电流的十几倍，甚至数十倍。电流大幅度增大的同时，系统中的电压也急剧下降，因此短路的破坏性是非常大的，主要体现在以下方面：

（1）短路电流使设备急剧发热，持续时间过长就可能导致设备过热损坏。

（2）短路电流产生很大的电动力，可能使设备永久变形或严重损坏。

（3）短路时系统电压大幅度下降，严重影响用户的正常工作。尤其是电力系统的主要负荷异步电动机，由于它的电磁转矩与端电压的平方成正比，电压下降时，电磁转矩减小、转速下降，甚至可能停转，造成产品报废、设备损坏等严重后果。

（4）短路情况严重时，可能使电力系统的运行失去稳定，造成电力系统解列，甚至崩溃，引起大面积停电。

（5）不对称短路产生的不平衡磁场，会对附近的通讯系统及弱电设备产生电磁干扰，影响其正常工作。

四、短路电流计算的目的

短路电流计算是供配电系统设计与运行的基础，主要用于解决以下问题：

（1）选择和校验各种电气设备（如断路器、互感器、电抗器、母线等）。供配电系统中的电气设备在短路电流的电动力效应和热效应作用下，必须不被损坏，以免扩大事故范围造成更大的损失。因此就需要计算发生短路时流过电气设备的短路电流，用以校验所选电气设备的热稳定性和动稳定性。

（2）合理配置继电保护和自动装置。供配电系统中应配置什么样的保护，以及这些保护应如何整定，必须对系统中可能发生的各种短路情况逐一加以计算分析才能确定。

（3）选择和评价电气主接线方案。在设计电气主接线方案时，可能会出现这种情况：一个供电可靠性高的接线方案，因为电的联系强，在发生故障时短路电流大，必须选用昂贵的电气设备，使得设计方案在经济性上不合理。因此，在评价、比较和选择各种主接线方案时，计算短路电流是一项很重要的内容。

第二节　三相短路暂态过程分析

电力系统发生三相短路后，系统由工作状态经过一个暂态过程，然后进入短路后的稳定状态。电流也相应地由正常的负荷电流突然增大，经过暂态过程以后达到稳态值。这个暂态过程很短，但过程中的短路电流比正常电流大得多，对设备甚至系统的危害极大。由此可见，分析三相短路发生后短路电流变化的暂态过程非常重要。

短路电流变化的暂态过程是很复杂的，与电源系统的容量有关。进行分析时，一般对无穷大容量电源系统和有限容量电源系统分别进行讨论。

一、无穷大容量电源系统三相短路的暂态过程

1. 无穷大容量电源系统（infinite system）

所谓"无穷大容量电源"是指端电压保持恒定、没有内阻抗和功率无限大的电源，它是一种理想电源，即相当于一个恒压源。实际的电力系统的容量总是有限的，所谓无穷大容量只是一个相对概念，指电源系统的容量相对于用户容量大得多。如果电源系统的阻抗不大于短路回路总阻抗的 5%～10%，或者电源系统的容量超过用户容量的 50 倍，发生短路时系统母线电压降低很小，此时可将电源系统看作无穷大容量电源系统，从而使短路电流计算大为简化。

2. 无穷大容量电源系统的三相短路暂态过程

图 4-2 为无穷大容量电源系统三相短路示意图。U_m 为电源相电压的幅值，其值保持恒定。现在假设在 K 点处发生三相短路。短路前电路处于稳态，每相的电阻和电抗分别是 $(R+R')$ 和 $(X+X')=\omega(L+L')$。由于三相电路对称，且三相短路是对称短路，则可取一相电路（例如 A 相）来分析短路电流的过渡过程。

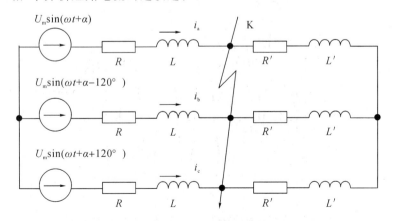

图 4-2　无穷大容量电源系统三相短路示意图

短路前电路中的电流为

$$i = I_m \sin(\omega t + \alpha - \varphi) \tag{4-1}$$

式中：I_m——短路前电流的幅值 $I_m = U_m / \sqrt{(R+R')^2 + (X+X')^2}$；

φ——短路前回路的阻抗角 $\varphi = \arctan \dfrac{X+X'}{R+R'}$；

α——电源电压的初始相角，亦称合闸角。

短路后，短路电流 i_K 应满足以下微分方程：

$$R i_K + L \frac{d i_K}{dt} = U_m \sin(\omega t + \alpha) \tag{4-2}$$

式(4-2)的解就是短路的全电流，它由两部分组成：第一部分是方程式(4-2)的特解，它代表短路电流的周期分量 i_p；第二部分是对应齐次方程的一般解，它代表短路电流的非周期分量 i_{ap}。短路的全电流可以用下式表示

$$i_K = i_p + i_{ap} = I_{pm} \sin(\omega t + \alpha - \varphi_K) + C e^{-\frac{t}{T_a}} \tag{4-3}$$

式中：I_{pm}——短路电流周期分量的幅值，$I_{pm} = U_m / \sqrt{R^2 + X^2}$；

φ_K——短路后回路的阻抗角，$\varphi_K = \arctan \dfrac{X}{R}$；

T_a——短路回路时间常数，$T_a = \dfrac{X}{\omega R} = \dfrac{L}{R}$；

C——积分常数，由初始条件决定，即短路电流非周期分量的初始值 i_{ap0}。

由于电路中存在电感，而电感中的电流不能突变，则短路前瞬间电流应该等于短路发生后瞬间的电流，将 $t=0$ 分别代入式(4-1)、式(4-3)，可得

$$I_m \sin(\alpha - \varphi) = I_{pm} \sin(\alpha - \varphi_K) + C$$
$$C = I_m \sin(\alpha - \varphi) - I_{pm} \sin(\alpha - \varphi_K) \tag{4-4}$$

将式(4-4)代入式(4-3)得

$$i_K = i_p + i_{ap} = I_{pm} \sin(\omega t + \alpha - \varphi_K) + [I_m \sin(\alpha - \varphi) - I_{pm} \sin(\alpha - \varphi_K)] e^{-\frac{t}{T_a}} \tag{4-5}$$

无穷大容量电源系统中发生三相短路时短路电流的波形如图4-3所示。短路电流周期分量 i_p，由电源电压和回路阻抗决定，其幅值保持不变；短路电流非周期分量 i_{ap}，按指数规

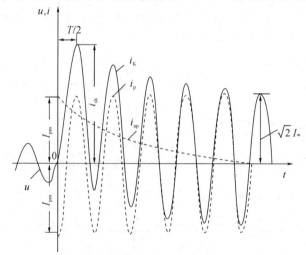

图4-3 无穷大系统发生三相短路时短路电流的波形图

律衰减，最终为零。当非周期分量衰减为零时，过渡过程结束，电路中的电流进入稳态，稳态电流就是短路电流的周期分量。

二、产生最大短路电流的条件

在工程实际中，最关心的是在什么情况下三相短路电流取得最大值及其大小。下面讨论在电路参数已知和短路点一定的情况下，产生最大短路电流的条件。

短路电流各分量之间的关系也可以用相量图 4-4 表示。图中旋转相量 $\dot{U}_m$、$\dot{I}_m$ 和 $\dot{I}_{pm}$ 在静止的时间轴 t 上的投影分别表示电源电压、短路前电流和短路后周期分量电流的瞬时值。在 $t=0$ 的时刻，相量 $\dot{I}_{pm}$ 和 $\dot{I}_m$ 之差在时间轴 t 上的投影就等于非周期分量电流的初始值 i_{ap0}。

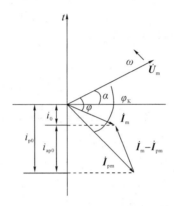

图 4-4 三相短路时的相量图

当电路的参数已知时，短路电流周期分量的幅值不变，而短路电流非周期分量则是按指数规律单调衰减的直流电流。因此，非周期电流的初始值越大，过渡过程中短路全电流的最大瞬时值也就越大。

由图 4-4 可知，非周期电流的初始值 i_{ap0} 取最大值的条件为：

① 相量差 $\dot{I}_m - \dot{I}_{pm}$ 取最大值；

② 相量差 $\dot{I}_m - \dot{I}_{pm}$ 在 $t=0$ 时刻与时间轴平行。

满足以上条件的情况为：

(1) 短路前电路处于空载状态，即 $\dot{I}_m = 0$；

(2) 短路回路为纯感性回路，即回路的感抗比电阻大得多，可以近似认为阻抗角 $\varphi_K \approx 90°$；

(3) 短路瞬间电源电压过零值，即初始相角 $\alpha = 0$。

将 $\dot{I}_m = 0$、$\varphi_K \approx 90°$ 和 $\alpha = 0$ 代入式(4-5)，得

$$i_K = -I_{pm}\cos\omega t + I_{pm}e^{-\frac{t}{T_a}} \tag{4-6}$$

由图 4-3 所示电流波形可见，短路电流的最大瞬时值在短路发生后约半个周期(当 $f=50$ Hz，这个时间约为短路发生后 0.01 秒)出现。

顺便指出，三相短路时各相短路电流的非周期分量并不相等，因此并不是各相都会出现最大短路电流，最大短路电流只会在一相出现。

三、有限容量电源系统三相短路的暂态过程

有限容量电源系统(finite system)是相对于无穷大容量电源系统而言的,同步发电机就是典型的有限容量电源。当同步发电机发生三相突然短路时,由于短路电流所造成的强烈的去磁电枢反应,发电机的端电动势将大为降低。这时不能再将发电机的端电压视为常数处理。

有限容量电源系统短路暂态过程比较复杂,可以将系统等效成一台同步发电机进行分析(无穷大系统可等效成一恒定电势源)。当发电机定子回路发生短路时,产生很大的近似纯感性的短路电流 i_K,同时在定子回路中随之产生一个很大的磁通 Φ_K,其方向与正常时的励磁磁通 Φ_{ex}(exciting flux)相反,形成去磁作用。根据楞次定律,穿过绕组的磁通不能突变,此时必定在转子里的励磁绕组(field winding)和阻尼绕组(damper winding)都感应出电势以及相应的自由电流 i_{fK} 和 i_{dK},并分别产生与 Φ_{ex} 方向相同的磁通 Φ_{fK} 和 Φ_{dK},如图 4-5 所示(图中未画出阻尼绕组以及 i_{dK} 和 Φ_{dK}),以维持发电机气隙间的总磁通不变,即 $\Phi_K = \Phi_{fK} + \Phi_{dK}$。虽然短路瞬间发电机的电势并不变,但是自由分量电流 i_{fK} 和 i_{dK} 无恒定电源维持,其幅值按指数规律衰减。

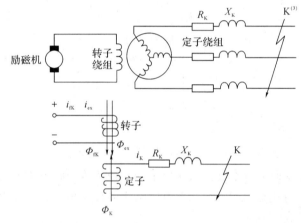

图 4-5 发电机突然短路时磁通的关系示意图

随着励磁绕组和阻尼绕组中的 i_{fK} 和 i_{dK} 迅速衰减,短路电流的去磁作用显著增加,则引起发电机的总磁通减少,使发电机的感应电势和短路电流的周期分量都逐渐减小,如图 4-6(a)所示。一般经 3~5 s 之后,转子中的自由分量电流衰减结束,发电机进入短路后的稳定状态(steady state)。

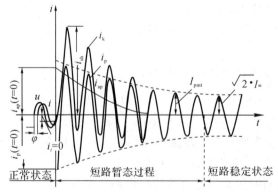

(a) 没有自动调节励磁装置的发电机短路电流变化曲线

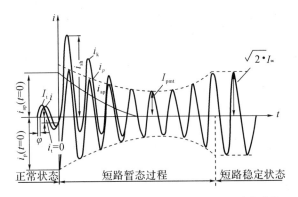

（b）有自动调节励磁装置的发电机短路电流变化曲线

图 4-6　发电机短路电流变化曲线

实际上，发电机大多装有自动调节励磁装置，也称为自动电压调整装置（Auto-Voltage Regulator，AVR）。当发电机外部短路时，发电机的端电压急剧下降，自动调节励磁装置动作，迅速增大励磁电流，以使发电机的端电压回升。但是由于自动调节励磁装置本身的反应时间以及发电机励磁绕组的电感作用，使它不能立即增大励磁电流，而是经过一段很短的时间才能起作用。因此短路电流周期分量的幅值是先衰减再上升，逐渐进入稳态，其变化曲线如图 4-6(b)所示。

四、三相短路的有关物理量

1. 短路电流次暂态值 I''

短路电流次暂态值是指短路以后幅值最大的一个周期（即第一个周期）的短路电流周期分量的有效值。在无限大容量电源系统中，短路电流周期分量幅值保持不变，则有

$$I''=I_p=\frac{I_{pm}}{\sqrt{2}} \tag{4-7}$$

2. 短路电流稳态值 I_∞

短路电流稳态值（steady-state value）是指短路进入稳态后短路电流的有效值。

无穷大容量电源系统发生三相短路时，短路电流周期分量的幅值恒定不变，则

$$I''=I_p=I_\infty \tag{4-8}$$

3. 短路电流冲击值 i_{sh}

短路电流冲击值（shock value），即在产生最大短路电流的条件下，短路发生后约半个周期出现短路电流最大可能的瞬时值。将 $t=0.01$ s 代入式（4-6）中，得

$$i_{sh}=i_{K(t=0.01\text{ s})}=I_{pm}(1+e^{-t/T_a})=\sqrt{2}K_{sh}I'' \tag{4-9}$$

式中，$K_{sh}=1+e^{-\frac{t}{T_a}}$ 称为冲击系数，是一个大于 1 小于 2 的系数，一般在高压供电系统中通常取 $T_a=0.05$ s，故 $K_{sh}=1.8$，则 $i_{sh}=2.55I''$。低压供电系统中如容量为 1000 kVA 以下车间变电所的出口处发生短路，常取 $K_{sh}=1.3$，则 $i_{sh}=1.84I''$。

4. 短路冲击电流有效值 I_{sh}

短路冲击电流有效值指的是短路后的第一个周期内短路全电流的有效值。为了简化计

算，可假定非周期分量在短路后第一个周期内恒定不变，取该中心时刻 $t=0.01$ s 的电流值计算。对于周期分量，无论是否为无穷大容量电源系统，在短路后第一个周期内都可认为是幅值恒定的正弦量。故有

$$I_{\text{sh}} = \sqrt{\frac{1}{T}\int_0^T (i_{\text{pt}} + i_{\text{apt}})^2 \, \mathrm{d}t} \approx \sqrt{I''^2 + (\sqrt{2}\,I''\mathrm{e}^{-\frac{0.01}{T_a}})^2} = I''\sqrt{1 + 2\,(K_{\text{sh}} - 1)^2}$$

$$(4-10)$$

在高压供电系统中取 $K_{\text{sh}} = 1.8$，则 $I_{\text{sh}} = 1.51I''$；在低压供电系统中取 $K_{\text{sh}} = 1.3$，则 $I_{\text{sh}} = 1.09I''$。

5. 短路功率 S_{K}

短路功率又称为短路容量，它等于短路电流有效值同短路处的正常工作电压（一般用平均额定电压）的乘积。在短路的实用计算中，常只用次暂态短路电流来计算短路功率，称为次暂态功率 S''，即

$$S'' = \sqrt{3}\,U_{\text{av}}I'' \tag{4-11}$$

第三节　三相短路的实用计算

一、标幺制

1. 标幺值

在供配电系统计算中，常采用无单位的相对值进行运算，即标幺制。标幺制中，各物理量都以有名值与基准值的比值出现，称为标幺值。

$$\text{标幺值} = \frac{\text{有名值（任意单位）}}{\text{基准值（与有名值同单位）}}$$

选定电压、电流、阻抗和容量的基准值分别为 U_{B}、I_{B}、Z_{B} 和 S_{B}，相应的标幺值如下：

$$\begin{cases} U_* = \dfrac{U}{U_{\text{B}}} \\[2mm] I_* = \dfrac{I}{I_{\text{B}}} \\[2mm] Z_* = \dfrac{Z}{Z_{\text{B}}} = \dfrac{R+jX}{Z_{\text{B}}} = \dfrac{R}{Z_{\text{B}}} + j\dfrac{X}{Z_{\text{B}}} = R_* + jX_* \\[2mm] S_* = \dfrac{S}{S_{\text{B}}} = \dfrac{P+jQ}{S_{\text{B}}} = \dfrac{P}{S_{\text{B}}} + j\dfrac{Q}{S_{\text{B}}} = P_* + jQ_* \end{cases} \tag{4-12}$$

基准容量 S_{d}、基准电压 U_{d}、基准电流 I_{d} 和基准阻抗 Z_{d} 也应遵守功率方程 $S_{\text{d}} = \sqrt{3}\,U_{\text{d}}I_{\text{d}}$ 和电压方程 $U_{\text{d}} = \sqrt{3}\,I_{\text{d}}Z_{\text{d}}$。因此，4 个基准值中只有两个是独立的，通常选定基准容量和基准电压，基准电流和基准阻抗可由下式求出：

$$I_{\text{d}} = \frac{S_{\text{d}}}{\sqrt{3}\,U_{\text{d}}} \tag{4-13}$$

$$Z_{\text{d}} = \frac{U_{\text{d}}^2}{S_{\text{d}}} \tag{4-14}$$

2. 标幺值的归算

在供配电系统的计算中，各元件的参数必须按统一的基准值进行归算。而从手册中查得的电机和电器的阻抗值，通常是以各自的额定容量和额定电压为基准值的标幺值，而各元件的额定值可能各不相同。因此，必须把这些不同基准值的标幺值换算为统一基准值的标幺值，才能在同一个等值电路上分析和计算。

设统一选定的基准功率和基准电压分别为 S_d 和 U_d，对于发电机、变压器，若已知其额定标幺电抗为 $X_{*(N)}$，则换算到统一基准下的标幺电抗为

$$X_* = X_{(\text{有名值})}\frac{S_d}{U_d^2} = X_{*(N)}\frac{U_N^2}{S_N}\frac{S_d}{U_d^2} \qquad (4-15)$$

而对于限制短路电流的电抗器，它的额定标幺电抗 $X_{R*(N)}$ 是以额定电压和额定电流为基准值来表示的，它的换算公式为

$$X_{R*} = X_{R(\text{有名值})}\frac{S_d}{U_d^2} = X_{R*(N)}\frac{U_N}{\sqrt{3}\,I_N}\frac{S_d}{U_d^2} \qquad (4-16)$$

供配电系统通常具有多个电压等级。基准容量从一个电压等级换算到另一个电压等级时，其数值不变，而基准电压从一个电压等级换算到另一个电压等级时，其数值就是另一电压等级的基准电压。因此，在多电压级的供配电系统短路电流计算中，应将所有元件的阻抗标幺值归算到同一电压级（例如，短路点所在电压级）。下面用图 4-7 所示供电系统说明多电压级标幺值的归算。短路发生在 3WL 处，选基准容量为 S_d，各级基准电压分别为 $U_{d1}=U_{av1}$、$U_{d2}=U_{av2}$、$U_{d3}=U_{av3}$，线路 1WL 的电抗有名值 X_{1WL} 归算到短路点所在电压等级的电抗 X'_{1WL} 为

$$X'_{1WL} = X_{1WL}\left(\frac{U_{av2}}{U_{av1}}\right)^2\left(\frac{U_{av3}}{U_{av2}}\right)^2$$

1WL 的标幺值电抗为

$$X_{1WL*} = \frac{X'_{1WL}}{Z_d} = X'_{1WL}\frac{S_d}{U_{d3}^2} = X_{1WL}\left(\frac{U_{av2}}{U_{av1}}\right)^2\left(\frac{U_{av3}}{U_{av2}}\right)^2\frac{S_d}{U_{av3}^2} = X_{1WL}\frac{S_d}{U_{av1}^2}$$

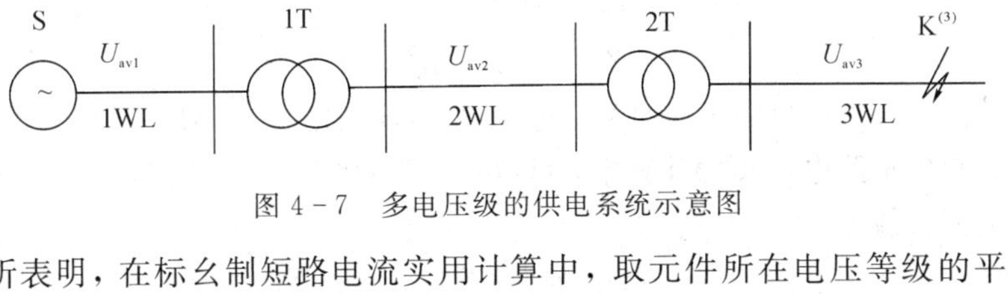

图 4-7　多电压级的供电系统示意图

以上分析表明，在标幺制短路电流实用计算中，取元件所在电压等级的平均额定电压为基准电压，并近似认为电气设备（除电抗器外）的额定电压与所在电压等级的平均额定电压相等，则用基准容量和元件所在电压等级的基准电压计算的阻抗标幺值，与先将元件的阻抗换算到短路点所在的电压等级，再用基准容量和短路点所在电压等级的基准电压计算的阻抗标幺值相同，不需要进行多电压级的阻抗归算。

二、短路回路元件的标幺值阻抗

短路计算时，首先要根据原始数据计算短路回路中各元件的阻抗及短路回路中的总阻抗。设基准功率为 S_d，取元件所在电压级的平均额定电压 U_{av} 为基准电压 U_d。

1. 线路的阻抗标幺值

线路给出的参数是长度 l(km)、单位长度的电阻 R_0 和电抗 X_0，其电阻标幺值和电抗标幺值分别为

$$X_{*L} = X_0 l \frac{S_d}{U_{av}^2} \tag{4-17}$$

$$R_{*L} = R_0 l \frac{S_d}{U_{av}^2} \tag{4-18}$$

线路的 R_0、X_0 可查阅附表 39~41，X_0 也可采用表 4-1 所列的平均值。

表 4-1　电力线路单位长度的电抗平均值

线 路 名 称	$X_0/(\Omega/km)$
35~220 kV 架空线路	0.4
3~10 kV 架空线路	0.38
0.38/0.22 kV 架空线路	0.36
35 kV 电缆线路	0.12
3~10 kV 电缆线路	0.08
1 kV 以下电缆线路	0.06

2. 变压器的阻抗标幺值

产品样本中给出变压器额定容量 S_{NT}(MVA)、短路电压百分值 $U_K\%$（即阻抗额定相对值的百分数），以及变压器的短路损耗 ΔP_K(kW)，则变压器阻抗有名值为

$$\begin{cases} Z_T = \dfrac{U_K\%}{100}\dfrac{U_{NT}^2}{S_{NT}}, \Omega \\[2mm] R_T = \dfrac{\Delta P_K}{3 I_{NT}^2}, \Omega \\[2mm] X_T = \sqrt{Z_T^2 - R_T^2}, \Omega \end{cases} \tag{4-19}$$

式中：U_{NT}、S_{NT}——分别为变压器的额定电压(kV)与额定容量(MVA)。

在高压电网的短路电流实用计算中，可以近似忽略电阻，则 $X_T \approx Z_T$。由此可得，变压器的电抗基准标幺值为

$$X_{*T} = \frac{U_K\%}{100}\frac{U_{NT}^2}{S_{NT}}\frac{S_d}{U_{av}^2} = \frac{U_K\%}{100}\frac{S_d}{S_{NT}} \tag{4-20}$$

3. 电抗器的电抗标幺值

为了限制短路电流，提高短路后母线上的残压，在电力系统中常常需要装设电抗器。产品样本中给出的电抗器的参数有：额定电压 U_{NR}、额定电流 I_{NR} 和电抗额定相对值的百分数 $X_R\%$，所以电抗器电抗有名值为

$$X_R = \frac{X_R\%}{100}\frac{U_{NR}}{\sqrt{3} I_{NR}}(\Omega) \tag{4-21}$$

电抗器电抗基准标幺值为

$$X_{*R} = \frac{X_R\%}{100} \frac{U_{NR}}{\sqrt{3}\,I_{NR}} \frac{S_d}{U_{av}^2} = \frac{X_R\%}{100} \frac{U_{NR}}{U_{av}} \frac{I_d}{I_{NR}} \qquad (4-22)$$

必须强调的是，安装电抗器的网路电压不一定和电抗器的额定电压相等，如 10 kV 的电抗器装在 6 kV 的线路中，因此 U_{av} 必须取电抗器所在电压等级的额定电压。

4. 外部电力系统的阻抗标幺值

对于无穷大容量电源系统，无论用户负荷如何变化甚至发生短路，系统的母线电压都能基本维持不变。实际的电力系统的容量总是有限的，所谓无穷大电源容量只是一个相对概念。而在短路电流计算中，往往缺乏整个系统的详细数据，此时可采用一些近似方法来处理外部未知系统。通常，以下几种情况可作为无穷大电源容量系统处理。

（1）如果只知道系统容量很大，可视系统为电抗为零的无穷大容量电源系统，即

$$S_S = \infty, \quad X_S = 0 \qquad (4-23)$$

（2）已知系统容量很大和系统中某一点的短路次暂态功率 S'' 或相连断路器的开断容量 S_{OFF}。此时可将系统视为无穷大系统，即 $S_S = \infty$，系统的电抗基准标幺值为

$$X_{*S} = \frac{S_d}{S''} \quad 或 \quad X_{*S} = \frac{S_d}{S_{OFF}} \qquad (4-24)$$

有限容量系统的电源一般为发电机。通常在产品样本中给出的是同步机的次暂态电抗的额定相对值 x''_d（即 $x_G\%$ 或 $X''_{*G(N)}$），则同步发电机的次暂态电抗的有名值为

$$X''_G = x''_d \frac{U_{NG}^2}{S_{NG}} (\Omega) \qquad (4-25)$$

式中：U_{NG}、S_{NG}——分别为发电机的额定电压（kV）与额定容量（MVA）。

同步发电机的电抗基准标幺值为

$$X''_{*G} = x''_d \frac{U_{NG}^2}{S_{NG}} \frac{S_B}{U_{av}^2} = x''_d \frac{S_B}{S_{NG}} \qquad (4-26)$$

三、无穷大容量电源系统的三相短路电流计算

无穷大容量电源系统发生三相短路时，短路电流周期分量的幅值保持不变。因短路电流的有关物理量 I''、I_{sh}、i_{sh}、I_∞ 和 S'' 都与短路电流周期分量有关，因此只要计算出短路电流周期分量有效值，短路其他各量很容易求得。

1）三相短路电流周期分量有效值

无穷大容量电源系统发生三相短路时，电源母线电压不变，则

$$I_p = \frac{U_{av}}{\sqrt{3}\,Z_{K\Sigma}} \qquad (4-27)$$

式中：U_{av}——计算点所在电压级的平均额定电压。

$Z_{K\Sigma}$——归算到电压 U_{av} 的短路回路总阻抗。

在高压供电系统中，短路回路的总电阻一般比总电抗小得多，若 $R_{K\Sigma} < \frac{1}{3} X_{K\Sigma}$，就可略去电阻，式（4-27）中的 $Z_{K\Sigma}$ 可用 $X_{K\Sigma}$ 代替，即

$$I_p = \frac{U_{av}}{\sqrt{3}\,X_{K\Sigma}} \qquad (4-28)$$

又因为在无穷大容量系统中，$I'' = I_\infty = I_p$，所以有

$$I'' = I_\infty = I_p = \frac{U_{av}}{\sqrt{3}\,X_{K\Sigma}} \qquad (4-29)$$

2）短路电流冲击值

由式（4-9）和（4-10）可求得短路电流冲击值和短路冲击电流有效值

$$i_{sh} = \sqrt{2}\,K_{sh}I'' \qquad (4-30)$$

$$I_{sh} = I''\sqrt{1 + 2(K_{sh}-1)^2} \qquad (4-31)$$

对于高压供电系统 $K_{sh} = 1.8$，则 $i_{sh} = 2.55I''$，$I_{sh} = 1.51I''$；低压供电系统 $K_{sh} = 1.3$，则 $i_{sh} = 1.84I''$，$I_{sh} = 1.09I''$。

3）三相短路功率的计算

在高压断路器的选择中，有时需要校验其开断容量，为此需计算三相短路时的次暂态短路功率 S''。

$$S'' = \sqrt{3}\,U_{av}I'' = \frac{S_B}{X_{*K\Sigma}} \qquad (4-32)$$

【例 4-1】 某无穷大容量电源供电系统如图 4-8(a)所示，各元件参数如下：线路 L1，40 km、$X_0 = 0.4\ \Omega/km$；变压器 T1 及 T2，$S_{NT} = 10\ MVA$、$U_K\% = 4.5$；电抗器 L，$U_{NR} = 6\ kV$、$I_{NR} = 0.15\ kA$、$X_R\% = 3$。出口母线 M 点处三相短路功率为 400 MVA，试计算 K 点发生三相短路时的短路电流次暂态值、冲击值及次暂态功率。

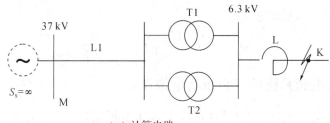

（a）计算电路

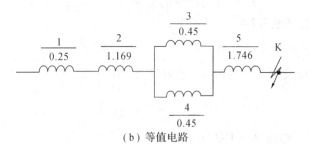

（b）等值电路

图 4-8 例 4-1 图

解 设 $S_d = 100\ MVA$，$U_d = U_{av}$，K 点基准电流为

$$I_d = \frac{S_d}{\sqrt{3}\,U_{av}} = \frac{100}{\sqrt{3} \times 6.3} = 9.16\ kA$$

作等值电路，如图 4-8(b)所示，计算各元件的电抗标幺值并标于图上。

电源为无穷大容量系统，它到母线 M 点处电抗标幺值为

$$X_{*S} = X_{*1} = \frac{S_d}{S''} = \frac{100}{400} = 0.25$$

线路 L1：

$$X_{*L1} = X_{*2} = X_0 l \frac{S_d}{U_{av}^2} = 0.4 \times 40 \times \frac{100}{37^2} = 1.169$$

变压器 T1 及 T2：

$$X_{*T1} = X_{*T2} = X_{*3} = X_{*4} = \frac{U_K\%}{100} \frac{S_d}{S_{NT}} = \frac{4.5}{100} \times \frac{100}{10} = 0.45$$

电抗器 L：

$$X_{*R} = X_{*5} = \frac{X_R\%}{100} \frac{U_{NR}}{\sqrt{3} I_{NR}} \frac{S_d}{U_{av}^2} = \frac{3}{100} \times \frac{6}{\sqrt{3} \times 0.15} \times \frac{100}{6.3^2} = 1.746$$

则 K 点短路时短路回路总阻抗为

$$X_{*K\Sigma} = X_{*1} + X_{*2} + \frac{X_{*3}}{2} + X_{*5} = 0.25 + 1.169 + \frac{0.45}{2} + 1.746 = 3.39$$

短路电流次暂态值为

$$I'' = \frac{I_d}{X_{*K\Sigma}} = \frac{9.16}{3.39} = 2.70 (kA)$$

短路电流冲击值为

$$i_{sh} = \sqrt{2} K_{sh} I'' = 2.55 \times 2.70 = 6.89 (kA)$$

次暂态短路功率为

$$S'' = \sqrt{3} U_{av} I'' = \sqrt{3} \times 6.3 \times 2.70 = 29.5 (MVA)$$

四、有限容量电源系统的三相短路电流计算

有限容量电源系统发生三相短路后，其母线电压不再保持恒定，短路电流周期分量也随之发生变化，其变化规律受到许多因素影响，这些因素包括：① 发电机的各种电抗和时间常数以及短路前的运行状态；② 决定强励效果的励磁系统参数；③ 短路点离机端的电气距离等。所以不同时刻短路电流的计算是比较复杂的。

电力部门根据国产同步发电机参数和容量配置情况，用概率统计的方法分别制定了汽轮发电机和水轮发电机的短路电流运算曲线。在实际工程计算中，通常采用"运算曲线"来求解三相短路电流周期分量的有效值 I_{*pt}。

$$I_{*pt} = f(t, X_{*ca}) \qquad (4-33)$$

式中：t——待求短路电流的时间；

X_{*ca}——短路回路的计算电抗(calculating reactance)，是以向短路点直接提供短路电流的发电机总容量 $S_{N\Sigma}$ 为基准功率求出的电抗标幺值。

图 4-9、4-10 的曲线表示了上述的函数关系，根据发电机的 X_{*ca} 可以查出不同时刻的短路电流标幺值。这种方法十分简便，在大多数情况下计算结果也相当准确，所以得到广泛应用。

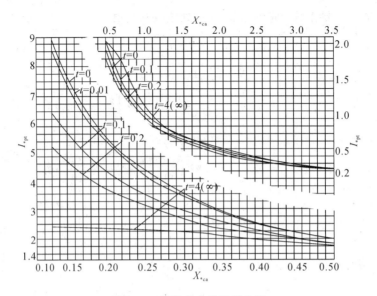

图 4-9 汽轮发电机运算曲线

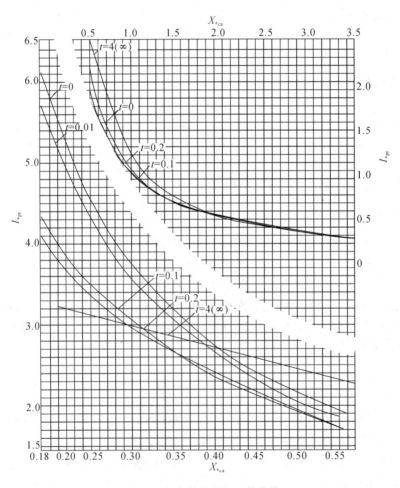

图 4-10 水轮发电机运算曲线

应用运算曲线计算短路电流的步骤和方法如下：

（1）绘制等值网络。首先选取基准功率 S_d 和基准电压 $U_d = U_{av}$，然后计算网络中各元件电抗标幺值，作出电力系统的等值网络。

（2）网络变换，求转移电抗。实际电力系统中发电机台数较多，通常将短路电流变化规律相近的发电机合并为一台等值机，以减少计算工作量。一般认为满足以下条件之一的发电机可以归并：

① 同类型且至短路点的电气距离（即电抗标幺值）大致相等的发电机；

② 至短路点的电气距离较远的同一类型或不同类型的发电机；

③ 直接连接于短路点上的同类型发电机。

转移电抗是指电源点与故障点直接联系的电抗，因此需要通过网络化简消去除等值电源点（含无限大容量电源）和故障点以外的所有中间节点。网络化简必须要熟练运用各种网络变换的基本公式，为了便于应用，现将常用的星-网变换公式列出如下，其示意图如图 4-11 所示。

$$\begin{cases} x_{12} = x_{1n} + x_{2n} + \dfrac{x_{1n} x_{2n}}{x_{3n}} \\[2mm] x_{23} = x_{2n} + x_{3n} + \dfrac{x_{2n} x_{3n}}{x_{1n}} \\[2mm] x_{31} = x_{3n} + x_{1n} + \dfrac{x_{3n} x_{1n}}{x_{2n}} \end{cases} \qquad (4-34)$$

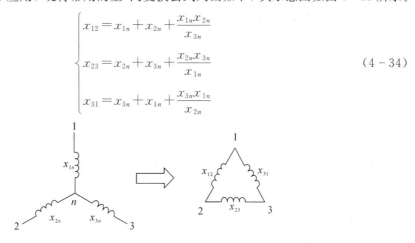

图 4-11　星-网变换

（3）求出各等值发电机对短路点的计算电抗。将求出的转移电抗按各相应等值发电机的容量进行归算，便得到各等值机对故障点的计算电抗。用 $X_{*dK\Sigma}$ 表示转移电抗标幺值，用 X_{*ca} 表示计算电抗，则

$$X_{*ca} = X_{*dK\Sigma} \frac{S_{Ni}}{S_B} \qquad (4-35)$$

式中：S_{Ni}——等值机的额定容量。

（4）由计算电抗根据适当的运算曲线找出指定时刻 t 各等值机提供的短路电流周期分量标幺值。

（5）计算短路电流周期分量的有名值。利用运算曲线求得的 I_{*pti} 是第 i 台等值机在 t 时刻提供的三相短路电流周期分量有效值的标幺值，其基准功率是第 i 台等值机额定容量。I_{*pti} 乘以各自的基准值（即各等值机额定电流），得到它们的有名值，再求和便是故障点短路电流周期分量有名值 I_{pt}。

一般认为短路以后经过 4 s 后短路即进入稳态，则可以取 $t = 4$ s 时的周期分量有效值作为短路电流的稳态值 I_∞。

有限容量电源系统的短路电流冲击值和三相短路功率的计算方法与无穷大容量电源系

统相同，这里不再赘述。

【例 4-2】 某供电系统如图 4-12(a)所示，由两个电源供电，一个电源来自无穷大容量供电系统 S，其出口母线 M 点三相短路容量为 400 MVA，变压器 T：$S_{NT} = 25$ MVA，$U_K\% = 7.5$；另一个来自自备电厂的汽轮发电机 G：$S_{NG} = 25$ MVA，$x''_d = 0.16$，装有自动励磁调节器；电缆线路 L1：0.5 km，$X_0 = 0.08$ Ω/km。试计算 K 点三相短路时短路电流的次暂态值、稳态值和冲击值。

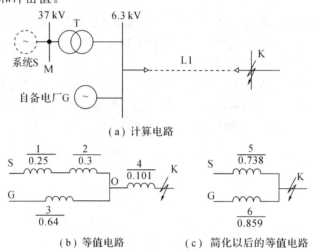

图 4-12 例 4-2 图

解 设 $S_d = 100$ MVA，$U_d = U_{av}$，则 K 点基准电流为

$$I_d = \frac{S_d}{\sqrt{3}U_{av}} = \frac{100}{\sqrt{3} \times 6.3} = 9.16 \text{ (kA)}$$

(1) 作等值电路如图 4-12(b)所示，计算各元件的基准电抗标幺值并标于图上。

一个电源来自无穷大容量供电系统，它到母线 M 点的电抗标幺值为

$$X_{*S} = X_{*1} = \frac{S_d}{S_K} = \frac{100}{400} = 0.25$$

变压器 T：

$$X_{*T} = X_{*2} = \frac{U_K\%}{100} \frac{S_d}{S_{NT}} = \frac{7.5}{100} \times \frac{100}{25} = 0.3$$

发电机：

$$X''_{*G} = X_{*3} = x''_d \frac{S_d}{S_{NG}} = 0.16 \times \frac{100}{25} = 0.64$$

线路 L1：

$$X_{*L1} = X_{*4} = X_0 l \frac{S_d}{U_{av}^2} = 0.08 \times 0.5 \times \frac{100}{6.3^2} = 0.101$$

(2) 进行网络化简。作星-网变换消去图 4-12(b)中的节点 O，得到图 4-12(c)。从而可求得各电源对短路点的转移电抗。

$$X_{*5} = (X_{*1} + X_{*2}) + X_{*4} + \frac{(X_{*1} + X_{*2})X_{*4}}{X_{*3}}$$

$$= (0.25 + 0.3) + 0.101 + \frac{(0.25 + 0.3)0.101}{0.64} = 0.738$$

$$X_{*6} = X_{*3} + X_{*4} + \frac{X_{*3}X_{*4}}{X_{*1} + X_{*2}} = 0.64 + 0.101 + \frac{0.64 \times 0.101}{0.25 + 0.3} = 0.859$$

（3）计算各电源提供的短路电流。

① 无穷大容量供电系统：

$$I''_{KS} = I_{\infty KS} = \frac{I_d}{X_{K\Sigma*}} = \frac{I_d}{X_{*5}} = \frac{9.16}{0.738} = 12.41(kA)$$

$$i_{sh,S} = \sqrt{2}\,K_{sh}I''_{KS} = 2.55 \times 12.41 = 31.65(kA)$$

② 汽轮发电机 G：

$$I_{N\Sigma} = \frac{S_{N\Sigma}}{\sqrt{3}U_{av}} = \frac{25}{\sqrt{3} \times 6.3} = 2.291(kA)$$

计算得电抗

$$X_{*ca,G} = X_{*K\Sigma,G}\frac{S_{N\Sigma}}{S_d} = X_{*6} \times \frac{S_{NG}}{S_d} = 0.859 \times \frac{25}{100} = 0.215$$

由 $X_{*ca,G} = 0.215$ 和 $t = 0$ s 及 $t = 4$ s，查图 4-9 所示的运算曲线得 $I''_* = 5.05$，$I_{*\infty} = 2.40$，因此

$$I''_{KG} = I''_* I_{N\Sigma} = 5.05 \times 2.291 = 11.57(kA)$$

$$i_{sh,G} = \sqrt{2}\,K_{sh}I''_{KG} = 2.55 \times 11.57 = 29.50(kA)$$

$$I_{\infty KG} = I_{*\infty} I_{N\Sigma} = 2.40 \times 2.291 = 5.50(kA)$$

（4）计算总短路电流。

$$I'' = I''_{KG} + I''_{KS} = 12.41 + 11.57 = 23.98(kA)$$

$$I_\infty = I_{\infty KS} + I_{\infty KG} = 12.41 + 5.50 = 17.91(kA)$$

$$i_{sh} = i_{sh,S} + i_{sh,G} = 31.65 + 29.50 = 61.15(kA)$$

五、异步电动机对短路电流的影响

异步电动机是供配电系统中最主要的负荷之一。当供配电系统发生短路时，短路点的电压为零，而接在短路点附近的电动机的转速又不能立即降至零，其反电势大于机端残压，此时电动机就会像发电机一样，向短路点馈送电流，如图 4-13 所示。当电动机容量较大时，这一反馈电流数值较大，不能忽略。另外，由于该反馈电流使电动机迅速制动，其值也快速衰减，所以只需考虑对短路电流冲击值的影响。

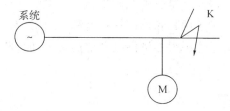

图 4-13　异步电动机对短路电流的影响

在短路电流实用计算中，当短路点在高压电动机附近，电动机容量超过 100 kW（单机或总和），并且是三相短路时，才计及电动机对短路电流冲击值的影响。

电动机发出的短路冲击电流可按下式计算：

$$i_{\text{sh, M}} = \sqrt{2} \frac{E''_*}{X''_*} K_{\text{sh, M}} I_{\text{NM}} \qquad (4-36)$$

式中：E''_*、X''_*——电动机次暂态电势和次暂态电抗的相对值；

      I_{NM}——电动机额定电流；

      $K_{\text{sh, M}}$——电动机反馈电流冲击系数，高压电动机一般取 $1.4\sim1.6$，低压电动机一般取 1.0。

在计及电动机的影响后，短路电流总的冲击值为

$$i_{\text{sh, }\Sigma} = i_{\text{sh}} + i_{\text{sh, M}} \qquad (4-37)$$

六、1 kV 以下低压电网短路电流计算的特点

电力系统中 1 kV 以下电网称之为低压电网，低压电网短路电流计算与高压电网相比具有以下的特点。

（1）供电电源可以看做是"无穷大容量"电源系统。配电变压器容量远远小于电力系统的容量，配电变压器阻抗加上低压短路回路阻抗远远大于高压电力系统的阻抗，因此变压器一次侧可以作为无穷大容量电源系统来考虑。

（2）低压回路中各元件的电阻值与电抗值之比较大不能忽略，因此一般要用阻抗计算，只有当短路回路的总电阻小于总电抗的 $\frac{1}{3}$ 时，即 $R_{\text{K}\Sigma} < \frac{1}{3} X_{\text{K}\Sigma}$，才可以忽略电阻的影响。

（3）直接用有名值计算更方便。低压网中电压一般只有一级，且元件的电阻多以 mΩ（毫欧）计，因而用有名值比较方便。

（4）非周期分量衰减很快，所以 K_{sh} 取 $1\sim1.3$。

（5）必须计及下列元件阻抗的影响：

① 长度为 $10\sim15$ m 或更长的电缆线路和母线阻抗；

② 多匝电流互感器一次侧绕组的阻抗；

③ 低压自动空气开关过流线圈的阻抗；

④ 闸刀开关和自动开关的触头电阻。

第四节　两相和单相短路电流实用计算

在供配电系统中，除了需要计算三相短路电流，还需要计算两相和单相短路电流，用于继电保护灵敏度的校验。对于两相和单相短路这种不对称的故障，一般要采用对称分量法来进行分析和计算，但对于无限大容量供电系统的两相和单相短路电流，可采用实用计算方法。

一、两相短路电流的计算

对于如图 4-14 所示的无限大容量供电系统发生两相短路，其短路电流的计算公式为

$$I_{\text{K}}^{(2)} = \frac{U_{\text{av}}}{2X_{\text{K}}} = \frac{U_{\text{d}}}{2X_{\text{K}}} \qquad (4-38)$$

式中：X_{K}——短路回路一相电抗值。

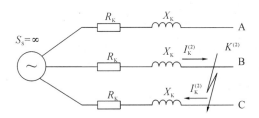

图 4 - 14　无限大容量供电系统发生两相短路

将式(4-38)与式(4-29)比较，可得两相短路电流与三相短路电流的关系，并同样适用于冲击短路电流，即

$$I_{\mathrm{K}}^{(2)}=\frac{\sqrt{3}}{2}I_{\mathrm{K}}^{(3)} \tag{4-39}$$

$$i_{\mathrm{sh}}^{(2)}=\frac{\sqrt{3}}{2}i_{\mathrm{sh}}^{(3)} \tag{4-40}$$

$$I_{\mathrm{sh}}^{(2)}=\frac{\sqrt{3}}{2}I_{\mathrm{sh}}^{(3)} \tag{4-41}$$

二、单相短路电流的计算

在工程计算中，大接地电流系统或低压三相四线制系统发生单相短路时，单相短路电流的计算公式为

$$I_{\mathrm{K}}^{(1)}=\frac{U_{\mathrm{d}}}{\sqrt{3}\,X_{\mathrm{p0}}}=\frac{U_{\mathrm{av}}}{\sqrt{3}\,X_{\mathrm{p0}}} \tag{4-42}$$

式中：U_{d}、U_{av}——短路点所在电压级的基础电压、平均额定电压，kV；

X_{p0}——单相短路回路中，相线与大地或中性线的总电抗，Ω。

第五节　短路电流的热效应和力效应

供配电系统发生短路时，产生的短路电流很大。强大的短路电流通过电气设备或载流导体产生的热量使其温度急剧升高，称为短路电流的热效应。同时短路电流产生很大的电动力，可能使设备变形甚至损坏，称为短路电流的力效应。因此，为保证设备和导体安全可靠工作，必须对设备和导体进行短路电流的热稳定性及动稳定性校验。

一、短路电流的热效应

1. 短时发热过程

因为短路以后继电保护装置很快动作，切除故障，因此短路持续时间很短，短路电流产生的大量热量来不及散发到周围介质中，可以认为全部热量被导体吸收，用来使导体的温度升高。由于导体温度升得很高，电阻和比热容会随温度而变，故不能作为常数对待。

在导体短时发热过程中，热量平衡关系是：电阻损耗产生的热量 Q_R 应等于导体温度升高所需的热量 Q_{W}，用公式表示为

$$Q_R=\int_0^{t_{\mathrm{K}}}I_{\mathrm{Kt}}^2 R_\theta \mathrm{d}t=Q_{\mathrm{W}}=\int_0^{t_{\mathrm{K}}}mc_\theta \mathrm{d}\theta \tag{4-43}$$

其中

$$R_\theta = \rho_0 (1+\alpha\theta) \frac{l}{S}$$

$$c_\theta = c_0 (1+\beta\theta)$$

$$m = \rho_m S l$$

式中：I_{Kt}——短路全电流，A；

R_θ——温度为 θ℃时导体的电阻，Ω；

c_θ——温度为 θ℃时导体的比热容，J/(kg·℃)；

m——导体的质量，kg；

ρ_0——0℃时导体的电阻率，Ω·m；

α——电阻率为 ρ_0 的温度系数，1/℃；

c_0——温度为 0℃时导体的比热容，J/(kg·℃)；

β——比热容 c_0 的温度系数，1/℃；

l——导体的长度，m；

S——导体的截面积，m^2；

ρ_m——导体材料的密度，kg/m^3。

将 R_θ、c_θ 及 m 的值带入式(4-43)，得

$$\frac{1}{S^2}\int_0^{t_K} I_{Kt}^2 dt = \frac{c_0\rho_m}{\rho_0}\int_{\theta_w}^{\theta_h}\left(\frac{1+\beta\theta}{1+\alpha\theta}\right)d\theta$$

$$= \frac{c_0\rho_m}{\rho_0}\left[\frac{\alpha-\beta}{\alpha^2}\ln(1+\alpha\theta_h)+\frac{\beta}{\alpha}\theta_h\right] - \frac{c_0\rho_m}{\rho_0}\left[\frac{\alpha-\beta}{\alpha^2}\ln(1+\alpha\theta_w)+\frac{\beta}{\alpha}\theta_w\right]$$

$$= A_h - A_w \tag{4-44}$$

$$A_h = \frac{c_0\rho_m}{\rho_0}\left[\frac{\alpha-\beta}{\alpha^2}\ln(1+\alpha\theta_h)+\frac{\beta}{\alpha}\theta_h\right]$$

$$A_w = \frac{c_0\rho_m}{\rho_0}\left[\frac{\alpha-\beta}{\alpha^2}\ln(1+\alpha\theta_w)+\frac{\beta}{\alpha}\theta_w\right]$$

式(4-44)左侧 $\int_0^{t_K} I_{Kt}^2 dt$ 与短路电流产生的热量成正比，称为短路电流的热效应，用 Q_K 表示，即

$$Q_K = \int_0^{t_K} I_{kt}^2 dt \tag{4-45}$$

由式(4-44)、式(4-45)得

$$A_h = \frac{1}{S^2}Q_K + A_w \tag{4-46}$$

根据此式，只需求出 Q_K 和 A_w，便可得到 A_h，从而求出最终温度 θ_h。

实际上，为简化计算，已制成 $A=f(\theta)$ 的曲线，如图 4-15 所示。利用此曲线，可直接由起始温度求得最终温度。方法如下：从某一起始温度 θ_w 开始，在曲线上查出对应的 A_w，与 $\frac{1}{S^2}Q_K$ 相加后即得 A_h，再由 A_h 查得对应的 θ_h。此 θ_h 就是所求的短时发热最高温度。

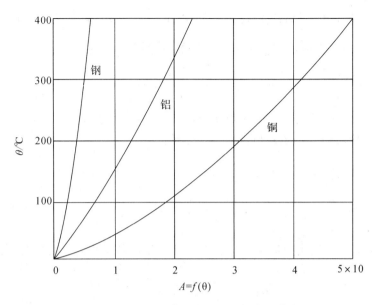

图 4 - 15　确定导体短路时发热温度的曲线

2. 热效应 Q_K 的计算方法

在工程计算中常常用短路电流的稳态值代替实际的短路电流来计算 Q_K。假定一个时间 t_{ima}，称为假想时间，短路电流稳态值 I_∞ 在 t_{ima} 内产生的热量与实际短路电流 I_{Kt} 在短路持续时间 t 内所产生的热量相等。因此，该方法又称为假想时间法或等效时间法，其意义如图 4 - 16 所示。曲线 MB 为短路电流随时间变化的关系，假设短路在 t_K 时刻被切除，则面积 OMBC 就等于 $\int_0^{t_K} I_{Kt}^2 dt$。选取适当比例尺，该面积即可代表导体在短路过程中所发出的热

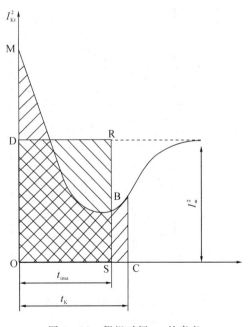

图 4 - 16　假想时间 t_{ima} 的意义

量。假设流过导体的电流始终是稳态短路电流 I_∞，在 t_{ima} 时间内，导体产生的热量为 $\int_0^{t_K} I_{Kt}^2 dt$，即图 4 - 16 中面积 ODRS 与面积 OMBC 相等。

已知短路全电流为

$$I_{Kt} = \sqrt{I_p^2 + i_{ap}^2} \qquad (4-47)$$

式中：I_p——对应时间 t_K 的短路电流周期分量；

i_{ap}——对应时间 t_K 的短路电流非周期分量。

代入式(4-45)得

$$\begin{aligned} Q_K &= \int_0^{t_K} I_{Kt}^2 dt = \int_0^{t_K} (I_p^2 + i_{ap}^2)\, dt \\ &= \int_0^{t_K} I_p^2 dt + \int_0^{t_K} i_{ap}^2 dt = Q_p + Q_{ap} \end{aligned} \qquad (4-48)$$

Q_p 和 Q_{ap} 分别为短路电流周期分量和非周期分量的热效应，其对应的周期分量和非周期分量假想时间为 t_{pi} 和 t_{api}，有

$$Q_K = Q_p + Q_{ap} = I_\infty^2 t_{pi} + I_\infty^2 t_{api} \qquad (4-49)$$

$$t_{\text{ima}} = t_{pi} + t_{api} \qquad (4-50)$$

下面就周期分量和非周期分量假想时间分别进行计算。

1）周期分量假想时间

由式 $Q_p = \int_0^{t_K} I_p^2 dt = I_\infty^2 t_{pi}$ 可知，t_{pi} 除了与短路切除时间 t_K 有关，还与短路电流的衰减特性 $\beta' = I''/I_\infty$ 有关。为了方便确定 t_{pi} 的值，已将 $t_{pi} = f(\beta', t)$ 的关系制作成短路电流周期分量假想时间曲线，如图 4 - 17 所示。该曲线是根据装有自动电压调节器的汽轮发电机和水轮发电机的短路电流周期分量衰减曲线的平均值制作而成的。

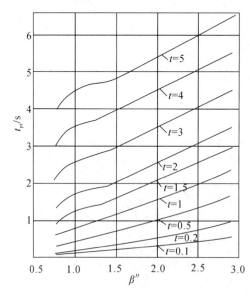

图 4 - 17 具有自动电压调节器的发电机供电时短路电流周期分量的假想时间曲线

该曲线制作到 5 s，因为 5 s 之后，可以认为短路电流已进入稳态。当 $t > 5$ s 时，假想时间为

$$t_{pi} = t_{pi}(5s) + (t - 5s) \tag{4-51}$$

对于无穷大容量电源系统，$I'' = I_p = I_\infty$，显然 $t_{pi} = t_K$。短路切除时间 t，包括保护装置动作时间 t_{op} 和高压断路器分闸时间 t_{OFF}，即：

$$t_K = t_{op} + t_{OFF} \tag{4-52}$$

2）非周期分量假想时间

由于短路电流的非周期分量是按指数规律变化的，且衰减极快，因此，在工程计算中可以取以下近似值进行计算：

（1）当 $0.1\,s < t < 1\,s$ 时，可近似取 $t_{api} = 0.05\beta''^2$；

（2）当 $t > 1\,s$ 时，导体的发热主要由短路电流周期分量决定，此时可不计非周期分量的影响，$t_{api} \approx 0\,s$。

【例 4-3】　某降压变电所变压器低压侧电压为 10.5 kV，额定电流为 600 A，装有 100 mm×8 mm 矩形铝母线，短路电流 $I'' = 18$ kA，$I_\infty^{(3)} = 15$ kA，继电保护后备保护动作时间为 0.5 s，断路器全开断时间为 0.2 s，正常负荷时母线的温度为 46℃。试计算短路电流的热效应和母线的最高温度。

解　（1）计算短路电流的热效应 Q_K。

短路电流持续时间等于继电保护的动作时间（按不利情况考虑，取后备保护动作时间）加上断路器的全开断时间，即

$$t_K = 0.5\,s + 0.2\,s = 0.7\,s$$

又

$$\beta' = \frac{I''}{I_\infty^{(3)}} = \frac{18}{15} = 1.2$$

查图 4-17 的周期分量等值时间曲线得到 $t_{pi} = 0.65\,s$。

因 $t_K = 0.7s < 1s$，所以应考虑非周期分量的热效应，非周期分量假想时间为

$$t_{api} = 0.05\beta''^2 = 0.05 \times 1.2^2 = 0.072 \quad (s)$$

代入式（4-49），得到短路电流的热效应为

$$Q_K = I_\infty^2 t_{pi} + I_\infty^2 t_{api}$$
$$= 15^2 \times 0.65 + 15^2 \times 0.072 = 162.45 \quad [(kA)^2 \cdot s]$$

（2）求母线最高温度。

已知 $\theta_w = 46℃$，查图 4-15，得 $A_w = 0.35 \times 10^{16}$ J/Ω·m⁴，代入式（4-46），即

$$A_h = \frac{1}{S^2} Q_K + A_w$$

$$= \frac{1}{\left(\frac{100}{1000} \times \frac{8}{1000}\right)^2} \times 162.45 + 0.35 \times 10^{16}$$

$$= 0.3753 \times 10^{16} \quad (J/Ω \cdot m^4)$$

再由 A_h 查图 4-15，得对应的温度 $\theta_h = 52℃ < 200℃$（铝母线最高允许温度）。

二、短路电流的力效应

载流导体之间电动力的大小和方向，取决于其中通过电流的大小、方向、导体的尺寸形状及相互之间的位置等因素。在空气中平行放置的两根导体中分别通有电流 i_1 和 i_2，导

体间距离为 a，则两导体之间产生的电动力为

$$F = 2 \times 10^{-7} K_f i_1 i_2 \frac{l}{a} \quad (N) \tag{4-53}$$

式中：K_f——形状系数，圆形、管形导体 $K_f = 1$，矩形导体根据 $\dfrac{a-b}{b+h}$ 和 $m = \dfrac{b}{h}$ 由图 4-18 所示曲线查得（b 和 h 分别为导体的宽和高）。

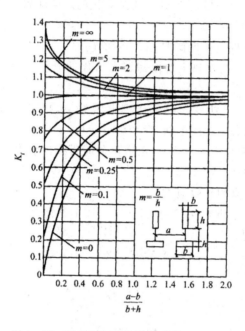

图 4-18 确定矩形母线形状系数 K_f 的曲线

电流方向相同时，电动力使导体彼此相吸，反之相斥。上式适用于圆形或管形导体以及矩形母线。当导体长度 l 远远大于导体间距 a 时，可以忽略导体形状的影响，即 $K_f = 1$，式(4-53)可以写成

$$F = 2 \times 10^{-7} i_1 i_2 \frac{l}{a} \quad (N) \tag{4-54}$$

供配电系统中最常见的是三相导体平行布置在同一平面里的情况。如图 4-19 所示当三相导体中通以幅值 I_m 的三相对称正弦电流时，可以证明中间相受力最大，大小为

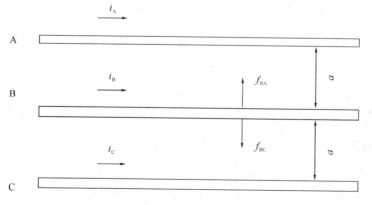

图 4-19 三相导体水平布置中间相受力情况

$$F = 2 \times 10^{-7} \times \frac{\sqrt{3}}{2} K_f I_m^2 \frac{l}{a} = 1.732 \times 10^{-7} \times K_f I_m^2 \frac{l}{a} (\text{N}) \qquad (4-55)$$

考虑最严重的情形，即在三相短路情况下，导体中流过冲击电流时，所承受的最大电动力为

$$F_{\max} = 1.732 \times 10^{-7} \times K_f i_{sh}^{(3)2} \frac{l}{a} (\text{N}) \qquad (4-56)$$

上式就是选择校验电气设备和母线在短路电流作用下所受冲击力效应的计算依据，计算中 $i_{sh}^{(3)}$ 的单位取 A，l 和 a 应取相同的长度单位。

本 章 小 结

本章简述了供配电系统中短路的种类、原因和危害，分析比较了无穷大容量电源系统与有限容量电源系统三相短路的暂态过程。着重讲述了用标幺制计算三相短路电流的方法，介绍了短路电流计算中的几个特殊问题，以及两相和单相短路电流实用计算方法。最后讨论了短路电流的热效应和力效应。

1. 所谓无穷大容量只是一个相对概念，指电源系统的容量相对于用户容量大得多，电力系统的容量超过用户容量的 50 倍，或者电力系统的阻抗不大于短路回路总阻抗的 5%～10% 时，可将该系统视为无穷大容量电源系统。无穷大容量电源系统的母线电压可认为基本恒定不变。

2. 在发生三相短路时，由于无穷大系统的母线电压保持不变，因此存在以下关系 $I'' = I_p = I_\infty$；而有限容量电源系统不存在这种关系。

3. 供配电系统发生三相短路，短路电流取最大值的条件为：① 短路前电路处于空载状态；② 短路回路为纯感性回路；③ 短路瞬间电源电压过零值。短路电流最大值出现的时间约为短路以后半个周期，即 0.01 秒。

4. 由于无穷大容量电源系统与有限容量电源系统的短路电流变化规律不同，因此必须采用不同方法进行计算。无穷大容量电源系统的短路电流次暂态值为

$$I'' = \frac{I_d}{X_{*K\Sigma}}$$

其中 I_d 为基准电流，$X_{*K\Sigma}$ 为短路回路总阻抗标幺值。有限容量电源系统的短路电流通过查计算曲线求得。

5. 当供配电系统发生短路时，接在短路点附近的容量较大的电动机会像发电机一样，向短路点馈送电流。由于该反馈电流使电动机迅速制动，其值也快速衰减，所以只需考虑对短路电流冲击值的影响。

6. 1 kV 以下低压配电系统短路电流一般采用有名值进行计算，供电电源通常都可以看成是"无穷大容量"系统。需要注意的是低压电网短路电流计算时元件的电阻不能忽略。

7. 在实用计算中，可以认为无限大容量电源供电系统的两相短路电流各物理量是三相短路电流对应物理量的 $\frac{\sqrt{3}}{2}$ 倍，单相短路电流可由 $I_K^{(1)} = \frac{U_d}{\sqrt{3} X_{p0}} = \frac{U_{av}}{\sqrt{3} X_{p0}}$ 计算。

8. 三相短路电流产生的点动力最大，并出现在三相系统的中间相，以此作为校验短路

动稳定性的依据。短路发热计算复杂，通常采用稳态短路电流和短路假想时间计算短路发热，利用 $A=f(\theta)$ 关系曲线确定短路发热稳定，以此作为校验短路热稳定的依据或计算短路热稳定最小截面。

思考题和习题

4.1　什么是短路？造成短路的原因有哪些？短路电流计算的意义何在？

4.2　试比较无穷大容量电源系统与有限容量电源系统短路电流的变化特点。自动励磁调节器对短路电流的变化有何影响？

4.3　什么叫无限大功率电源？它有什么特征？

4.4　产生最严重三相短路电流的条件是什么？

4.5　什么叫标幺制？如何选取基准值？

4.6　短路计算中一般要计算哪些电流量？指出这些电流量的含义及彼此之间的关系。

4.7　什么是运算曲线？怎样用运算曲线来计算有限容量电源系统的短路电流？

4.8　异步电动机对短路电流有何影响？

4.9　在无限大功率电源供电系统中，两相短路电流与三相短路电流有什么关系？

4.10　什么叫短路电流的电动力效应？如何计算？

4.11　什么叫短路电流的热效应？如何计算？

4.12　某无穷大容量电源供电系统如图 4-20 所示，已知母线 M 处的短路功率为 400MVA，各元件参数如下：线路 L1，20 km，$X_0=0.4$ Ω/km；电缆 L2，1.5 km，$X_0=0.08$ Ω/km；变压器 T1 及 T2，$S_{NT}=10$ MVA，$U_K\%=4.5$；电抗器 L，$U_{NR}=10$ kV，$I_{NR}=0.15$ kA，$X_R\%=3$。试计算 K 点发生三相短路时的短路电流次暂态值、冲击值及次暂态短路功率。

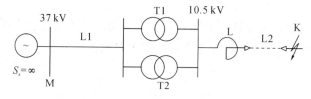

图 4-20　习题 4.12 图

4.13　如图 4-21 所示某供电系统，发电机为有自动调节励磁装置的汽轮发电机 G：$P_{NG}=120$ MW，$\cos\varphi=0.8$，$X''_{*G}=0.12$；线路 L1：2.5 km，$X_0=0.08$ Ω/km；电抗器 L：$U_{NR}=10$ kV，$I_{NR}=600$ A，$X_R\%=10$。试计算 K 点发生三相短路时的短路电流次暂态值、冲击值及稳态值。

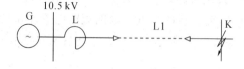

图 4-21　习题 4.13 图

第五章 供配电系统一次设备选择与校验

第一节 电气设备选择的一般原则

电气设备(Electrical Equipment)的选择是供配电系统设计的重要内容之一。安全、可靠、经济、合理是选择电气设备的基本要求。在进行设备选择时,应根据工程实际情况,在保证安全、可靠的前提下,选择合适的电气设备,尽量采用新技术,节约投资。

电力系统中各种电气设备的作用和工作条件并不完全一样,具体选择方法也不完全相同,但其基本要求是一致的。电气设备选择的一般原则为:按正常工作条件选择额定电流、额定电压及型号,按短路情况校验短路热稳定、动稳定及开关的开断能力。

一、按正常工作条件选择电气设备

1. 电气设备的额定电压 U_N

电气设备的额定电压 U_N 不得低于装置地点电网的最高运行电压 $U_{w,max}$,即

$$U_N \geqslant U_{w,max} \tag{5-1}$$

2. 电气设备的额定电流 I_N

电气设备的额定电流 I_N 不小于该回路的最大持续工作电流 $I_{w,max}$ 或计算电流 I_{ca},即

$$I_N \geqslant I_{w,max} \quad \text{或} \quad I_N \geqslant I_{ca} \tag{5-2}$$

在实际运行中,周围环境温度直接影响电气设备的发热温度,所以电气设备的额定电流必须经过温度修正。目前,我国生产的电气设备是按环境温度 $\theta_0 = 40℃$ 设计的,如果安装地点的实际环境温度 $\theta_0' \neq 40℃$,则额定电流应乘以温度校正系数 K_θ:

$$K_\theta = \sqrt{\frac{\theta_{al} - \theta_0'}{\theta_{al} - \theta_0}} \tag{5-3}$$

式中:θ_{al}——电气设备长期工作时的最高允许温度。

3. 环境条件对电气设备选择的影响

选择电气设备时还应考虑设备的安装地点、环境及使用条件,合理地选择设备的类型,如户内户外、海拔高度、环境温度及防尘、防腐、防爆等。

二、按短路情况进行校验

1. 短路热稳定校验

当系统发生短路,有短路电流通过电气设备时,导体和电器各部件温度(或热量)不应超过允许值,即满足热稳定的条件

$$I_\infty^2 t_{ima} \leqslant I_t^2 t \tag{5-4}$$

式中：I_∞——短路电流的稳态值，kA；

t_{ima}——短路电流的假想时间，s；

I_t——设备在 t 秒内允许通过的短时热稳定电流，kA；

t——设备的热稳定时间，s。一般厂家提供的热稳定计算时间为 4 s。

2. 短路动稳定校验

当短路电流通过电气设备时，短路电流产生的电动力应不超过设备的允许应力，即要求设备的额定极限电流不应小于设备安装处的最大冲击短路电流。

$$i_{sh} \leqslant i_{max} \quad 或 \quad I_{sh} \leqslant I_{max} \tag{5-5}$$

式中：i_{sh}、I_{sh}——短路电流的冲击值和冲击有效值，kA；

i_{max}、I_{max}——设备允许通过的极限电流峰值和有效值，kA。

3. 开关设备断流能力校验

对要求能开断短路电流的开关设备，如断路器、熔断器，其断流容量不小于安装处的最大三相短路容量，即：

$$S_{OFF} \geqslant S_{K,max} \quad 或 \quad I_{OFF} \geqslant I_{K,max}^{(3)} \tag{5-6}$$

式中：$I_{K,max}^{(3)}$、$S_{K,max}$——三相最大短路电流与最大短路容量；

I_{OFF}、S_{OFF}——断路器的开断电流与开断容量。

供配电系统中的各种电气设备由于工作原理和特性不同，选择及校验的项目也有所不同，常用高低压设备选择校验项目如表 5-1 和表 5-2 所示。

表 5-1　高压一次设备的选择校验项目

设备名称	选择项目				校验项目			
	额定电压/kV	额定电流/A	装置类型（户内/户外）	准确度级	短路电流		开断能力/kA	二次容量
					热稳定	动稳定		
高压断路器	√	√	√		√	√	√	
高压负荷开关	√	√	√		√	√	√	
高压隔离开关	√	√	√		√	√		
高压熔断器	√	√	√				√	
电流互感器	√	√	√	√	√	√		√
电压互感器	√			√				√
母线		√	√		√	√		
电缆	√	√			√			
支柱绝缘子	√		√			√		
穿墙套管	√	√	√		√	√		

表 5-2　低压一次设备的选择校验项目

设备名称	额定电压/V	额定电流/A	短路电流		开断能力/kA
			热稳定	动稳定	
低压断路器	√	√	(√)	(√)	√
低压负荷开关	√	√	(√)	(√)	√
低压刀开关	√	√	(√)	(√)	√
低压熔断器	√	√			√

注：对于低压一次设备，热稳定和动稳定一般可不校验。

第二节　高压开关设备的选择与校验

高压开关设备，主要是指高压断路器、高压隔离开关、高压负荷开关，其选择条件基本相同，可按上节所述方法选择和校验。本节主要就其选择时应注意的问题作一些补充说明。

一、高压断路器的选择

1. 断路器的种类和类型

应根据断路器安装的地点、环境和使用技术条件等因素来选择高压断路器的类型和种类。35 kV 及以下配电系统一般优先选择真空断路器，110 kV 及以上高压电网一般选择 SF_6 断路器。

2. 开断电流选择

实际计算中一般根据短路电流次暂态值来选择断路器的开断电流，即：

$$I_{OFF} \geq I'' \quad 或 \quad S_{OFF} \geq S'' \tag{5-7}$$

式中：I''、S''——短路电流次暂态值与短路次暂态功率；

I_{OFF}、S_{OFF}——断路器的开断电流与开断容量。

3. 短路关合电流的选择

在断路器准备合闸时，若线路上已存在短路故障，则在断路器合闸过程中，触头在未接触时即有巨大的短路电流通过（预击穿），较易发生触头熔焊和遭受电动力而损坏。断路器在关合短路电流后，将不可避免地在接通后又自动跳闸，此时要求能切断短路电流，因此额定关合电流是断路器的重要参数之一。为了保证断路器在关合短路电流时的安全，断路器的额定关合电流须满足：

$$i_{mc} \geq i_{sh} \tag{5-8}$$

式中：i_{mc}——断路器的额定关合电流，kA。

一般断路器的额定关合电流不会大于断路器允许短时通过的极限电流。

二、高压隔离开关与高压负荷开关的选择

隔离开关的选择方法与断路器相同，但隔离开关没有灭弧装置，不承担接通和断开负荷电流和短路电流的任务，因此，不需要选择额定开断电流和额定关合电流。

　　高压负荷开关的选择与高压断路器类似，但由于负荷开关的灭弧装置比较简单，仅能用来接通和断开负荷电流，而不能开断短路电流，所以不需要校验额定开断电流。

　　【例 5-1】 试选择图 5-1 所示变压器 10.5 kV 侧高压断路器 QF 和高压隔离开关 QS。已知图中 K 点短路时 $I'' = I_\infty = 5.2$ kA，继电保护动作时间 $t_{ac} = 1$ s。拟采用快速开断的高压断路器，其固有分闸的时间 $t_{tr} = 0.1$ s。

　　解　变压器最大持续工作电流：

$$I_{ca} = \frac{S_N}{\sqrt{3}\,U_N} = \frac{8000}{\sqrt{3} \times 10.5} = 439.9\,(\text{A})$$

　　短路电流的冲击值：

$$i_{sh} = 2.55 I'' = 2.55 \times 5.2 = 13.26\,(\text{kA})$$

　　短路容量：

$$S_K = S'' = S_\infty = \sqrt{3} \times 10.5 \times 5.2 = 94.6\,(\text{MVA})$$

　　短路电流假想时间：

$$t_{ima} = t_{ac} + t_{tr} = 1 + 0.1 = 1.1\text{ s}$$

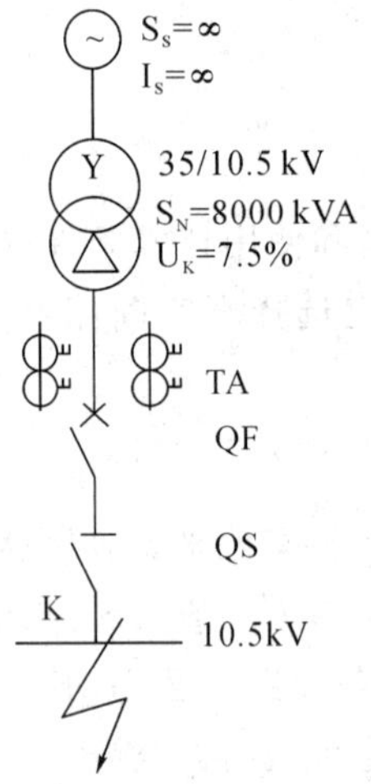

图 5-1　例 5-1 系统电路图

　　根据上述计算数据结合具体的情况和选择条件，初步选择 ZN28-12/630 型真空断路器和 GN19-12/630 型隔离开关。断路器及隔离开关的选择结果及计算数据如表 5-3 所示，经校验完全符合要求。

表 5-3　断路器及隔离开关的选择结果

计　算　数　据		ZN28-12 型断路器		GN19-12 型隔离开关
工作电压	10 kV	额定电压	$U_N = 12$ kV	$U_N = 12$ kV
最大工作电流	461.9 A	额定电流	$I_N = 630$ A	$I_N = 630$ A
短路电流	5.2 kA	额定开断电流	$I_{OFF} = 25$ kA	—
短路电流冲击电流	13.26 kA	极限过电流峰值	$i_{max} = 63$kA	$i_{max} = 50$kA
热稳定性校验	$I_\infty^2 t_{ima} = 5.2^2 \times 1.1$ $= 29.7\,(\text{kA}^2\text{s})$	热稳定值	$I_t^2 t = 25^2 \times 4$ $= 2500\,(\text{kA}^2\text{s})$	$I_t^2 t = 20^2 \times 4$ $= 1600\,(\text{kA}^2\text{s})$

第三节　低压断路器的选择与校验

低压断路器的选择不仅要满足选择电气设备的一般条件，还应根据负荷大小、重要程度、保护特性、保护对象等因素综合考虑决定。

一、低压断路器的类型选择

1. 按选择性要求选择使用类别

低压断路器结构本身具有保护自动跳闸的功能，一般采用本身的脱扣器切断短路电流。根据其脱扣器的配置，低压断路器分为 A 类和 B 类。A 类为非选择型，一般配置热-电磁式过电流脱扣器，保护特性具有二段保护功能，如图 5－2(a)所示。A 类断路器在短路情况下，没有用于选择性的人为短延时特性。B 类为选择型，一般配置电子式过电流脱扣器或智能式控制器，保护特性具有二段保护、三段保护和四段保护功能，如图 5－2(b)、(c)、(d)所示。B 类断路器在短路情况下，具有一个用于选择性的人为短延时(可调节)，可确保配电线路保护的选择性。

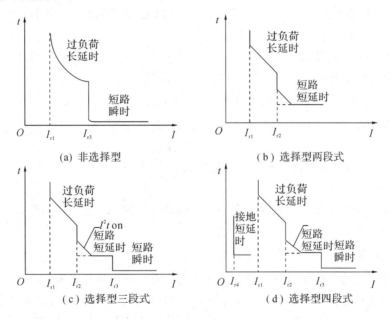

图 5－2　低压断路器的保护特性曲线

2. 按电流等级及用途选择结构形式

大电流电源进线和联络开关或大电流出线开关可选择框架式断路器(俗称空气断路器)；中小电流出线开关可选择塑壳开关(塑料外壳式)断路器。

3. 按是否需要隔离选择

需要兼作隔离电器使用时，应选择在断开位置时符合隔离功能安全要求的断路器。

4. 按保护对象选择相应保护类别

低压断路器按保护类别分有配电线路保护用断路器、电动机保护用断路器、照明保护用断路器和漏电保护用断路器。

二、低压断路器脱扣器的选择与整定

1. 低压断路器过流脱扣器的选择与整定

1）低压断路器过流脱扣器额定电流的选择

脱扣器额定电流应不小于线路的计算电流，即：

$$I_{N,OR} \geqslant I_{ca} \tag{5-9}$$

式中：$I_{N,OR}$——过流脱扣器额定电流；

I_{ca}——线路的计算电流。

2）瞬时和短延时脱扣器的动作电流的整定

瞬时和短延时脱扣器的动作电流应躲过线路的尖峰电流

$$I_{op,s} \geqslant K_{rel} I_{pk} \tag{5-10}$$

式中：$I_{op,s}$——瞬时和短延时脱扣器的动作电流整定值；

I_{pk}——线路的尖峰电流；

K_{rel}——可靠系数。对于动作时间在 0.02 s 以上的框架断路器取 1.3~1.35，对于动作时间在 0.02 s 以下的塑壳断路器取 1.7~2.0。

短延时脱扣器的动作时间一般有 0.2 s、0.4 s 和 0.6 s，选择时应按保护装置的选择性来选取，使前一级保护动作时间比后一级长一个时间级差。

3）长延时脱扣器的动作电流的整定

长延时脱扣器的动作电流应大于或等于线路的计算电流

$$I_{op,1} \geqslant K_{rel} I_{ca} \tag{5-11}$$

式中：$I_{op,1}$——长延时脱扣器的动作电流整定值；

K_{rel}——可靠系数，取 1.1。

长延时脱扣器的动作时间应躲过允许过负荷的持续时间。其动作特性通常是反时限特性的。

4）电流脱扣器与导线允许电流的配合

绝缘导线或电缆允许短时过负荷，过负荷越严重，允许运行的时间越短。过电流保护的动作电流整定值越大，其动作时间应越短；动作时间越长，动作电流必须整定得越小。只有这样，当线路过负荷或短路时，才能避免因低压断路器未能及时跳闸导致绝缘导线或电缆过热烧毁的事故发生，因此过电流脱扣器的整定电流与导线或电缆的允许电流（修正值）应按下式配合：

$$I_{op,s} \leqslant K_{OL} I_{al} \tag{5-12}$$

式中：I_{al}——导线或电缆的允许载流量；

K_{OL}——导线或电缆允许短时过负荷系数。对瞬时和短延时脱扣器，一般取 4.5，对长延时脱扣器取 1。

2. 热脱扣器的选择与整定

热脱扣器的额定电流应不小于线路最大计算负荷电流 I_{ca}，即

$$I_{N, TR} \geqslant I_{ca} \tag{5-13}$$

热脱扣器的动作电流整定，应按线路最大计算负荷电流来整定，即

$$I_{op(TR)} \geqslant K_{rel} I_{ca} \tag{5-14}$$

式中，K_{rel} 取 1.1，并在实际运行时调试。

3. 欠电压脱扣器和分励脱扣器的选择

欠电压脱扣器主要用于欠电压或失压（零压）保护，当电压低于 $(0.35 \sim 0.7)U_N$ 时便能动作。分励脱扣器主要用于断路器的分闸操作，在 $(0.85 \sim 1.1)U_N$ 时能可靠动作。

欠电压和分励脱扣器的额定电压应等于线路的额定电压，并按直流或交流的类型及操作要求进行选择。

三、低压断路器保护灵敏度和断流能力的校验

1）低压断路器保护灵敏度校验

为了保证低压断路器的瞬时或短延时过电流脱扣器在系统最小短路电流下能可靠动作，过流脱扣器动作电流的整定值必须满足过电流保护灵敏度的要求：

$$K_S^{(2)} = \frac{I_{K, min}^{(2)}}{I_{op, s}} \geqslant 2 \tag{5-15}$$

$$K_S^{(1)} = \frac{I_{K, min}^{(1)}}{I_{op, s}} \geqslant 1.5 \sim 2 \tag{5-16}$$

式中：$I_{K, min}^{(2)}$、$I_{K, min}^{(1)}$——在最小运行方式下线路末端发生两相或单相短路时的短路电流；

$K_S^{(2)}$——两相短路时的灵敏度，一般取 2；

$K_S^{(1)}$——单相短路时的灵敏度，对于框架开关和装于防爆车间的开关一般取 2，对于塑壳开关一般取 1.5。

2）低压断路器断流能力的校验

对于动作时间在 0.02 s 以上的框架断路器，其极限分断电流应不小于通过它的最大三相短路电流的周期分量有效值：

$$I_{OFF} \geqslant I_K^{(3)} \tag{5-17}$$

式中：I_{OFF}——框架断路器的极限分断电流；

$I_K^{(3)}$——三相短路电流的周期分量有效值。

对于动作时间在 0.02 s 以下的塑壳断路器，其极限分断电流应不小于通过它的最大三相短路电流冲击值，即

$$I_{OFF} \geqslant I_{sh} \quad 或 \quad i_{OFF} \geqslant i_{sh} \tag{5-18}$$

式中：i_{OFF}、I_{OFF}——塑壳断路器极限分断电流峰值、有效值；

i_{sh}、I_{sh}——三相短路电流冲击值、冲击有效值。

【例 5-2】 已知某 380 V 供电线路的计算电流为 125 A，尖峰电流为 390 A，线路首端最大三相短路电流为 7.6 kA，末端最小两相短路电流为 2.5 kA，冲击短路电流有效值为 8.28 kA，线路允许载流量为 239 A（BLV 三芯绝缘导线穿塑料管，30℃时），试选择低压断路器。

解 低压断路器用于配电线路保护，选择 NS 系列塑壳断路器，查附表 20，确定低压

断路器参数。

（1）瞬时脱扣器动作电流的选择与整定。

瞬时脱扣器额定电流应满足

$$I_{N,OR} \geqslant I_{ca} = 125 \text{ A}$$

瞬时过电流脱扣器整定电流应满足

$$I_{op,s} \geqslant K_{rel} I_{pk} = 2 \times 390 = 780 \text{ A}$$

查附表 20 知瞬时脱扣器整定倍数为（2、3、4、5、6、7、8、10）$I_{N,OR}$，选择 6 倍整定倍数，其动作电流整定为

$$I_{op,s} = 6 \times 160 \text{ A} = 960 \text{ A} > 780 \text{ A}$$

与保护线路的配合

$$I_{op,s} = 960 \text{ A} \leqslant 4.5 I_{al} = 4.5 \times 239 \text{ A} = 1075 \text{ A}$$

瞬时脱扣器动作电流与被保护线路配合满足要求。

（2）热脱扣器额定电流选择及动作电流整定。

热脱扣器额定电流选择

$$I_{N,TR} \geqslant I_{ca} = 125 \text{ A}$$

查附表 20，选取热脱扣器额定电流为 160 A。

热脱扣器动作电流整定

$$I_{op(TR)} \geqslant K_{rel} I_{ca} = 1.1 \times 125 \text{ A} = 137.5 \text{ A}$$

查附表 20，热脱扣器整定倍数为（0.8、0.9、1.0）$I_{N,TR}$，选择 0.9 倍整定倍数，其动作电流整定为

$$I_{op(TR)} = 0.9 \times 160 \text{ A} = 144 \text{ A} > 137.5 \text{ A}$$

热脱扣器动作电流整定满足要求。

（3）选择低压断路器型号及额定电流。

$$I_{N,QF} \geqslant I_{N,OR} = 160 \text{ A}$$

查附表 20，选取低压断路器额定电流 160 A，NS160 型塑壳式低压断路器。

（4）校验断流能力。

查附表 20，NS160 标准型（即 N 型）极限开断电流 I_{OFF} 为 36 kA。

$$I_{OFF} = 36 \text{ kA} > I_{sh}^{(3)} = 8.28 \text{ kA}$$

断路器断流能力满足要求。

（5）校验灵敏度。

$$K_S = \frac{I_{K,min}}{I_{op,s}} = \frac{2500}{960} = 2.6 > 2$$

灵敏度符合要求。

综上所述，选择 NS160 型塑壳低压断路器满足要求。

第四节　熔断器的选择

一、熔断器熔体额定电流选择

对于保护电力线路的熔断器，其熔体额定电流应按以下条件选择：

（1）正常工作时熔断器的熔体不应熔断。因此，要求熔体额定电流大于或等于通过熔体的最大工作电流，即

$$I_{N,FE} \geqslant I_{w,max} \tag{5-19}$$

式中：$I_{w,max}$——通过熔体的最大工作电流。

（2）线路出现正常尖峰电流时熔体不应熔断。由于尖峰电流是短时最大工作电流，熔体的发热熔断需要一定的时间，因此，熔体额定电流应满足下式条件

$$I_{N,FE} \geqslant KI_{pk} \tag{5-20}$$

式中：K——计算系数。当电动机启动时间 $t_{st} < 3$ s 时，取 $K = 0.25 \sim 0.4$；当 $t_{st} = 3 \sim 8$ s 时，取 $K = 0.35 \sim 0.5$；当 $t_{st} > 8$ s 或者电动机为频繁启动、反接制动时，取 $K = 0.5 \sim 0.6$。

I_{pK}——电动机启动时通过熔体的尖峰电流，A。

（3）为了使熔断器能可靠地保护导线和电缆，熔体额定电流必须与被保护线路的允许电流 I_{al} 相配合，以便在线路发生短路或过负荷时及时切除线路，应满足下列条件：

$$I_{N,FE} \leqslant K_{OL}I_{al} \tag{5-21}$$

式中：I_{al}——绝缘导线或电缆的允许载流量；

K_{OL}——绝缘导线或电缆的允许短时过负荷倍数。对电缆和穿管绝缘导线，取 $K_{OL} = 2.5$；对明敷绝缘导线，取 $K_{OL} = 1.5$；对已装设有过负荷保护的绝缘导线（或电缆）而又要求用熔断器进行短路保护时，取 $K_{OL} = 1$。

若熔断器用于 $6 \sim 10$ kV 容量在 1000 kVA 及以下的配电变压器短路及过载保护，其熔体额定电流应按下式选择，即：

$$I_{N,FE} = (1.4 \sim 2)I_{NT} \tag{5-22}$$

式中：I_{NT}——变压器额定电流，熔断器安装在哪一侧，就用哪一侧的额定电流。

保护电压互感器的熔断器一般选用 RN2 型熔断器，其熔体额定电流一般取 0.5 A。

二、熔断器断流能力校验

（1）对有限流作用的熔断器，由于能在短路电流到达冲击值之前熔断，因此可按下式校验断流能力：

$$I_{OFF} \geqslant I'' \quad 或 \quad S_{OFF} \geqslant S'' \tag{5-23}$$

式中：I_{OFF}、S_{OFF}——熔断器极限熔断电流和容量；

I''、S''——熔断器安装处三相短路次暂态有效值和短路容量。

（2）对无限流作用的熔断器，由于不能在短路电流到达冲击值之后熔断，因此可按下式校验断流能力

$$I_{OFF} \geqslant I_{sh} \quad 或 \quad S_{OFF} \geqslant S_{sh} \tag{5-24}$$

式中：I_{sh}、S_{sh}——熔断器安装处三相短路冲击电流有效值和短路容量。

三、熔断器保护灵敏度的校验

为了保证熔断器在其保护范围内发生短路故障时能可靠地熔断，因此要求其保护灵敏度 K_s 满足：

$$K_S = \frac{I_{K, \min}}{I_{N, FE}} \geqslant 4 \sim 7 \qquad (5-25)$$

式中：$I_{K, \min}$——熔断器保护范围末端短路故障时流过熔断器的最小短路电流，对中性点不接地系统，取两相短路电流 $I_K^{(2)}$，对中性点直接接地系统，取单相短路电流 $I_K^{(1)}$。

四、前后级熔断器选择性配合

低压线路中，熔断器较多，前后级间的熔断器在选择性上必须配合，以使靠近故障点的熔断器最先熔断。前后级熔断器之间的选择性配合，应按其保护特性曲线来进行校验。熔断器的保护特性曲线（又称安秒特性曲线），是指熔断器熔体的熔断时间和通过其电流的关系曲线 $t = f(I)$。熔体截面越大，其额定电流越大，保护特性曲线越高。

如图 5-3(a) 所示的 FU1（前级）与 FU2（后级），当 K 点发生短路时 FU2 应先熔断，但由于从熔断器保护特性曲线上查得的熔断时间可能有 ±50% 的误差，从最不利情况考虑，当 FU1 为负误差时（提前动作）$t_1' = 0.5t_1$，FU2 为正误差时（滞后动作）$t_2' = 1.5t_2$，此时要满足选择性配合则要求

$$t_1' > t_2' \text{ 即 } t_1 > 3t_2 \qquad (5-26)$$

式中：t_1'、t_2'——FU1 和 FU2 实际熔断时间；

t_1、t_2——FU1 和 FU2 保护特性曲线上查得的标准熔断时间。

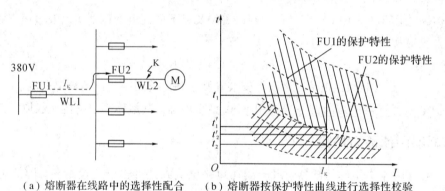

（a）熔断器在线路中的选择性配合　　（b）熔断器按保护特性曲线进行选择性校验

图 5-3　熔断器保护的选择性配合

【例 5-3】　某电动机参数如下，$U_N = 380$ V，$P_N = 17$ kW，$I_{ca} = 35.8$ A，属于轻载启动，启动电流为 167 A，启动时间 $t_{st} \leqslant 3$ s。采用 BLV 型导线（穿管）敷设，导线截面 10 mm²，导线允许载流量为 45 A。该电动机拟采用 RT0 型熔断器作为短路保护，该线路的最大短路电流为 15 kA。试选择熔断器及熔体的额定电流，并进行校验。

解　（1）选择熔体及熔断器的额定电流。

$$I_{N, FE} \geqslant I_{w, \max} = 35.8 \text{ A}$$

$$I_{N, FE} \geqslant K I_{pk} = 0.3 \times 167 = 56.1 \text{ A}$$

由上两式的计算结果可选取 $I_{N, FE} = 60$ A。

因要求 $I_{N, FU} \geqslant I_{N, FE}$，查附表 23，可选取 RT0—100 型熔断器熔体额定电流为 60 A，熔断器额定电流为 100 A。

（2）校验计算。

查附表 23 可得 RT0-100 型熔断器最大的断流能力为 50 kA，而该线路的最大短路电流为 15 kA，故其断流能力满足要求。

导线与熔断器的配合校验：

根据 $I_{N.FE} \leqslant K_{OL}I_{al}$，选取 $K_{OL} = 2.5$、$I_{al} = 45$ A、$I_{N.FE} = 60$ A 代入得

$$K_{OL}I_{al} = 2.5 \times 45 = 112.5 \text{ A} \geqslant 60 \text{ A}$$

满足要求。

第五节　互感器的选择

一、电流互感器的选择

选择电流互感器时，应根据安装地点（户内、户外）和安装方式（穿墙式、支持式、母线式等）选择其型式，其他选择项目如下。

1. 额定电压

电流互感器的额定电压应不低于安装地点电网的额定电压。

2. 额定电流

电流互感器一次侧额定电流有 20、30、40、50、75、100、150、200、300、400、600、800、1000、1200、1500、2000（A）等多种规格，二次侧额定电流为 5 A 或 1 A。一般情况下，计量和测量用电流互感器一次侧额定电流按正常负荷电流的 1.25 倍选择，以保证测量、计量仪表的最佳工作，并在过负荷时使仪表有适当的指示。保护用电流互感器一次侧额定电流宜按不小于线路的最大负荷电流选择。

3. 准确级

电流互感器的准确度级数较多，应根据实际需要选取。例如用于计量电费的电度表用电流互感器，一般选用 0.2 级；作为运行监视和估算电能的电度表、发电厂变电所的功率表及电流表等所用电流互感器可选用 0.5 级。一般保护装置所用电流互感器，其准确度可选为 5 级或 5P、10P 级，对差动保护应选用 0.5 级或 D 级。当一个电流互感器二次回路中装有几个不同类型仪表时，应按对准确度要求最高的仪表来选择电流互感器的准确度级。如果同一个电流互感器，既供测量仪表又供保护装置使用，应选两个不同准确度级二次绕组的电流互感器。

为了保证电流互感器的准确度，其二次侧的实际负荷必须小于其准确度等级所规定的额定二次负荷，即

$$Z_{N2} \geqslant Z_2 \quad \text{或} \quad S_{N2} \geqslant S_2 \tag{5-27}$$

式中：Z_{N2}、S_{N2}——电流互感器某一准确度级的允许负荷和容量，可从产品样本查得；

Z_2、S_2——电流互感器二次侧所接实际负荷和容量。

Z_2 和 S_2 可由下面两式求得：

$$Z_2 \approx \sum r_i + r_{wl} + r_{tou} \qquad (5-28)$$

$$S_2 \approx \sum S_i + I_{N2}^2 r_{wl} + I_{N2}^2 r_{tou} \qquad (5-29)$$

式中：r_{wl}——电流互感器二次侧连接导线电阻；

  r_{tou}——电流互感器二次回路接触电阻；

  $\sum r_i$、$\sum S_i$——电流互感器二次侧所接仪表的内阻总和与仪表容量总和。

S_i 与 r_i 之间关系为 $S_i = I_{N2}^2 r_i$，两者均可从仪表产品样本查得。连接导线按规程要求，一般采用截面不小于 2.5 mm² 的铜线。当连接导线材质和截面选定后，为了计算连接导线电阻，就必须求得连接导线计算长度，电流互感器二次回路连接导线的计算长度 l_{ca}，与互感器接线方式有关。设从电流互感器二次端子到仪表、继电器接线端子的单向长度为 l，则互感器二次采用单相接线时，$l_{ca} = 2l$；互感器二次为三相完全星形接线时，$l_{ca} = l$；互感器二次接成不完全星形，即 V 形接线时，$l_{ca} = \sqrt{3}\, l$。

假如最后计算校验的结果不满足要求，则应适当放大选择连接导线截面，或者重新选择二次侧负载较大的电流互感器，直至满足要求为止。

4. 动稳定校验

生产厂家通常给出的是动稳定性倍数 K_{es}，即电流互感器允许短时极限通过电流峰值与电流互感器一次侧额定电流峰值之比。因此，电流互感器的动稳定性校验条件为

$$\sqrt{2} K_{es} I_{N1} \geqslant i_{sh} \qquad (5-30)$$

5. 热稳定校验

生产厂家通常给出的是热稳定倍数 K_t，即在规定时间（通常取 1 s）内所允许通过电流互感器的热稳定电流与其一次侧额定电流之比。因此，电流互感器的热稳定条件应为

$$(K_t I_{N1})^2 t \geqslant I_\infty^2 t_{ima} \qquad (5-31)$$

如果动、热稳定性校验不满足要求，则应选择额定电流大一级的电流互感器再进行校验，直至满足要求为止。

【例 5-4】 根据例 5-1 条件，选出如图 5-1 所示的电流互感器，拟将电流互感器装于高压开关柜内，并选取两个准确级次，其中一个供测量仪表用，另一个作为继电保护用。电流互感器二次侧负载如表 5-4 所示，负载连接关系如图 5-4 所示，电流互感器二次端子至仪表连接端子之间的距离 $l = 5$ m。

表 5-4　电流互感器二次侧负载

仪表名称	型　号	每个电流线圈的负载值/Ω
电流表	1T1-A	0.12
瓦特表	1D1-W	0.058
有功电度表	DS864	0.02
无功电度表	DX863-2	0.02
连接线接触电阻		0.05

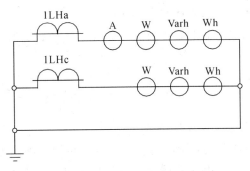

图 5-4　电流互感器二次负载连接图

解　根据 $U_N=10.5\ kV$，$I_{max}=461.9\ A$，选择户内型电流互感器，型号为 LZZJB6-10 型，一次侧额定电流 600 A、0.5/10P，其中 0.5 级供测量表计用，10P 级供继电保护用。

表 5-4 中给出了每个电流线圈的负载值，由图 5-4 可知，A 相电流互感器的仪表线圈最多，其总负载为

$$0.12+0.058+0.02+0.02=0.218\ \Omega$$

试选取 4 mm² 铜线。

电流互感器采用两相不完全星形接线，则其二次连接导线的计算长度 l_{ca} 为

$$l_{ca}=\sqrt{3}\,l=\sqrt{3}\times 5\,(m)$$

则导线的电阻为

$$r_{wl}=\frac{l_{ca}}{\gamma S}=\frac{\sqrt{3}\times 5}{53\times 4}=0.041\ \Omega$$

A 相的总电阻为

$$Z_2\approx\sum r_i+r_{wl}+r_{tou}=(0.218+0.041+0.05)=0.309\ \Omega$$

可以根据附表 24 查出 LZZJB6—10 型电流互感器 0.5 级的二次额定负载为 0.4 Ω，满足准确度要求。

电流互感器动、热稳定性校验：通过附表 24 查得电流互感器的动稳定倍数 $K_{es}=70$，1 s 的热稳定倍数 $K_t=55$，则短路的动、热稳定性校验为

$$\sqrt{2}K_{es}I_{N1}=\sqrt{2}\times 70\times 0.6=59.4\ kA>i_{sh}=12.24\ kA$$

满足要求。

$$(K_tI_{N1})^2t=(55\times 0.6)^2\times 1=1089\ kA^2\,s$$
$$I_\infty^2 t_{ima}=5.5^2\times 1.1=33.3\ kA^2\,s$$

可见 $(K_tI_{N1})^2t>I_\infty^2 t_{ima}$，满足要求。

经校验可知，选取 LZZJB6-10 型电流互感器是满足要求的。

二、电压互感器的选择

1. 额定电压

电压互感器一次绕组额定电压应不低于所接电网的额定电压，二次侧额定电压一般为 100 V。

2. 准确度级

供测量仪表和功率方向继电器用的电压互感器，应选 0.2 级或 0.5 级；供一般监视仪

表和电压继电器用的电压互感器应选用 1～3 级。

要求所接测量仪表和继电器电压线圈的总负荷 S_2 不应超过所要求准确度级下的允许负荷容量 S_{N2}，即

$$S_{N2} \geqslant S_2 \tag{5-32}$$

$$S_2 = \sqrt{\left(\sum P\right)^2 + \left(\sum Q\right)^2} \tag{5-33}$$

式中：S_{N2}——电压互感器二次侧允许负荷容量。

因为误差随负荷的大小而变，所以同一台电压互感器在不同准确等级使用时，其二次容量也不同，例如 JDJ—10 型电压互感器，准确度级为 0.5 级时二次额定容量为 80 VA，准确度级为 1 级时二次额定容量为 150 VA。

【例 5-5】 如图 5-5 所示为某总降变电所主接线，每段母线均装设电压互感器，电压互感器装于变电所内 KYN12 型开关柜内，电压互感器二次负载如表 5-5 所示。试选择电压互感器的型号。

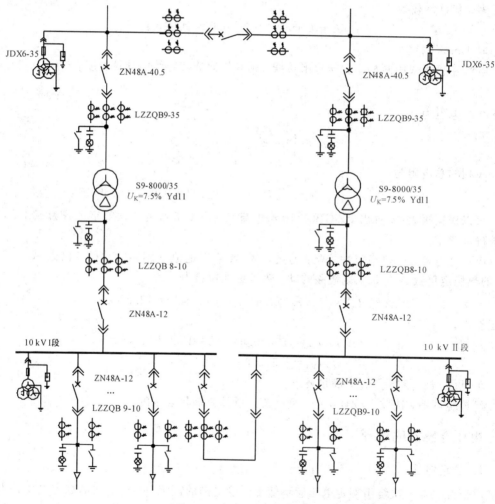

图 5-5 例 5-5 题主电路图

解 可由附表 27 查得各仪表和继电器每个电压线圈所消耗的容量，计算出三相总容量的近似值为 $S_2 = 80.5$ VA，见表 5-5。考虑到安装地点和使用条件，可根据附表 25 选取

三只单相浇注户内型的 JDZX - 10 型、0.5 级、变比 $10/\sqrt{3}$: $0.1/\sqrt{3}$: $0.1/3$ 的电压互感器，放置在高压开关柜内，其三相额定容量为 $S_{N2}=3\times50=150$ VA>80.5 VA，故满足二次容量的校验。电路接线如图 5 - 6 所示。

表 5 - 5　例 5 - 5 接于电压互感器二次侧的测量仪表与继电器

仪表和继电器名称	型号	各支路所接仪表电气数量						每只仪表电压线圈数	每个线圈消耗容量/VA	总消耗容量/VA
		变压器二次引进线	6 条出线	所内变压器	电容器组	母线分段	电压测量与绝缘监察			
电压表	1T1 - V						6	1	4.5	27
瓦特表	1D1 - W	1				1		2	0.75	3
有功电度表	DS864	1	6	1				2	1.5	24
无功电度表	DX863	1	6		1			2	1.5	24
电压继电器	DJ - 133						1	1	2.5	2.5
合计		3	12	1	1	1	7			80.5

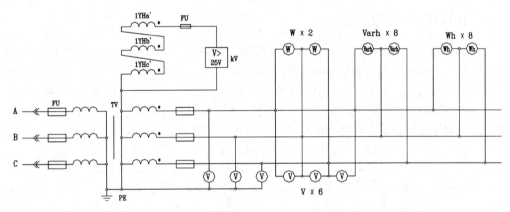

图 5 - 6　例 5 - 5 中电压互感器与测量仪表及继电器的接线电路图

保护电压互感器的高压熔断器选择专用的 RN2 - 10 高压熔断器，额定电流 0.5 A，其最大开断电流 50 kA，大于母线最大短路电流 5.87 kA(外部电源看出无穷大容量系统求得)。

三、互感器在主接线中的配置原则

1. 电流互感器的配置原则

(1) 凡装有断路器的回路均装设电流互感器，其数量应满足仪表、保护和自动装置的要求。

(2) 发电机和变压器的中性点侧、发电机和变压器的出口端和桥式接线的跨接桥上等均应装设电流互感器。

(3) 对大接地电流系统线路，一般按三相配置；对小接地电流系统线路，依具体要求按两相或三相配置。

2. 电压互感器的配置原则

(1) 电压互感器的数量和配置与主接线方式有关，并应能满足测量、保护、同期和自动装置的要求。

（2）6～220 kV 电压等级的每组主母线的三相均应装设电压互感器。

（3）当需要监视和检测线路侧有无电压时，出线侧的一相上应装设电压互感器。

第六节 高压开关柜的选择方法

在供配电系统中，通常都是将常用一、二次设备按一定的接线方案组合到一起，组成高低压成套配电装置，又称为高低压开关柜，便于供配电控制、保护和监察测量。开关柜的选择主要是选择开关柜的型号和回路方案号。开关柜的回路方案号应按主接线方案选择，保持一致。对柜内设备的选择，应按装设地点的电气条件来选择，具体方法如前所述。开关柜生产商会提供开关柜型号、方案号、技术参数、柜内设备的配置。柜内设备的具体规格由用户向生产商提出订货要求。

一、开关柜的型号选择

目前高压开关柜普遍选择的型号是 KYN 系列金属铠装移开式开关柜。对于三级负荷也可选用金属封闭户内固定式开关柜，如 KGN - 12、XGN - 12 等系列开关柜。

二、开关柜回路方案号选择

每一种型号的开关柜，其柜内接线方案有几十种甚至一百多种，用户可以根据主接线方案，选择与主接线方案一致的柜内接线方案号，然后选择柜内设备规格。每种型号的开关柜根据柜内接线方案的不同主要分为电缆进出线柜、架空进出线柜、隔离柜、联络柜、母线设备（电压互感器）柜、所用变柜、负荷开关柜等，不同的生产厂家编号有所不同，在选择时要根据厂家的编号进行选择。例如，图 5 - 7 某开关厂 KYN10 型开关柜，01 号方案为电缆（进）出线柜，06 号方案为架空（进）出线柜，08 号方案为联络柜，13 号方案为电压互感器柜。

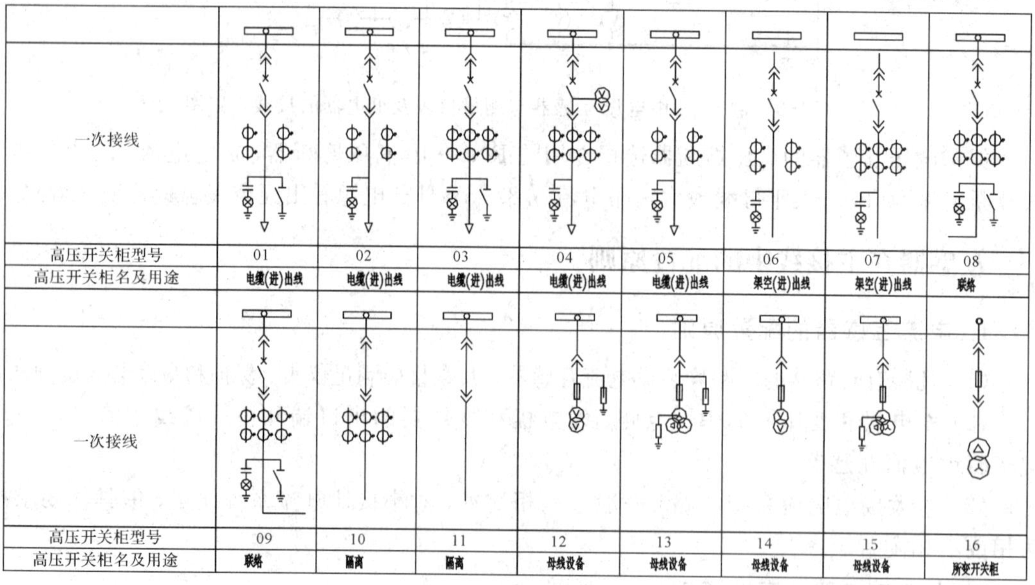

图 5 - 7 某开关生产厂 KYN10 型金属铠装移开式开关柜部分方案编号图

开关柜内的断路器、电流互感器等电气设备可以根据实际情况选择不同的设备类型。开关柜还应具备五防措施，对可移开或可抽出的部件应具备连锁功能。

本 章 小 结

电气设备的选择是供配电系统设计的重要内容之一。本章主要阐述了供配电系统中主要电气设备的一般选择原则和具体选择与校验方法，并结合实例，介绍了主要电气设备的选择条件、方法和技巧。

1. 电气设备的一般选择原则为：按正常工作条件选择额定电流、额定电压及型号等，按短路情况校验短路热稳定、动稳定及开关的开断能力。

2. 电气设备型号选择，一般应考虑设备的工作环境条件，即户内、户外、安装方式、环境温度等，确定所选设备的具体型号。

3. 电气设备的额定电压应大于或等于线路额定电压，设备额定电流应大于或等于线路实际计算电流。

4. 短路时有短路电流通过的电气设备一般均须校验短路动稳定和热稳定，如断路器、隔离开关、电流互感器等。几种特殊情况为：熔断器因没有触头，且分断短路电流后熔体熔断，故不必校验动、热稳定；电压互感器不流过短路电流，因而不必校验动稳定和热稳定。

5. 分断过负荷电流或短路电流的开关设备均需校验断流能力，如断路器、负荷开关及熔断器。

6. 电流互感器和电压互感器还需要选择变比、准确度，并且须校验其二次负荷是否符合准确度要求。

思考题和习题

5.1　电气设备选择的一般原则是什么？

5.2　高压断路器如何选择？

5.3　熔断器熔体额定电流选择有哪些条件？如何与导线或电缆的允许电流相配合？

5.4　电流互感器按哪些条件选择？变比如何选择？准确度级如何选用？

5.5　电流互感器的常用接线方式有哪几种？各用于什么场合？

5.6　为什么说电流互感器二次额定电流若选用 1 A，则相对于 5 A 可以降低二次线路损耗，提高测量精度？

5.7　电压互感器应按哪些条件选择？准确度级如何选用？

5.8　Y0y0L(三相五柱式带开口三角)接线的电压互感器应用于什么场合？

5.9　如何根据主接线选择高压开关柜型号？

5.10　低压线路中，前后级熔断器间在选择性方面如何进行配合？

5.11　低压断路器选择的一般原则是什么？

5.12　某工厂总降变压器的容量为 8000 kVA，电压等级为 35/10 kV，变压器配置的定时限电流保护装置的动作时间 $t_p=1$ s。拟采用快速开断的高压断路器，其固有分闸的时间 $t_{tr}=0.1$ s，变压器 10 kV 侧母线短路电流为 $I''=I_\infty=6.9$ kA，试选择变压器 10 kV 侧断路器。

5.13 根据上题条件,若变压器 10 kV 侧选用 KYN₂-10 型高压开关柜,10 kV 出线上装设三只电流互感器成三相完全星形接线供仪表用,如图 5-8 所示,其中 A 相接电流表、瓦特表、有功和无功电度表各一只的电流线圈(每个电流线圈的负载值见表 5-6),电流互感器二次端子至仪表连接端子之间的距离为 5 m,导线采用 2.5 mm² 的铜导线,电流互感器拟装在 KYN₂-10 型高压开关柜中,试选择电流互感器。

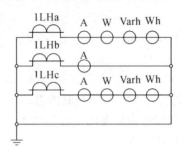

图 5-8 题 5.13 图

表 5-6 题 5.13 表计电流线圈负载表

仪表名称	型 号	每个电流线圈的负载值/Ω
电流表	1T1-A	0.12
瓦特表	1D1-W	0.058
有功电度表	DS864	0.02
无功电度表	DX863-2	0.02
连接线接触电阻		0.05

5.14 某 35 kV 总降变电所 10 kV 母线上配置一只三相五芯柱式三绕组电压互感器,采用 $Y_0/Y_0/\triangle$ 接法,作母线电压、各回路有功电能和无功电能测量及母线绝缘监视用。电压互感器和测量仪表的接线如图 5-9 所示。该母线共有五路出线,每路出线装设三相有功电能表和三相无功电能表各一只,每个电压线圈消耗的功率为 1.5 VA;母线装设四只电压表,其中三只分别接于各相,作相电压监视,另一只电压表用于测量各线电压,电压线圈的负荷均为 4.5 VA。电压互感器 $\triangle$ 侧电压继电器线圈消耗功率为 2.0 VA。试选择电压互感器,校验其二次负荷是否满足准确度要求(提示:三相五芯柱式电压互感器所给的二次负荷为三相负荷,将接于相电压、线电压的负荷换算成等效三相负荷)。

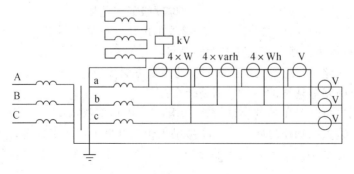

图 5-9 题 5.14 图

5.15　某 380 V 动力线路，有一台 15 kW 电动机，功率因数为 0.8，效率为 0.88，启动倍数为 7，启动时间为 3～8 s，塑料绝缘铜芯导线截面为 10 mm²，穿钢管敷设，三相短路电流为 16.7 kA，采用熔断器做短路保护并与线路配合。试选择 RT0 型熔断器及熔体额定电流（环境温度按 +35℃ 计）。

5.16　某 380 V 低压干线上，计算电流为 250 A，尖峰电流为 400 A，安装地点三相短路冲击电流有效值为 30 kA，末端最小两相短路电流为 5.28 kA，线路允许载流量为 372 A（环境温度按 +35℃ 计），试选择 NS 型低压塑壳断路器的规格（带瞬时和热脱扣器），并校验断路器的断流能力。

第六章　电线电缆的选择

第一节　概　　述

一、电线电缆的类型

电线、电缆(electric wire and cable)是指用以传输电能的主要器材。在供配电系统中，常用的电线、电缆产品有裸导线、电力电缆、绝缘导线、封闭母线(母线槽)等。

1. 裸导线

裸导线(bare conductor)指没有绝缘层的导线，包括铜、铝、钢等各种金属和复合金属圆单线、绞线和软接线等。裸绞线的主要型式有铝绞线 LJ、钢芯铝绞线 LGJ 和铜绞线 TJ，常用于架空线路(overhead line)。架空线路的特点是投资省、易维护，但不美观、占空间，受气候条件和周围环境影响大，安全可靠性不高，因此主要用于电力系统的输电网及城市郊区及农村配电网，其中铝绞线多用于 10(6)kV 架空线路；钢芯铝绞线机械强度较高，多用于输电线路；铜绞线因造价较高，一般不选用。

2. 电力电缆

电缆(cable)主要由导体、绝缘层、护套层和铠装层组成，如图 6-1 所示。电缆的结构型号很多，从导电芯来看，有铜芯电缆和铝芯电缆；按芯数可分为单芯、双芯、三芯及四芯等；按绝缘层和保护层的不同，又可分为油浸纸绝缘铅包(或铝包)电缆、橡胶绝缘电缆、聚氯乙烯绝缘及护套电缆、交联氯乙烯绝缘聚氯乙烯护套电缆。

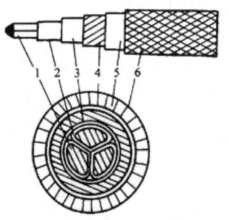

1—导体；
2—相绝缘；
3—带绝缘；
4—护套层；
5—铠装层；
6—外护套层

图 6-1　电力电缆的结构

电缆型号的表示和含义如下：

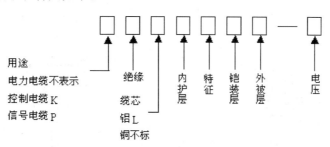

绝缘层的字母含义：Z—纸绝缘，V—聚氯乙烯，Y—氯乙烯，YJ—交联氯乙烯，X—橡胶。目前，油浸纸绝缘电缆已经很少使用，大多采用塑料电缆。内护层字母含义：Q—铝，V—聚氯乙烯，Y—氯乙烯。特征字母含义：D—不滴流，P—屏蔽。

电缆一般直接埋在地下或敷设在地下电缆沟、槽或管道内，建设费用高于架空线路。地下电缆具有美观、占地少，基本不占地面以上空间，传输性能稳定，可靠性高等优点，因此常用于城市的中低压电网、发电厂和变电所的进出线回路、工业与民用建筑内部配电线路。

3. 绝缘导线

绝缘导线（insulated wire）是在导体外围均匀而密封地包裹一层绝缘材料形成绝缘层，防止导体与外界接触造成漏电、短路等事故的电线。绝缘导线按线芯材料分为铜芯和铝芯；按线芯数量分有单芯和多芯；按绝缘材料分有橡皮绝缘、塑料绝缘和氯丁橡皮绝缘。

绝缘导线大量应用于低压配电线路及接至用电设备的末端线路。近年来，从提高供电可靠性的角度考虑，要求提高 10 kV 配电网的绝缘化率，10 kV 绝缘导线在配电网（尤其是城镇配电网）中应用也越来越普遍。

4. 封闭母线（母线槽）

高压系统应用的金属封闭母线（metal-enclosed busbar）是用金属外壳将导体连同绝缘层等封闭起来的组合体，广泛应用于发电机和变压器出线、高压开关柜母线联络及其他输配电回路。低压配电系统常用的封闭式母线干线，其结构是三相四线制母线封闭在走线槽或类似的壳体内，并由绝缘材料支撑或隔开，故又称为母线槽（busway）。

二、电力线路的敷设方式

1. 架空

1）架空线路结构

架空线路的结构如图 6-2 所示，利用绝缘子和金具将导线固定安装于杆塔上部的横担上。其中金具是用于固定导线、绝缘子、横担及组装架空线路的各种金属零件的总称。为了抵抗风压，防止电杆倾倒，有些电杆还设有平衡各方面作用力的拉线。

2）路径

架空线路路径的选择，力求使线路最短，转角和跨越江河、道路、建筑物最少，施工维护方便，运行可靠，地质条件好，同时还应考虑线路经过地段经济发展的统一规划等因素，统筹兼顾，做到经济合理、安全适用。

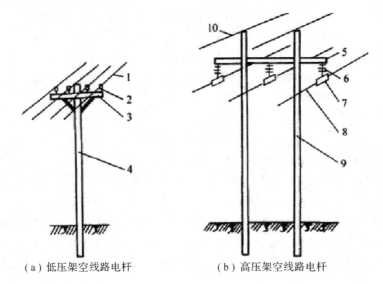

（a）低压架空线路电杆　　　（b）高压架空线路电杆

1—低压导线；2—针式绝缘子；3、5—横担；4—低压电杆；6—高压悬式绝缘子；

7—线夹；8—高压导线；9—高压电杆；10—避雷线

图6-2　架空线路结构示例

3）导线排列

三相四线制低压架空线路的导线一般水平排列，由于中性线电位在三相对称时为零，且截面较小，机械强度较差，所以中性线一般架设在靠近电杆的位置。三相三线制架空线路的导线可三角形排列，也可水平排列。多回导线同杆架设时，可三角形、水平混合排列，也可全部垂直排列。电压不同的线路同杆架设时，电压较高的线路应架设在上面，电压较低的线路则架设在下面。

4）档距和弧垂

档距又称跨距，是指同一线路两相邻电杆之间的水平距离。弧垂是指一个档距内导线在电杆上的悬挂点与导线下垂最低点之间的垂直距离。弧垂不能太大，也不能过小。过小则导线拉力增大，天冷时导线收缩可能会崩断；若太大，导线对地或对其他物体安全距离不够，刮风时会引起相间短路。架空线路的线间距离、档距、弧垂、导线对地距离、导线与各种设施的最小距离等，在GB50061—1997等技术规程中均有规定。

2. 地下敷设

1）直接埋地敷设

直埋敷设首先挖一深0.7～1 m的壕沟，于沟底填上100 mm的细砂或软土，再铺设电缆，然后填以沙土，加上保护板，最后回填沙土。这种方式敷设的电缆易受机械损伤和土壤化学腐蚀，可靠性差，检修不便，多用于根数不多的线路。

2）电缆沟

电缆沟由砖砌成或混凝土浇筑而成，上加盖板，内侧有电缆架，用于敷设电缆，如图6-3所示。电缆沟敷设占地少，走向灵活，能容纳较多电缆，投资稍高，检修维护比直埋方式方便，适用于多条电缆走向相同的情况，在容易积水的场所不宜使用。

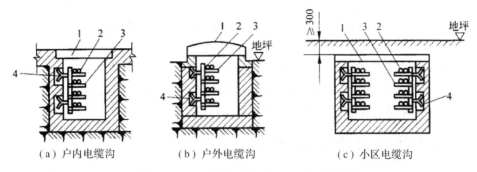

（a）户内电缆沟　　　　（b）户外电缆沟　　　　（c）小区电缆沟

1—盖板；2—电缆；3—电缆支架；4—预埋铁件

图6-3　电缆沟结构示意

3）电缆排管

当电缆数量不多（一般不超过12根），且道路交叉多，路径拥挤，又不能直埋较深或采用较深电缆沟时，采用电缆排管敷设方式。排管可用石棉水泥管或混凝土管，如图6-4所示。

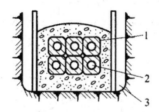

1—水泥排管；2—电缆孔（穿电缆）；3—电缆沟

图6-4　电缆排管敷设示意

4）电缆桥架

电缆桥架由支架、盖板、支臂和线槽等组成，电缆或绝缘导线敷设在桥架内，如图6-5所示。电缆桥架敷设克服了电缆沟敷设电缆时存在的积水、积灰、易损坏电缆等多种弊病，改善了运行条件，具有占用空间少、投资省、建设周期短、便于采用全塑电缆和工厂系列化生产等优点。

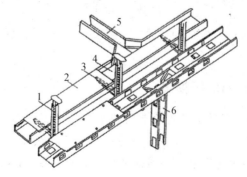

1—支架；2—盖板；3—支臂；4—线槽；5—水平分支线槽；6—垂直分支线槽

图6-5　电缆桥架

第二节 配电线路电压损失的计算

由于配电线路存在阻抗，所以线路导体通过电流时就会产生电压损失。按规定，高压配电线路的电压损失，一般不超过线路标称电压的 5%。如果线路的电压损失超过了允许值，将导致供电电压偏差超过标准规定的允许值。

一、一个集中负荷线路的电压损失

如图 6-6(a)所示，线路末端有一个集中负荷 $S=P+jQ(kVA)$，线路额定电压为 U_N(kV)，线路电阻为 $R(\Omega)$，电抗为 $X(\Omega)$。设线路首端电压为 $\dot{U}_A$，末端电压为 $\dot{U}_B$。线路首末两端线电压的相量差称为线路电压降(voltage drop)，用 $\Delta\dot{U}$ 表示；线路首末两端线电压的代数差称为线路电压损失(voltage loss)，表示为 $\Delta U(V)$。设每相电流为 $I(A)$，负荷功率因数为 $\cos\varphi$，由于 $\dot{U}_A$ 和 $\dot{U}_B$ 夹角比较小，线段 ab 与 ad 相差不大，如图 6-6(b)所示，因此在工程计算中，以 ab 代替 ad 作为线路的电压损失 ΔU_{ph}，即

$$\Delta U_{ph}=U_A-U_B=\overline{ad}\approx\overline{ab}=\overline{ac}+\overline{cb}=I(R\cos\varphi+X\sin\varphi) \tag{6-1}$$

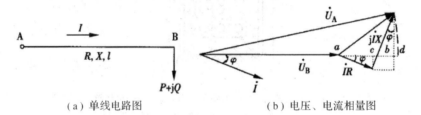

(a) 单线电路图　　　　　　　　(b) 电压、电流相量图

图 6-6 末端接有一个集中负荷的三相线路

工程计算中，用线路额定电压 U_N 代替末端电压，误差极小，则线电压损失为

$$\Delta U=\sqrt{3}\,I(R\cos\varphi+X\sin\varphi)=\frac{P}{U_N\cos\varphi}(R\cos\varphi+X\sin\varphi)=\frac{PR+QX}{U_N} \tag{6-2}$$

线路电压损失一般用百分数来表示，即

$$\Delta U\%=\frac{\Delta U}{1000U_N}100=\frac{\Delta U}{10U_N}=\frac{PR+QX}{10U_N^2} \tag{6-3}$$

注意：U_N 的单位是 kV，ΔU 的单位是 V，需要把 U_N 的单位转化为 V，所以才会在上面两式中出现系数 10。

二、多个集中负荷线路的电压损失

如图 6-7 所示线路上分散地接有两个负载 p_1+jq_1、p_2+jq_2，以 P_1+jQ_1、P_2+jQ_2 分别表示通过干线第一段与第二段的功率。小写的 r、x 和 l 表示干线各段的电阻、电抗和长度，大写的 R、X 和 L 表示由供电始端到各个负载点的电阻、电抗和长度。r_0、x_0 表示单位长度电阻、电抗。在工程计算中忽略线路功率损耗所引起的电压损失误差很小，技术上是可行的，则干线上的电压损失可按以下的方法进行计算。

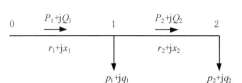

图 6-7 接有两个集中负荷树干式线路的电压损失

为方便计算，线路上的功率损耗可略去不计。

流过第一段干线的功率为：$P_1 = p_1 + p_2$，$Q_1 = q_1 + q_2$

流过第二段干线的功率为：$P_2 = p_2$，$\qquad Q_2 = q_2$

线路上每段干线的电压损失为：$\Delta U_1 \% = \dfrac{P_1}{10U_N^2}r_1 + \dfrac{Q_1}{10U_N^2}x_1$

$$\Delta U_2 \% = \dfrac{P_2}{10U_N^2}r_2 + \dfrac{Q_2}{10U_N^2}x_2$$

线路上总的电压损失为

$$\Delta U \% = \Delta U_1 \% + \Delta U_2 \% = \frac{P_1}{10U_N^2}r_1 + \frac{P_2}{10U_N^2}r_2 + \frac{Q_1}{10U_N^2}x_1 + \frac{Q_2}{10U_N^2}x_2$$

由此类推，若干线上有 n 个负载（即有 n 段），则总的电压损失为

$$\Delta U \% = \frac{1}{10U_N^2}\sum_{i=1}^{n}(P_i r_i + Q_i x_i) = \frac{r_0}{10U_N^2}\sum_{i=1}^{n}P_i l_i + \frac{x_0}{10U_N^2}\sum_{i=1}^{n}Q_i l_i = = \Delta U_R \% + \Delta U_X \%$$

$$(6-4)$$

【例 6-1】 试计算如图 6-8 所示的 10 kV 供电线路的电压损失。已知线路 1 WL 导线型号 LJ-95，$R_0 = 0.34\ \Omega/\text{km}$，$X_0 = 0.36\ \Omega/\text{km}$，线路 2WL、3WL 导线型号为 LJ-70，$R_0 = 0.46\ \Omega/\text{km}$，$X_0 = 0.369\ \Omega/\text{km}$。

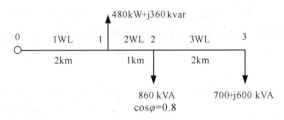

图 6-8 例 6-1 图

解 （1）忽略功率损耗，计算每段干线流过的负荷功率。

$$P_1 = p_1 + p_2 + p_3 = 480 + 860 \times 0.8 + 700 = 1868 (\text{kW})$$

$$P_2 = p_2 + p_3 = 860 \times 0.8 + 700 = 1388 (\text{kW})$$

$$P_3 = p_3 = 700 (\text{kW})$$

$$Q_1 = q_1 + q_2 + q_3 = 360 + 860 \times \sin(\arccos 0.8) + 600 = 1476 (\text{kvar})$$

$$Q_2 = q_2 + q_3 = 860 \times \sin(\arccos 0.8) + 600 = 1116 (\text{kvar})$$

$$Q_3 = q_3 = 600 (\text{kvar})$$

（2）计算各段干线的电阻和电抗。

$$r_1 = R_{01} l_1 = 0.34 \times 2 = 0.68 (\Omega)，x_1 = X_{01} l_1 = 0.36 \times 2 = 0.72 (\Omega)$$

$$r_2 = R_{02} l_2 = 0.46 \times 1 = 0.46 (\Omega)，x_2 = X_{02} l_2 = 0.369 \times 1 = 0.369 (\Omega)$$

$$r_3 = R_{03}l_3 = 0.46 \times 2 = 0.92(\Omega), \quad x_3 = X_{03}l_3 = 0.369 \times 2 = 0.74(\Omega)$$

（3）计算 10 kV 线路总电压损失。

$$\Delta U\% = \sum_{i=1}^{3} \frac{P_i r_i + Q_i x_i}{10U_N^2}$$

$$= \frac{1868 \times 0.68 + 1388 \times 0.46 + 700 \times 0.92 + 1476 \times 0.72 + 1116 \times 0.369 + 600 \times 0.74}{10 \times 10^2}$$

$$= 4.47$$

三、具有均匀分布负荷线路的电压损失

对于居民生活负荷以及路灯等照明负荷，可以近似地认为负荷沿线路均匀分布，线路的电压损失计算公式推导如下。

图 6-9(a)中，在 $\mathrm{d}l$ 线路上的电压损耗可以表示为

$$\mathrm{d}(\Delta U) = \frac{1}{U_N}(pr_1 + qx_1)l\mathrm{d}l \tag{6-5}$$

式中：p、q——单位长度线路上的负荷有功功率、无功功率，kW/km、kvar/km；

r_1、x_1——线路单位长度的电阻、电抗，Ω/km。

则线路 AC 上的电压损耗为

$$\Delta U_{AC} = \int_{L_B}^{L_C} \mathrm{d}(\Delta U) = \frac{pr_1 + qx_1}{U_N} \int_{L_B}^{L_C} l\mathrm{d}l = \frac{pr_1 + qx_1}{U_N} \cdot \frac{l^2}{2}\Big|_{L_B}^{L_C}$$

$$= \frac{pr_1 + qx_1}{U_N} \cdot \frac{L_C^2 - L_B^2}{2} = \frac{pr_1 + qx_1}{U_N}(L_C - L_B)\frac{L_C + L_B}{2}$$

$$= \frac{Pr_1 + Qx_1}{U_N} \cdot \frac{L_C + L_B}{2} \tag{6-6}$$

式中：P、Q——负荷均匀分布线路总负荷有功功率、无功功率，kW、kvar。

由式(6-6)可见，计算负荷均匀分布线路的电压损耗时，可以用一个位于均匀分布负荷中心，大小等于均匀分布的总负荷的集中负荷来等值代替，如图 6-9(b)所示。

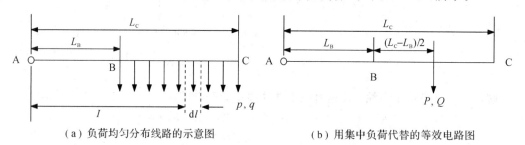

（a）负荷均匀分布线路的示意图　　　　（b）用集中负荷代替的等效电路图

图 6-9　负荷均匀分布线路的电压损失计算

第三节　导线和电缆截面的选择

一、导体截面选择的一般原则

为了保证供配电线路安全、可靠、优质、经济运行，供配电系统的电线电缆导体截面积

的选择必须满足下列条件。

1. 允许发热条件（允许载流量条件）

电线电缆导体在通过正常最大负荷电流（计算电流）时产生的发热温度，不应超过其正常运行时的最高允许温度，以防止因过热而引起导线和电缆绝缘损坏或加速老化。

2. 允许电压损失条件

电线电缆导体在通过正常最大负荷电流（计算电流）时产生的电压损失，不应超过正常运行时允许的电压损失，以保证供电质量。

3. 短路热稳定条件

对绝缘导线、电缆，应校验其短路热稳定性。架空裸导线因其散热条件很好，可不作短路热稳定校验。

4. 经济电流密度条件

经济电流密度是指使线路的年运行费用最小的电流密度，按这种原则选择的导线和电缆截面称为经济截面。对于 35 kV 以上的高压线路及电压在 35 kV 以下但距离长、电流大的线路，宜按经济电流密度选择。

5. 机械强度条件

为防止线路因经受风雨、覆冰等外力作用而断裂，导线必须有足够的机械强度。为此，要求架空线路所选的导线截面不小于其最小允许截面。

此外，低压电线电缆导体截面积还应满足过负荷保护配合的要求；TN 系统中导体截面积的大小还应保证间接接触防护电器能可靠断开电路。

实际设计中，一般根据经验按其中一个原则选择，再校验其他原则，如表 6-1 所示。需要特别注意的是，电缆线一般埋地敷设，因而不必校验机械强度，但必须校验短路热稳定性。

表 6-1　电力线路截面的选择和校验项目

电力线路的类型		允许载流量	允许电压损失	经济电流密度	机械强度
35 kV 及以上电源进线		△	△	★	△
无调压设备的 6～10 kV 较长线路		△	★		△
6～10 kV 较短线路		★	△		△
低压线路	照明线路	△	★		△
	动力线路	★	△		△

注：★—选择条件；△—校验项目。

二、按发热条件选择导体截面

1. 三相系统相线截面的选择

为保证导体的实际温升不超过允许温升，所选导体截面对应的允许载流量 I_{al} 不应小于通过导体的计算电流 I_{ca}，即：

$$I_{\mathrm{al}} \geqslant I_{\mathrm{ca}} \qquad (6-7)$$

应当注意，在选取计算电流 I_{ca} 时，对电容器的引入线，因电容充电时有较大涌流，因此，高压电容器引入线的 I_{ca} 取其额定电流的 1.35 倍，低压电容器引入线的 I_{ca} 取其额定电流的 1.5 倍。

在低压系统中，按允许发热条件选择导线截面时，还必须与其相应的过电流保护装置（熔断器或低压断路器的过电流脱扣器）的动作电流相配合，以便在线路过负荷或短路时及时切断线路电流，保护导线或电缆不被毁坏，具体方法已在上一章中介绍，此处不再赘述。

2. 中性线和保护线截面的选择

1) 中性线（N 线）截面的选择

因为中性线上要通过不平衡电流或零序电流，所以中性线的允许载流量不应小于三相系统中的最大不平衡电流，同时应考虑 3 次及 3 的倍数次（6 次、9 次……）谐波电流的影响。一般按如下条件选择：

(1) 一般要求中性线截面 S_0 应不小于相线截面 S_φ 的一半，即

$$S_0 \geqslant 0.5 S_\varphi \qquad (6-8)$$

(2) 对三相系统分出的单相线路或两相线路，中性线电流与相线电流相等。因此，S_0 与 S_φ 相等。

$$S_0 = S_\varphi \qquad (6-9)$$

(3) 对三次谐波电流突出的线路（如供给整流设备的线路），中性线电流可能会超过相线电流，因此中性线截面 S_0 应不小于相线截面。

$$S_0 \geqslant S_\varphi \qquad (6-10)$$

2) 保护线（PE 线）截面的选择

正常情况下 PE 线不流过负荷电流，但当发生单相接地短路时，PE 线流过短路电流，因此要考虑短路热稳定性。按 GB50054—1995《低压配电设计规范》规定，保护线截面 S_{PE} 选择条件如下：

(1) 当 $S_\varphi \leqslant 16 \ \mathrm{mm}^2$ 时

$$S_{\mathrm{PE}} = S_\varphi \qquad (6-11)$$

(2) 当 $16 \ \mathrm{mm}^2 < S_\varphi \leqslant 35 \ \mathrm{mm}^2$ 时

$$S_{\mathrm{PE}} \geqslant 16 \ \mathrm{mm}^2 \qquad (6-12)$$

(3) 当 $S_\varphi > 35 \ \mathrm{mm}^2$ 时

$$S_{\mathrm{PE}} \geqslant 0.5 S_\varphi \qquad (6-13)$$

3) 保护中性线（PEN 线）截面的选择

对三相四线制系统中，保护中性线兼有中性线和保护线的双重功能，截面选择应同时满足上述二者的要求，并取其中较大者作为保护中性线截面 S_{PEN}。

【例 6-2】 有一条采用 BLV 型绝缘导线穿塑料管暗敷的 380/220 V 的三相四线制线路，采用保护中性线 PEN 线，负荷主要是三相电动机，计算电流为 60 A，当地最热月的平均最高气温为 30℃，试按允许载流量选择此线路的截面。

解 (1) 相线截面 S_φ 的选择。

计算电流 I_{ca} 为 60 A，查附表 31 得，环境温度为 30℃ 时，35 mm^2 的 BLV 型绝缘导线 4

芯穿塑料管敷设，I_{al} 为 65A，满足 $I_{al} \geq I_{ca}$ 的要求。故 $S_{\varphi} = 35 \text{ mm}^2$。

（2）PEN 线截面 S_{PEN} 的选择。

由于负荷为三相电动机，可认为线路三相平衡。要求 $S_0 \geq 0.5 S_{\varphi} = 17.5 \text{ mm}^2$，选 N 线的截面为 $S_0 = 25 \text{ mm}^2$。且因 $16 \text{ mm}^2 < S_{\varphi} = 35 \text{ mm}^2$，要求 $S_{PE} \geq 16 \text{ mm}^2$，故 PE 线的截面取 $S_{PE} = 25 \text{ mm}^2$。

三、按允许电压损失条件选择导线和电缆截面

当按允许电压损失条件选择电线电缆的导体截面积时，由于截面积未知，所以导体的电阻和电抗也未知。由于导体电抗随截面积变化不大，在实际计算时，可取其平均单位长度电抗进行选择计算。

（1）先取导线或电缆的电抗平均值，6～10 kV 架空线路取 $0.35 \text{ }\Omega/\text{km}$，35 kV 以上架空线路取 $0.40 \text{ }\Omega/\text{km}$，低压线路取 $0.3 \text{ }\Omega/\text{km}$，穿管和电缆线路取 $0.08 \text{ }\Omega/\text{km}$。求出无功负荷在电抗上引起的电压损失 $\Delta U_X \% = \dfrac{x_0}{10 U_N^2} \sum\limits_{i=1}^{n} q_i L_i$。

（2）根据 $\Delta U_R \% = \Delta U_{al} \% - \Delta U_X \%$，求出此时的 $\Delta U_R \%$。$\Delta U_R \%$ 为有功负荷在电阻上引起的电压损失，$\Delta U_{al} \%$ 为线路的允许电压损失。

（3）由 $\Delta U_R \% = \dfrac{r_0}{10 U_N^2} \sum\limits_{i=1}^{n} p_i L_i$，将 $r_0 = \dfrac{1}{\gamma S}$（式中 γ 为导线的电导率，对于铜导线 $\gamma = 0.053 \text{ km}/\Omega \cdot \text{mm}^2$，对于铝导线 $\gamma = 0.032 \text{ km}/\Omega \cdot \text{mm}^2$）代入，可计算出导线或电缆的截面为

$$S = \frac{\sum\limits_{i=1}^{n} p_i L_i}{10 \gamma U_N^2 \Delta U_R \%} \qquad (6-14)$$

并根据此值选出相应的标准截面。

（4）根据所选的标准截面及敷设方式，由附录 39～41 查出 r_0 和 x_0，计算线路实际的电压损失，与允许电压损失比较。如不大于允许电压损失则满足要求，否则加大导线或电缆截面，重新校验，直到所选截面满足允许电压损失的要求为止。

【例 6-3】 从某厂总降压变电所架设一条 10 kV 架空线路向车间 1 和 2 供电，各车间负荷及线路长度如图 6-10 所示。已知导线采用 LJ 型铝绞线，全长截面相同，线间几何均距为 1 m，线路允许电压损失为 5%，环境温度为 25℃，按允许电压损失选择导线截面，并校验允许载流量和机械强度。

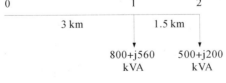

图 6-10　例 6-3 图

解 （1）按允许电压损失选择导线截面。

初设 $x_0 = 0.35 \text{ }\Omega/\text{km}$，则

$$\Delta U_X \% = \frac{x_0}{10 U_N^2} \sum_{i=1}^{n} q_i L_i = \frac{0.35}{10 \times 10^2} \times (560 \times 3 + 200 \times (3 + 1.5)) = 0.903$$

$$\Delta U_R\% = \Delta U_{al}\% - \Delta U_X\% = 5 - 0.903 = 4.097$$

$$S = \frac{\sum_{i=1}^{n} p_i L_i}{10\gamma U_N^2 \Delta U_R\%} = \frac{800 \times 3 + 500 \times (3+1.5)}{10 \times 0.032 \times 10^2 \times 4.097} = 35.47 \text{ mm}^2$$

查附表 40 选 LJ-50，单位长度阻抗分别为：$r_0 = 0.66 \ \Omega/\text{km}$，$x_0 = 0.36 \ \Omega/\text{km}$。实际的电压损失为

$$\Delta U\% = \frac{r_0}{10 U_N^2} \sum_{i=1}^{n} p_i L_i + \frac{x_0}{10 U_N^2} \sum_{i=1}^{n} q_i L_i$$

$$= \frac{0.66}{10 \times 10^2} \times (800 \times 3 + 500 \times (3+1.5)) + \frac{0.36}{10 \times 10^2} \times (560 \times 3 + 200 \times (3+1.5))$$

$$= 4.00 < 5$$

故所选导线 LJ-50 满足允许电压损失条件。

（2）校验允许载流量。

查附表 28 选 LJ-50 可知，在室外环境温度为 25℃时，允许载流量为 $I_{al} = 215 \ \text{A}$。

线路上的最大计算电流为

$$I_{ca} = \frac{S}{\sqrt{3} U_N} = \frac{\sqrt{P^2 + Q^2}}{\sqrt{3} U_N} = \frac{\sqrt{(800+500)^2 + (560+200)^2}}{\sqrt{3} \times 10} = 86.9 \ \text{A} < 215 \ \text{A}$$

显然满足允许载流量的要求。

（3）校验机械强度。

查附表 37，10 kV 架空铝绞线的最小允许截面为 35 mm²，所以所选 LJ-50 满足机械强度要求。

四、按经济电流密度条件选择导线和电缆截面

当沿电力线路传送电能时，会产生功率损耗和电能损耗。这些损耗的大小及其费用，都与导线或电缆的截面大小有关，截面越细，损耗越大，所耗费用也越大。增大截面虽然使损耗费用减小，但增大了线路的投资，可见，在此中间总可以找到一个最为理想的截面，使年运行费用最小，这个理想截面常称为经济截面 S_{ec}，根据这个截面推导出来的电流密度称为经济电流密度 J_{ec}。

所谓年运行费用，包括线路年电能损耗费用，年折旧维护费和年管理费用（所占比重较小通常可忽略），如图 6-11 所示。

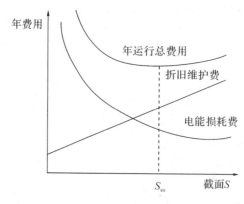

图 6-11　年运行费用与导线截面的关系曲线

经济电流密度 J_{ec} 与年最大负荷利用小时数有关,年最大负荷利用小时数越大,负荷越平稳,损耗越大,经济截面因而也就越大,经济电流密度就会变小。我国现行的经济电流密度如表 6 - 2 所示。

表 6 - 2 经济电流密度 J_{ec} 值 A/mm^2

导体材料	年最大负荷利用小时数 T_{max}/h		
	3000 以下	3000~5000	5000 以上
铜裸导线和母线	3.0	2.25	1.75
铝裸导线和母线	1.65	1.15	0.9
铜芯电缆	2.5	2.25	2.0
铝芯电缆	1.92	1.73	1.54

按经济电流密度计算经济截面的公式为

$$S_{ec} = \frac{I_{ca}}{J_{ec}} \qquad (6-15)$$

式中:I_{ca}——线路计算电流。

根据上式计算出截面后,从手册或附录中选取一种与该值最接近(可稍小)的标准截面,再校验其他条件即可。

【例 6 - 4】 从某地区变电所以一条 35 kV 架空线路向一负荷为 4600 kW,$\cos\varphi$ 为 0.85 的企业供电。已知导线采用 LJ 型铝绞线,环境温度为 30℃,年最大负荷利用小时数为 5200 小时。试按经济电流密度选择导线截面,并校验允许载流量和机械强度。

解 (1)选择经济截面。

线路上的计算电流为

$$I_{ca} = \frac{P}{\sqrt{3}U_N\cos\varphi} = = \frac{4600}{\sqrt{3}\times35\times0.85} = 89.3(A)$$

由表 6 - 2 查得 $J_{ec}=0.9$ A/mm²,所以

$$S_{ec} = \frac{I_{ca}}{J_{ec}} = \frac{89.3}{0.9} = 99.2(mm^2)$$

查附表 28 选标准截面 95 mm²,即 LJ - 95。

(2)校验允许载流量。

查附表 28,LJ - 95 型铝绞线在室外环境温度为 25℃时,允许载流量为 $I_{al}=325$ A。环境温度为 30℃,铝导体允许最高工作温度为 70℃,温度修正系数为 $K_\theta = \sqrt{\frac{\theta_{al}-\theta_0'}{\theta_{al}-\theta_0}} = 1.06$。修正后导体允许载流量为 $K_\theta I_{al} = 344.7$ A>89.3 A,可见满足允许载流量的要求。

(3)校验机械强度。

查附表 37,35 kV 架空铝绞线的最小允许截面为 35 mm²,故所选 LJ - 95 满足机械强度要求。

第四节 母线的选择与校验

一、母线类型选择

母线的截面形状有矩形、槽形和管形。矩形母线散热条件较好，有一定的机械强度，便于固定和连接，但集肤效应较大，一般只用于 35 kV 及以下，4000 A 以下的配电装置中；槽形母线机械强度较高，载流量较大，集肤效应也较小，一般多用于 4000～8000 A 的配电装置中；管形母线的集肤效应更小，机械强度又高，管内可以通风或通水，常用于 8000 A 以上的大电流母线。另外，由于管形母线表面光滑，电晕放电电压高，因此 110 kV 及以上配电装置可选用管形母线。供配电系统中，负荷电流较小，为了安装维护的方便，一般采用矩形母线，少数电流较大的场合可采用槽形母线。

二、母线截面的选择

1）按长期允许发热条件选择截面

一般汇流母线要求母线允许载流量 I_{al} 不小于通过母线的计算电流 I_{ca}，即

$$I_{al} \geqslant I_{ca} \tag{6-16}$$

式中：I_{al}——母线允许载流量(修正值)，A；

I_{ca}——通过母线的计算电流，A。

2）按经济电流密度选择母线截面

当母线较长或传输容量较大时，宜按经济电流密度选择母线截面。首先根据母线的年最大负荷利用小时数 T_{max}，查出经济电流密度 J_{ec}，母线经济截面为

$$S_{ec} = \frac{I_{ca}}{J_{ec}} \tag{6-17}$$

式中：J_{ec}——经济电流密度，A/mm²。

三、母线热稳定性校验

当系统发生短路时，母线上最高温度不应超过母线短时允许最高温度。母线的热稳定校验方法为

$$S \geqslant S_{min} = \frac{I_{\infty}}{C} \sqrt{t_{ima}} \tag{6-18}$$

式中：S、S_{min}——母线截面积及最小允许截面，mm²；

C——热稳定系数，铝母线 $C = 87$，铜母线 $C = 171$；

t_{ima}——短路电流的假想时间，s；

I_{∞}——短路电流的稳态值，A。

四、母线动稳定校验

当短路冲击电流通过母线时，母线将承受很大的电动力，如果母线间的电动力超过允许值，会使母线弯曲变形，因此必须校验固定于支柱绝缘子上的每跨母线是否满足动稳定

要求。要求每跨母线中产生的最大应力计算值不大于母线材料允许的抗弯应力，即

$$\sigma_{ca} \leqslant \sigma_{al} \qquad (6-19)$$

式中：σ_{ca}——短路时每跨母线中的最大计算应力，Pa；

$\quad\quad \sigma_{al}$——母线允许抗弯应力，Pa。

允许抗弯应力 σ_{al} 与母线材质有关，铜为 137.29 MPa，铝为 68.6 MPa，硬质铝为 88.26 MPa，钢为 156.90 MPa。

根据材料力学的原理，母线在弯曲时最大相间计算应力为

$$\sigma_{ca} = \frac{M}{W} \qquad (6-20)$$

式中：W——母线对垂直于作用力方向轴的截面系数，又称抗弯矩，m³，与母线布置方式有关，如图 6-12 所示，其计算公式如下：

$$W = \frac{b^2 h}{6} \qquad (6-21)$$

M——最大弯矩，Nm。

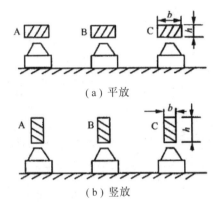

（a）平放

（b）竖放

图 6-12　水平放置和竖直放置的母线

当母线只有两段跨距时，最大弯矩 M 为

$$M = \frac{Fl}{8} \qquad (6-22)$$

当母线跨距数目在两个以上时，最大弯矩 M 为

$$M = \frac{Fl}{10} \qquad (6-23)$$

式中：F——三相短路时，中间相母线所受最大电动力，N；

$\quad\quad l$——母线跨距长度，m。

校验母线动稳定时，也可根据母线允许应力 σ_{al} 计算出最大允许跨距，与实际跨距值比较，即要求：

$$l \leqslant l_{max} = \sqrt{\frac{10\sigma_{al}W}{F_1}} \qquad (6-24)$$

式中：F_1——单位长度母线上所受电动力，N/m。

校验时，如果 $\sigma_{ca} \geqslant \sigma_{al}$ 或 $l \geqslant l_{max}$，则必须采取措施以减小母线计算应力，具体方法有：
① 降低短路电流，但须增加电抗器；② 增大母线相间距离，但须增加配电装置尺寸；③ 增

大母线截面，但须增加投资；④ 减小母线跨距尺寸，但须增加绝缘子；⑤ 将立放的母线改为平放，但散热效果变差。

在实际工程中，应根据具体情况进行方案的技术经济比较，然后再决定采取哪种措施。对于每相有两根及以上组合母线的应力的计算和校验方法，可参考有关设计手册。

【例 6 - 5】 已知 10 kV 配电装置中采用铝母线，已知母线上计算电流为 280 A，母线上短路电流 $I'' = I_\infty = 3.52$ kA。给母线供电的断路器的继电保护动作时间为 1 s，断路器固有分闸时间为 0.15 s，母线的中心距为 25 cm，母线水平布置，平放在支柱绝缘子上，跨距为 1 m。实际环境温度为 35℃。试选择母线的截面，校验动、热稳定性。

解 （1）由附表 42 查得 LMY - 40×4 的母线 35℃时的允许载流量 $I_{al} = 422$ A，因此，$I_{al} > I_{ca} = 280$ A，满足发热条件。

（2）母线热稳定性校验。

铝母线的热稳定系数 $C = 87$，假想时间 $t_{ima} = 1 + 0.15 = 1.15$ s，则：

$$S_{min} = \frac{I_\infty}{C} \sqrt{t_{ima}} = \frac{3.52 \times 10^3}{87} \sqrt{1.15} = 43.4 \, (mm^2) < 40 \times 4 \, (mm^2)$$

满足热稳定性要求。

（3）母线动稳定性校验。

单位长度母线上的电动力为

$$F_1 = 1.732 i_{sh}^2 \frac{1}{a} \times 10^{-7} = 1.732 \times (2.55 \times 3.52 \times 10^3)^2 \times \frac{1}{0.25} \times 10^{-7} = 55.8 \, (N/m)$$

母线抗弯矩为

$$W = \frac{b^2 h}{6} = \frac{0.04^2 \times 0.004}{6} = 1.07 \times 10^{-6} \, (m^3)$$

铝的允许抗弯应力 σ_{al} 为 68.6 MPa，因此最大容许跨距为

$$l_{max} = \sqrt{\frac{10\sigma_{al}W}{F_1}} = \sqrt{\frac{10 \times 68.6 \times 10^6 \times 1.07 \times 10^{-6}}{55.8}} = 3.6 \, (m) > 1 \, (m)$$

满足动稳定性要求。

经选择和校验，母线选用 LMY - 40×4 满足要求。

五、支柱绝缘子与穿墙套管的选择

支柱绝缘子与穿墙套管是母线结构的重要组成部分。支柱绝缘子又名瓷瓶，主要用来固定导线，并使导线与设备或基础绝缘；穿墙套管主要用于导线穿过墙壁、接地隔板及封闭配电机构时，作绝缘支持和与外部导线间连接之用。各类绝缘子和穿墙套管应根据额定电压、装置的种类和允许荷载选择。

支柱绝缘子与穿墙套管的选择方法分别如下：

（1）对支柱绝缘子，按额定电压条件选择，校验短路时动稳定性。

（2）穿墙套管按额定电压和额定电流条件选择，校验短路时热稳定性和动稳定性。

母线型穿墙套管不需按额定电流条件选择，只需保证套管与母线的尺寸相配合。

母线所受电动力将作用于支柱绝缘子和穿墙套管上，校验支柱绝缘子和穿墙套管的动稳定计算方法如下：

$$F_{ca} \leqslant 0.6 F_{al} \tag{6-25}$$

式中：F_{ca}——在短路时作用于绝缘子的计算力，N；

$\quad\quad F_{al}$——绝缘子允许的抗弯强度，N，其值可查有关设计手册。

F_{ca} 可由下式计算：

$$F_{ca}=KF \tag{6-26}$$

式中：K——受力折算系数，对 6～10 kV 的绝缘子，当为水平布置且母线立放时 $K=1.4$；其他情况下 K 为 1。

$\quad\quad F$——母线承受的电动力值，N。

穿墙套管热稳定校验方法为

$$I_\infty^2 t_{ima}\leqslant I_t^2 t \tag{6-27}$$

式中：I_∞—— 短路电流的稳态值，kA；

$\quad\quad t_{ima}$——短路电流的假想时间，s；

$\quad\quad I_t$——设备在 t 秒内允许通过的短时热稳定电流，kA；

$\quad\quad t$——设备的热稳定时间，s。

实际应用中除满足以上条件外还应根据电气装置的种类来选择悬式或针式绝缘子。

本 章 小 结

本章介绍了电线电缆的类型、结构和敷设方式，讨论了配电线路电压损失的计算方法，重点讲述了导体、电缆和母线截面的选择计算。

1. 电线电缆的类型包括：裸导线、电缆、绝缘导线及硬母线。按敷设方式分为架空线路和地下敷设电缆线路两种。架空线投资省、易维护，但不美观、占空间，安全可靠性不高，因此主要用于电力系统的输电网和城市郊区及农村配电网；电缆线路投资大，但美观、不占地、可靠性高，广泛应用于城市的中低压电网、工业与民用建筑内部配电线路。

2. 导线和电缆截面的选择方法有：按允许载流量条件选、按允许电压损失条件选和按经济电流密度条件选，同时考虑机械强度。对于绝缘导线和电缆还应满足工作电压的要求。

3. 实际工程设计中，对于 35 kV 及以上的较长线路，一般按经济电流密度条件选择导线截面，再校验允许载流量、允许电压损失和机械强度；对于 6～10 kV 供电线路较长（几千米至几十千米）或无调压装置时，按允许电压损失选择导线截面，再校验允许载流量和机械强度；对于 6～10 kV 较短供电线路，按允许载流量选择截面，校验允许电压损失、机械强度。对于低压照明线路先按允许电压损失选，再校验其他条件；对于低压动力线路，则按允许载流量选择截面，再校验其他条件。

4. 母线在选择时需要校验其动、热稳定，且要注意母线的放置方式对其动、热稳定的影响；支柱绝缘子不需要校验热稳定，但要校验动稳定。

思考题与习题

6.1 试比较架空线路和电缆线路的优缺点。

6.2 电力电缆常用哪几种敷设方式？

6.3 导线和电缆截面的选择原则是什么？

6.4　低压动力线路和低压照明线路的导线截面各应如何进行选择和校验？

6.5　三相系统中的中性线（N线）截面一般情况下如何选择？三相系统引出的两相三线制线路和单相线路的中性线导体截面又如何选择？3次谐波比较严重的三相系统的中性线导体截面又如何选择？

6.6　三相系统中的保护线（PE线）和保护接地中性线（PEN线）的截面如何选择？

6.7　什么叫"经济截面"？什么情况下的导线或电缆的截面应按"经济电流密度"选择？

6.8　母线怎样选择？如何进行动、热稳定性校验？

6.9　支柱绝缘子的作用是什么？按什么条件选择？为什么需要校验动稳定而不需要校验热稳定？

6.10　穿墙套管的作用是什么？按哪些条件选择？

6.11　10 kV 配电装置中采用铜母线 TMY－50×5(mm²)，已知母线上的短路电流 I'' $=I_\infty=14.9$ kA。给母线供电的断路器的继电保护动作时间为 1 s，断路器固有分闸时间 0.01 s，试校验该母线的热稳定性。

6.12　10 kV 配电装置铝母线(80×8) mm²，母线发生短路时冲击电流 $i_{sh}=12.7$ kA，母线的中心距为 40 cm，母线水平布置，平放，跨距数大于 3，试根据母线动稳定性求绝缘子间的最大允许跨距。

6.13　某 380 V 三相线路供电给 10 台 2.8 kW、$\cos\varphi=0.8$、$\eta=0.82$ 的电动机，各台电动机之间相距 2 m，线路全长为 50 m。配电线路采用 BLX 型导线明敷（环境温度为 25℃）。试按允许载流量选择导线截面（同时系数取 0.75），并校验其机械强度和电压损失是否满足要求。

6.14　从某地区变电所架设一条 10 kV 架空线路向工厂 1 和 2 供电，各厂负荷及线路长度如图 6－13 所示。已知导线采用 LJ 型铝绞线，全长截面相同，线间几何均距为 1.25 m，线路允许电压损失为 5％，环境温度为 35℃，按允许电压损失选择导线截面，并校验允许载流量和机械强度。

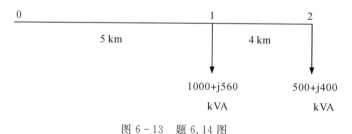

图 6－13　题 6.14 图

6.15　有一条采用 LJ 型铝绞线的 35 kV 线路，计算负荷为 4480 kW，$\cos\varphi=0.88$，年利用小时数为 4500 h，试选择其经济截面，并校验允许载流量和机械强度。

第七章 供配电系统的继电保护

第一节 概 述

一、继电保护的作用

供配电系统在运行中，由于种种原因会发生各种故障和不正常运行状态。最严重的是短路故障，短路电流产生很大的热效应和力效应，引发非常严重的后果，如损坏电气设备，造成大面积停电，甚至破坏电力系统的稳定性，引起系统振荡或解列。常见的不正常工作状态有中性点不接地系统发生单相接地、线路或设备过负荷等，如果不及时处理，往往会导致相间短路。因此，一旦系统发生故障或运行状态不正常，应迅速切除故障或及时采取处理措施。继电保护装置(relay protection device)就是能反应供配电系统中的电气设备发生故障或不正常工作状态，并动作于断路器跳闸或起动信号装置发出预报信号的一种自动装置，简称保护装置。

继电保护装置的主要作用如下：

(1) 自动地、迅速地、有选择性地将故障元件从供电系统切除，迅速恢复非故障部分的正常供电。

(2) 能正确反应电气设备的不正常运行状态，并根据要求，发出预报信号，以便值班人员采取措施，保证电气设备的正常工作；若经一段时间运行处理后，电气设备仍不能正常工作，则保护动作于断路器跳闸，将不能正常工作的电气设备切除。

(3) 与供配电系统的自动装置，如自动重合闸装置(ARD)、备用电源自动投入装置(APD)等配合，缩短事故停电时间，提高供电系统的运行可靠性。

供配电系统继电保护装置应力求简单、可靠、有较强的抗干扰和抗污染能力。

二、继电保护的基本原理

电力系统发生故障时，会引起电流的增加和电压的降低(或升高)，以及电流与电压间相位的变化，因此电力系统中所应用的各种继电保护，大多数是利用故障时物理量与正常运行时物理量的差别来构成的。例如，反应电流增大的过电流保护、反应电压降低(或升高)的低电压(或过电压)保护、反应电流与电压间的相位角变化的方向保护等。

继电保护装置的种类和结构多种多样，但工作原理基本相同，由测量部分、逻辑部分、执行部分组成，原理结构的方框图如图 7-1 所示。

(1) 测量部分：用来测量被保护设备输入的有关信号(电流、电压等)，并和已给定的整定值进行比较判断是否应该启动。

（2）逻辑部分：根据测量部分各输出量的大小或性质及其组合或输出顺序，使保护按照一定的逻辑程序工作，并将信号传输给执行部分。

（3）执行部分：根据逻辑部分传输的信号，最后去完成保护装置所负担的任务，给出跳闸或信号脉冲。

图 7-1　继电保护原理结构的方框图

三、对继电保护的基本要求

继电保护装置在技术上一般应满足四个基本要求，即：选择性、速动性、灵敏性和可靠性；对作用于信号的继电保护，其中一部分要求（如速动性）可稍为降低。

1. 可靠性

可靠性是指继电保护装置在其所规定的保护范围内发生故障或不正常工作时，要动作，不能拒动；不属其保护范围的故障或不正常工作时，一定不能误动。如图 7-2 所示，系统 K 点发生短路，保护 1 应动作，不应拒动；保护 2 不动作，不应误动。

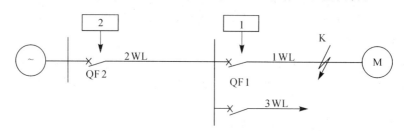

图 7-2　选择性切除故障元件示意图

2. 选择性

选择性是指首先由故障设备或线路本身的保护切除故障，使停电范围最小，当故障设备或线路本身的保护或断路器拒动时，才允许由相邻设备、线路的保护或断路器失灵保护切除故障。

在图 7-2 所示系统中，线路 1WL 上 K 点发生故障时，应由离故障点最近的线路 1WL 保护装置 1 动作，断路器 QF1 跳闸切除故障，此时，只有电动机 M 停电，线路 2WL、3WL 仍继续运行；若保护装置 1 由于某种原因拒动时，保护装置 2 应该动作使断路器 QF2 跳闸。

3. 灵敏性

灵敏性是指在保护范围内发生故障或不正常工作状态时，保护装置的反应能力。也就是在保护范围内故障时，不论短路点的位置以及短路的类型如何，都能敏锐且正确地反应。

继电保护装置的灵敏性以灵敏系数 K_s（sensitive coefficient，或称为灵敏度）来衡量，按下式计算。

$$K_s = \frac{保护区末端金属性短路时故障的最小计算值}{保护装置一次动作电流} = \frac{I_{K, min}}{I_{op1}} \quad\quad (7-1)$$

4. 速动性

速动性是指在发生故障时继电保护装置应尽快地切除故障，减小因故障引起的损失，提高电力系统运行的稳定性。

除了满足上述的四个基本要求外，还要求继电保护装置投资少，便于调试和运行维护，并应尽可能满足用电设备运行的条件。在考虑继电保护方案时，要正确处理四个基本要求之间相互联系又相互矛盾的关系，使继电保护方案技术上安全可靠，经济上合理实惠。

四、保护的分类

根据性能要求和所起的作用，保护装置可分为主保护、后备保护及辅助保护等。

主保护：主保护是指满足系统稳定和设备安全要求，能以最快速度、有选择性地切除被保护设备故障的保护。

后备保护：后备保护是指主保护或继电器拒动时，用以切除相应故障的保护。后备保护分为近后备保护和远后备保护。

辅助保护：辅助保护是指为补充主保护和后备保护的性能而增设的简单保护。

五、常用继电器及其接线

1. 继电器及其表示方法

常规继电保护装置由若干继电器组成。继电器是一种能反应一个弱信号的变化而突然动作，闭合或断开其接点以控制一个较大功率的电路或设备的器件。继电器的种类很多，按继电器动作和构成原理分有电磁型、感应型、整流型、极化型、半导体型、微机型等；按照继电器反应物理量的性质分有电流继电器、电压继电器、功率方向继电器、阻抗继电器、周波继电器、瓦斯继电器、温度继电器等；按继电器反应的状态量变化分有过量继电器和欠量继电器，如过电流继电器、低电压继电器。

我国继电器型号的编制是以汉语拼音字母表示的，由动作原理代号、主要功能代号、设计序号及主要规格代号所组成，其表示形式如下：

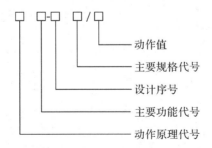

继电器的动作原理代号和主要功能代号如表7-1所示。继电器的主要规格代号，常用来表示触点的形式及数量。例如 DL-11/10 即表示电磁型电流继电器，其中第一个数字"1"表示设计序号(10系列)，第二个"1"表示有一对动合触点，横隔线后的"10"表示最大动作电流10A。

表 7 - 1　常用继电器型号表示法

动作原理代号(第一位)		主要功能代号(第二位或第二、三位)			
代　号	代表意义	代　号	代表意义	代　号	代表意义
B	变压器型晶体管型	L	电流	D	接地
D	电磁型	J，Y	电压	CH，CD	差动
G	感应型	Z	中间	C	冲击
J	极化型	S	时间	H	极化
L	整流型	X	信号	N	逆流
M	电动机型	G	功率	T	同步
S	数字型	P	平衡	H	重合闸
F	附件	Z	阻抗	ZC	综合重合闸
Z	组合型	ZB	中间(防跳)	ZS	中间延时

在继电保护的电路图中，继电器及各元件采用国家规定的文字符号和图形符号来表示，如表 7 - 2 和表 7 - 3 所示。

表 7 - 2　继电保护及二次回路中常用元件的文字符号

序号	设备及元件的名称	符号	序号	设备及元件的名称	符号	序号	设备及元件的名称	符号
1	备用电源自动投入装置	APD	11	合闸接触器	KO	21	电度表	PJ
2	自动重合闸装置	ARD	12	信号继电器	KS	22	电压表	PV
3	电容，电容器	C	13	时间继电器	KT	23	断路器，低压断路器(自动开关)	QF
4	熔断器	FU	14	电压继电器	KV	24	刀开关	QK
5	绿色指示灯	GN	15	电感，电感线圈，电抗器	L	25	负荷开关	QL
6	指示灯、信号灯	HL	16	电动机	M	26	隔离开关	QS
7	电流继电器	KA	17	中性线	N	27	电阻	R
8	气体(瓦斯)继电器	KG	18	电流表	PA	28	红色指示灯	RD
9	热继电器	KH	19	保护线	PE	29	电位器	RP
10	中间继电器，接触器	KM	20	保护中性线	PEN	30	控制开关，选择开关	SA

续表

序号	设备及元件的名称	符号	序号	设备及元件的名称	符号	序号	设备及元件的名称	符号
31	按钮	SB	39	事故音响信号小母线	WAS	47	电压小母线	WV
32	变压器	T	40	母线	WB	48	端板子，电抗	X
33	电流互感器	TA	41	控制电路电源小母线	WC	49	连接片	XB
34	零序电流互感器	TAN	42	闪光信号小母线	WF	50	电磁铁	YA
35	电压互感器	TV	43	预报信号小母线	WFS	51	合闸线圈	YO
36	变流器，整流器	U	44	灯光信号小母线，线路	WL	52	跳闸线圈，脱扣器	YR
37	晶体管	V	45	合闸电路电源小母线	WO			
38	导线，母线	W	46	信号电路电源小母线	WS			

表7-3 继电保护及二次回路中常用元件的图形符号

序号	元件名称	图形符号	序号	元件名称	图形符号
1	电容，电容器	⊣⊢	11	电位器，可变电阻	
2	熔断器		12	常开按钮	
3	信号灯，指示灯	⊗	13	常闭按钮	
4	电流继电器	I>	14	电流互感器	
5	气体继电器		15	电压互感器	
6	电压继电器	U<	16	合闸线圈，跳闸线圈，脱扣器	
7	电流表	Ⓐ	17	连接片	
8	电压表	Ⓥ	18	切换片	
9	电度表	wh	19	热继电器	
10	电阻		20	中间继电器	

序号	元 件 名 称	图形符号	序号	元 件 名 称	图形符号
21	一般继电器和接触器的线圈		29	非自动复位的常开触点	
22	信号继电器		30	先合后断的转换触点	
23	时间继电器		31	断路器	
24	热继电器常闭触点		32	普通刀开关	
25	常开触点		33	隔离开关	
26	常闭触点		34	负荷开关	
27	延时闭合的常开触点		35	刀熔开关	
28	延时断开的常闭触点		36	跌落式熔断器	

2. 常用继电器的结构与工作原理

1）电磁型继电器

（1）电磁型电流继电器。

DL 电磁型电流继电器的内部结构与内部接线，如图 7-3 所示。

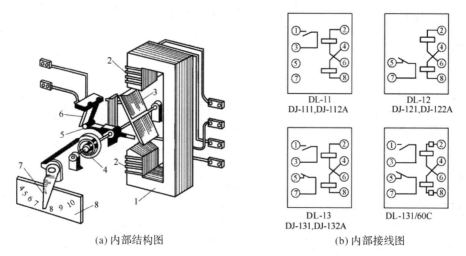

(a) 内部结构图　　　　　　　　　　(b) 内部接线图

1—铁心；2—线圈；3—可动舌片；4—反作用弹簧；5—可动触点；
6—静触点；7—调整杆；8—刻度盘

图 7-3　DL-11 系列继电器内部结构与内部接线图

电磁型电流继电器的工作原理如下：当线圈 2 通过电流 I_{KA} 时，电磁力矩使可动舌片 3 向顺时针方向旋转。在正常工作时，由于 I_{KA} 较小，其所产生的电磁力矩小于弹簧 4 的反抗力矩，故舌片 3 不会转动，不会带动可动触点 5 与静触点 6 闭合；在短路故障时，I_{KA} 将大大增加，使舌片 3 转动，带动触点 5 与静触点 6 接触。

能使过电流继电器刚好动作，使触点闭合的电流值，称为该继电器的起动电流(operating current)，用 $I_{op,KA}$ 表示。

在继电器动作后，逐渐减小 I_{KA}，当继电器刚好返回到原始位置时所对应的电流值，称为返回电流(returning current)，用 $I_{re,KA}$ 表示。

上述定义还可以说成，使继电器常开接点闭合的最小电流称为起动电流；使继电器闭合了的常开接点断开的最大电流称为返回电流。

继电器的返回电流 $I_{re,KA}$ 与其起动电流 $I_{op,KA}$ 的比值称为返回系数(returning coefficient) K_{re}，小于 1，通常为 0.85，即

$$K_{re} = \frac{I_{re,KA}}{I_{op,KA}} \tag{7-2}$$

式中：$I_{re,KA}$——继电器返回电流；

$I_{op,KA}$——继电器起动电流。

调整电流继电器起动电流 $I_{op,KA}$ 的方法有两种。一是改变调整杆 7 的位置来改变弹簧的反作用力，进行平滑调节；二是改变继电器两个电流线圈的联结方式。线圈并联时，起动电流为串联时起动电流的两倍，进行级进调节。

(2) 电磁型电压继电器。

电磁型电压继电器的结构、工作原理均与电磁型电流继电器基本相同，不同之处是电压继电器的线圈是电压线圈，其匝数多而线径细；而电流继电器线圈为电流线圈，其匝数少而线径粗。

电磁型电压继电器有过电压和欠电压继电器两大类，其中欠电压继电器在供配电系统应用较多。

类似电流继电器，欠电压继电器的起动电压 $U_{op,KA}$ 是使其动作的最高电压，而它的返回电压 $U_{re,KA}$ 是使其返回的最低电压，返回系数 $K_{re} = U_{re,KA}/U_{op,KA}$，由于欠电压继电器的返回电压 $U_{re,KA}$ 大于起动电压 $U_{op,KA}$，所以其返回系数 K_{re} 大于 1，通常为 1.25。

(3) 电磁型时间继电器。

时间继电器在保护装置中起延时作用，以保证保护装置动作的选择性。

DS 电磁型时间继电器的结构如图 7-4 所示，主要由电感机构和钟表延时机构两部分组成，电磁机构主要起锁住和释放钟表延时机构作用，钟表延时机构起准确延时作用。时间继电器的线圈一般按短时工作设计。

(4) 电磁型中间继电器。

中间继电器的触头容量较大，触头数量较多，可以扩充保护装置出口继电器的接点数量和容量，也可以使触点闭合或断开时带有不大的延时(0.4～0.8 s)，或者通过继电器的自保持，以适应保护装置的需要。常用的 DZ-10 型中间继电器的内部接线如图 7-5 所示。

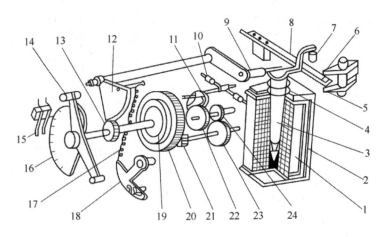

1—线圈；2—电磁铁；3—可动铁心；4—返回弹簧；5，6—固定瞬时触点；7—绝缘件；8—可动瞬时触点；
9—压杆；10—平衡锤；11—摆动卡板；12—扇形齿轮；13—传动齿轮；14—动主触点；15—静主触点；
16—标度盘；17—拉引弹簧；18—弹簧拉力调节器；19—摩擦离合器；20—主齿轮；21—小齿轮；
22—擎轮；23，24—钟表机构的传动齿轮

图 7-4 DS-100 系列时间继电器的内部结构图

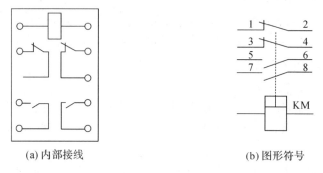

(a) 内部接线   (b) 图形符号

图 7-5 DZ-10 系列中间继电器的内部接线和图形符号

（5）电磁型信号继电器。

信号继电器用于各种保护装置回路中，作为保护动作的指示器。

信号继电器一般按电磁原理构成，继电器的电磁启动机构采用吸引衔铁式，由直流电源供电。在正常情况下，继电器线圈中没有电流通过，信号继电器在正常位置。当继电器线圈中有电流流过时，信号牌落下或突出，指示信号继电器掉牌。为了便于分析故障的原因，要求信号指示不能随电气量的消失而消失。因此，信号继电器须设计为手动复归式。

信号继电器可分为串联信号继电器（电流信号继电器）和并联信号继电器（电压信号继电器），其接线方式如图 7-6 所示，一般采用电流型信号继电器。

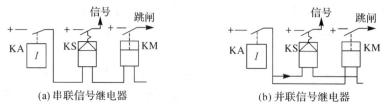

(a) 串联信号继电器   (b) 并联信号继电器

图 7-6 信号继电器的接线方式

2）感应型电流继电器

GL-10(20)系列感应型继电器的结构如图7-7所示。它由带延时动作的感应部分与瞬时动作的电磁部分组成。

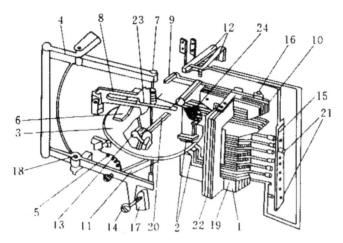

1—电磁铁；2—短路环；3—圆形铝盘；4—框架；5—弹簧；6—阻尼磁铁；7—螺杆；

8—扇形齿轮；9—横担；10—瞬动衔铁；11—钢片；12—接点；13—时限调整螺钉；

14—螺钉；15—插座板；16—电流调整螺钉；17、20—挡板；18—轴；19—线圈；21—插销；

22—磁分路铁心；23—顶杆；24—信号掉牌

图7-7 GL-10(20)系列感应型电流继电器结构图

感应系统主要由线圈19、带短路环2的电磁铁1和安装在活动框架4上的圆形铝盘3组成。电磁系统由电磁铁1和装在其上侧的衔铁10构成，衔铁左端有横担9，由它可瞬时闭合接点12。

当继电器通入电流I_{KA}时，在铝盘上产生旋转转矩M，使铝盘转动。当通入继电器线圈中的电流大于整定值时，转矩M增大，克服弹簧5的阻力，框架顺时针偏转，铝盘前移，使蜗杆与扇形齿片相啮合，继电器感应系统动作。圆形铝盘转动并带动扇形齿片沿着蜗杆上升，最后扇形齿片尾部托起横担，使继电器接点12闭合。从轴上蜗杆与扇形齿片相啮合起到接点闭合这一段时间称为继电器的动作时间。

通入继电器的电流越大，铝盘转速越快，动作时间就越短，这种特性称为反时限特性，如图7-8曲线中ab段所示。当通入的电流大到一定程度，使铁芯饱和，铝盘的转速再也不随电流的增大而加快时，继电器的动作时间便成为定值，这一段的动作特性称为定时限特性，如图7-8曲线中的bc段所示。当通入继电器线圈的电流增大到继电器速断电路整定值时，未等感应系统动作，衔铁右端瞬时被吸下，接点立即闭合，即构成电磁系统的速断特性，如图7-8曲线中的c'd段所示。继电器电磁系统的速断动作电流与继电器的感应系统动作电流之比，称为速断电流倍数，用n_{ioc}表示，可以通过改变衔铁与电磁铁芯之间的气隙来调整。

GL-10(20)系列继电器本身带有信号掉牌，而且接点容量又较大，所以组成反时限过电流保护时，无需再接入其他继电器。

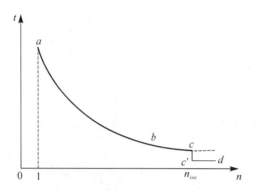

图 7-8　GL-10(20)系列继电器的动作特性曲线

第二节　电力线路的继电保护

一、线路的故障形式和保护配置

供配电系统内的高压电力线路的电压等级一般为 6～35 kV，少量采用 66～110 kV。线路一般较短，多为辐射型网络单端供电方式，少量采用双端供电网络。其中 6～66 kV 采用非直接接地系统，常见的故障类型有相间短路(三相短路和两相短路)，异常工作状态有单相接地和过负荷。110 kV 如果采用大接地电流系统，则故障类型增加有单相接地短路故障，异常工作状态仅有过负荷。

(1) 3～10 kV 中性点非有效接地单侧电源的线路相间短路保护，主保护可装设两段电流保护，第一段应为瞬时电流速断保护，第二段应为带时限的电流速断保护，后备保护应采用带时限的过电流保护作为远后备保护。

(2) 35～66 kV 的单侧电源线路可采用一段或两段电流速断或电压闭锁过电流保护作主保护，并应以带时限的过电流保护作后备保护；对双侧电源线缆，可装设带方向或不带方向的电流电压保护。

(3) 3～66 kV 中性点非直接接地电网中线路的单相接地故障应装设接地保护装置，母线上装设接地监视装置(零序电压保护)，线路上装设单相接地保护(零序电流保护)，并应动作于信号。当危及人身和设备安全时，保护装置应动作于跳闸。对经常发生过负荷的电缆线路，装设过负荷保护，带时限动作于信号。

(4) 110 kV 线路接地短路保护宜装设带方向或不带方向的阶段式零序电流保护。110 kV 单侧电源线路应装设三相多段式电流或电压闭锁过电流保护作为相间短路，当不能满足要求时，可装设相间距离保护；110 kV 双侧电源线路，应装设阶段式相间距离保护。后备保护宜采用远后备方式。

(5) 110 kV 电缆线路或电缆架空混合线路，应装设过负荷保护，带时限动作于信号。

二、单电源的相间电流保护

1. 保护用电流互感器的接线方式与接线系数

保护装置的接线方式是指作为相间短路的过电流保护用的电流继电器与电流互感器二

次线圈之间的连接方式。接线方式不同将会直接影响到保护装置的灵敏度。为了便于分析和保护整定计算，引入接线系数 K_W（wiring coefficient）的概念，它是指通过继电器的电流 I_{KA} 与电流互感器二次电流 I_{TA} 的比值，即

$$K_W = \frac{I_{KA}}{I_{TA}} \tag{7-3}$$

1）三相完全星形接线方式

三相完全星形接线方式，又称为三相三继电器接线方式，如图 7-9(a)所示，它是将三台电流互感器与三只电流继电器对应连接的。这样不论发生何种类型的故障，流过继电器线圈中的电流总是与电流互感器二次侧电流相等。接线系数在任何情况下均为 1。

三相完全星形接线方式对各种短路故障，如三相短路、两相短路、单相接地短路，都能起到保护作用，而且具有相同的灵敏度。在各种短路时电流相量分别如图 7-9(b)、(c)、(d)所示。

三相完全星形接线方式适用于高压大接地电流系统。

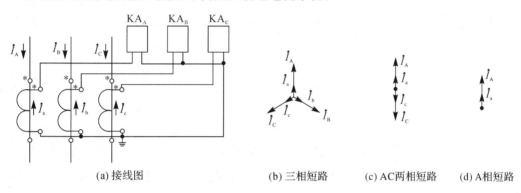

(a) 接线图　　　(b) 三相短路　　(c) AC两相短路　　(d) A相短路

图 7-9　三相三继电器接线及各种短路时电流向量图

2）两相不完全星形接线

两相不完全星形接线方式，又称为两相两继电器接线方式，如图 7-10 所示。它是在 A、C 两相装设电流互感器，分别与两只电流继电器相连接。在 B 相上没有装电流互感器和继电器，因此不能反应单相短路，只能反应相间短路。其接线系数在正常工作和相间短路时均为 1。两相两继电器接线适合用于 6～10 kV 中性点不接地的供配电系统中，作为相间短路保护装置的接线。

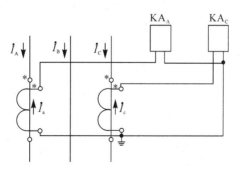

图 7-10　两相两继电器接线

完全星形接线有时采用两相三继电器接线，即在中性线上接一继电器，如图 7 - 11 中 KA_B 所示。对中性点不接地系统，此时流过继电器 KA_B 的电流大小与 B 相电流相同，从而提高了 AB 相和 BC 相短路时的可靠性。其他情况与两相两继电器接线相同。

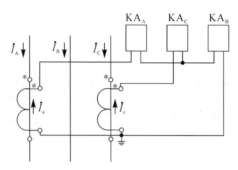

图 7 - 11　两相三继电器接线

3) 两相电流差接线

两相电流差接线方式，又称为两相一继电器接线方式，如图 7 - 12 所示。正常工作时，通过继电器的电流 $\dot{I}_{KA}$ 为两电流互感器二次侧电流之差，即 $\dot{I}_{KA} = \dot{I}_a - \dot{I}_c$。

两相电流差接线方式能够反映各种相间短路，但不同的相间短路，流入继电器的电流与电流互感器二次侧电流的比值是不相同的，即其接线系数是不一样的，因而灵敏度也不一样，如图 7 - 12(b)、(c)、(d)所示。三相短路时，流过继电器的电流是电流互感器二次电流的 $\sqrt{3}$ 倍，因而接线系数为 $\sqrt{3}$；AC 相短路时，A 相和 C 相的电流大小相等，方向相反，因而接线系数为 2；AB 相或 BC 相短路时，由于 B 相无电流互感器，流过继电器的电流与电流互感器二次电流相等，因而接线系数为 1。一般情况下，保护整定时取 $K_W = \sqrt{3}$，灵敏度校验时取 $K_W = 1$。

两相电流差接线方式最经济，但由于对不同类型的短路故障反应的灵敏度和接线系数不同，因此，只用在 10 kV 及以下小电流接地系统中，作为小容量设备和高压电动机保护的接线。

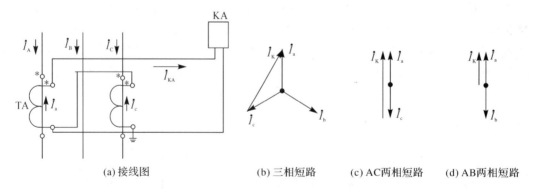

(a)接线图　　　　(b)三相短路　　　(c)AC两相短路　　(d)AB两相短路

图 7 - 12　两相电流差接线

2. 瞬时电流速断保护（Ⅰ段电流保护）

1) 保护接线与工作原理

瞬时电流速断保护装置由 DL 型电流继电器 KA、中间继电器 KM 和信号继电器 KS 构成，或者由 GL 型感应式电流继电器的速断部分构成。前者的接线原理如图 7 - 13 所示。当线路发生短路，流经保护装置的电流大于瞬时电流速断的动作电流时，电流继电器 KA₁ 和 KA₂ 动作，其常开节点闭合，接通信号继电器 KS 和中间继电器 KM 回路，KM 动作使断路器跳闸，KS 动作启动信号回路发出灯光和音响信号。

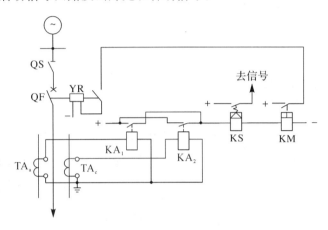

图 7 - 13 无时限电流速断的原理电路图

在小电流接地电网中，保护相间短路的电流速断保护，一般都采用不完全星形接线方式，如图 7 - 13 所示。图中采用了固有动作延时为 0.06～0.08 s 的中间继电器 KM，其作用是利用其接点接通断路器跳闸回路，因为电流继电器的接点容量小；另外当线路上装有管型避雷器时，利用中间继电器的固有动作时间可避免因避雷器放电而引起保护误动。

2）动作电流整定计算

由于瞬时电流速断保护不带时限，且线路末端最大短路电流与下一级线路首端短路电流相差不大(如图 7 - 14 中 K - 2 点与 K - 1 点)，为了保证保护的选择性，动作电流按躲过下一级线路首端最大三相短路电流整定，瞬时电流速断保护一次侧的动作电流为

$$I'_{op1} = K_{rel} I_{K, max} \qquad (7-4)$$

式中：K_{rel}——可靠系数(reliable coefficient)，对 DL 型继电器取 1.2～1.3，对 GL 型继电器取 1.4～1.5。

$I_{K, max}$——被保护线路末端的最大三相短路电流。

继电器 KA 的动作电流为

$$I'_{op, K} = \frac{K_W}{K_{TA}} I'_{op1} \qquad (7-5)$$

式中：K_W——接线系数；

K_{TA}——电流互感器变比。

显然，瞬时电流速断保护的动作电流大于线路末端的最大三相短路电流，所以瞬时电流速断保护不能保护线路全长，其保护范围如图 7 - 14 所示。图中曲线 1 和曲线 2 分别表示最大和最小运行方式下流过保护 1 的短路电流与保护安装处至短路点的距离 L 的关系，直线 3 表示保护 1 的动作电流，当短路电流值在直线 3 以下，保护就不动作。因此，最大和最小运行方式下保护 1 的保护范围分别为图中所示 $L_{p, max}$ 和 $L_{p, min}$。由此可知，电流速断保护不能保护线路全长，并且随着运行方式的变更和短路类型的不同，其保护范围随之变化。

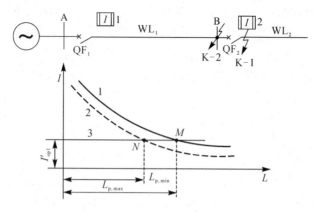

图 7 - 14 瞬时电流速断保护区

电流速断保护的保护范围通常采用保护范围长度(L_p)与被保护线路全长(L)的百分比表示，即

$$L_p\% = \frac{L_p}{L} \times 100\% \qquad (7-6)$$

3）灵敏度校验

灵敏度校验应按最小运行方式下发生两相短路来进行。无时限电流速断保护作为辅助保护时，要求它的最小保护范围一般不小于线路全长的 $15\% \sim 20\%$，作为主保护时灵敏系数应按下式校验

$$K_s = \frac{I_{K,\ min}^{(2)}}{I_{op1}'} \geqslant 1.5 \qquad (7-7)$$

式中：$I_{K,\ min}^{(2)}$——保护安装处最小两相短路电流；

I_{op1}'——电流速断保护的一次动作电流。

电流速断保护的主要优点是：简单可靠，动作迅速，在结构较复杂的多电源网络中，能有选择性地工作。它的主要缺点是：保护范围较小，有死区，而且受运行方式的影响较大。

3. 限时电流速断保护（Ⅱ段电流保护）

1）保护接线与工作原理

无时限电流速断保护不能保护线路全长，因此可以增加一段带时限的电流速断保护，用于保护无时限电流速断保护不到的那段线路，并可作无时限电流速断保护的后备保护。

在无时限电流速断保护的基础上增加适当的延时（一般为 $0.5 \sim 1$ s），便构成限时电流速断，其接线与图 7 - 13 类似，不同的是限时电流速断保护是用时间继电器取代中间继电器。

2）保护整定计算

（1）动作电流的整定。

限时速断与无时限速断保护的整定配合如图 7 - 15 所示，图中Ⅰ为无时限电流速断保护，Ⅱ为限时电流速断保护。为了保证保护动作的选择性，A 处线路 WL_1 的限时电流速断保护Ⅱ要与 B 处 WL_2 的无时限速断保护Ⅰ相配合，前者动作电流应大于后者，使限时速断保护范围不超出下一级线路的电流速断的保护范围。

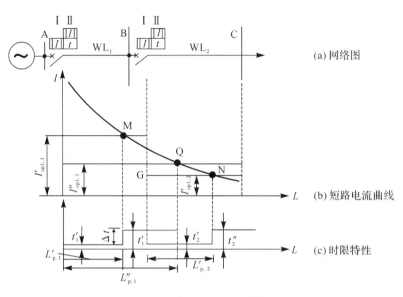

图 7-15 限时速断与无时限速断保护的配合

因此，线路 WL_1 限时电流速断保护 II 的动作电流为

$$I''_{op1} = K_{rel} \cdot I'_{op1, 2} \qquad (7-8)$$

式中：K_{rel}——可靠系数，取 $1.1 \sim 1.2$；

I''_{op1}——线路 WL_1 的限时电流速断保护动作电流；

$I'_{op1, 2}$——线路 WL_2 的电流速断保护动作电流。

继电器 KA 的动作电流为

$$I''_{op, K} = \frac{K_W}{K_{TA}} I''_{op1} \qquad (7-9)$$

（2）动作时间的整定。

由图 7-15 可以看出，按式（7-8）整定后，两种速断保护具有预定重叠保护区（图中 GQ 段），为保证选择性，要求线路 WL_1 限时电流速断保护的动作时间比 WL_2 电流速断保护的动作时间大一个时间级差，即

$$t''_1 = t'_2 + \Delta t \qquad (7-10)$$

式中：t''_1——线路 WL_1 限时电流速断保护的动作时限；

t'_2——线路 WL_2 电流速断保护的固有动作时间（在整定计算时可取 0 s）；

Δt——时间级差，一般取 0.5 s。

3）灵敏度校验

限时电流速断保护的灵敏度系数，按系统最小运行方式下仍能可靠保护线路全长进行校验，且灵敏系数不小于 1.25，即

$$K_s = \frac{I^{(2)}_{K, min}}{I''_{op1}} \geqslant 1.25 \qquad (7-11)$$

式中：$I^{(2)}_{K, min}$——线路末端最小两相短路电流。

当灵敏系数不能满足要求时，可以降低其动作电流，其动作电流应按躲开相邻下一级线路的限时电流速断保护的动作电流来整定，为了保证选择性，其动作时限应比相邻下一

级线路的动作时限大一个时间级差 Δt。

4. 带时限过电流保护（Ⅲ段电流保护）

线路的过电流保护装置（over current protection device）是一次侧动作电流按躲过线路上的最大负荷电流来整定，动作的选择性以动作时限来保证的一种保护装置。

1）过电流保护的接线与工作原理

由于采用的电流继电器不同，线路的过电流保护动作时限特性有两种：由 DL 型继电器构成的定时限过电流保护和由 GL 型继电器构成的反时限过电流保护，以下分别介绍两者的接线和工作原理。

（1）定时限过电流保护的接线和工作原理。

图 7-16 所示的是两相式定时限过电流保护的原理图和展开图。当线路发生短路故障时，流入电流继电器 KA_1、KA_2 的电流大于其整定值，KA_1、KA_2 动作，其常开触点瞬时闭合，接通时间继电器 KT 的线圈，其触点经整定的延时后闭合，启动信号继电器 KS 发出信号，并使出口中间继电器 KM 动作，接通断路器跳闸线圈 YR，使 QF 断路器跳闸切除故障。由上述动作过程可知，保护装置的动作时间只取决于时间继电器的动作时间，也就是不论短路电流多大，其保护装置的动作时间是恒定的，因此，称这种保护装置为定时限过电流保护装置。

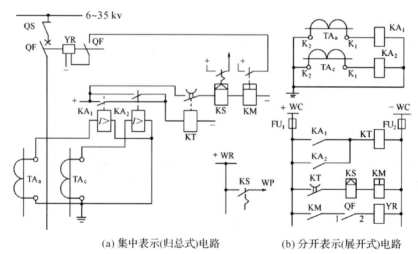

(a) 集中表示(归总式)电路　　　　(b) 分开表示(展开式)电路

图 7-16　两相式定时限过电流保护装置电路图

（2）反时限过电流保护的接线和工作原理。

用 GL 型感应式继电器构成的反时限过电流保护可以采用两只继电器和两台电流互感器组成的不完全星形接线，也可以采用两相电流差接线方式。

图 7-17(a)为直流操作电源、两相式反时限过电流保护装置原理接线图。当主电路发生短路时，流经继电器的电流超过其整定值时，继电器延时动作，动作时限与短路电流大小有关，短路电流越大，动作时限越短。

图 7-17(b)为交流操作电源、两相电流差式反时限过电流保护装置原理接线图。当主回路发生短路时，电流经继电器本身常闭接点流过其线圈，如果电流超过整定值，则经反时限延时，电流继电器动作，常开接点闭合，常闭接点断开，将瞬时电流脱扣器 OR 串入电

流互感器二次侧，利用短路电流的能量使断路器跳闸。一旦跳闸，短路电流被切除，保护装置返回原来状态。这种交流操作方式对 $6\sim10\ kV$ 及以下的小型变电所或高压电动机是很适用的。

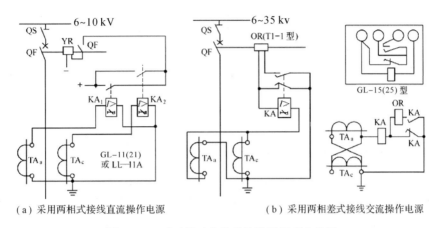

（a）采用两相式接线直流操作电源   （b）采用两相差式接线交流操作电源

图 7-17 反时限过电流保护装置原理电路图

2）保护整定计算

（1）动作电流的整定。

保护相间短路的过电流保护，动作电流整定必须满足以下两个条件：

① 正常运行时，保护装置不应启动，即动作电流必须躲过线路的最大负荷电流。

$$I'''_{op1} > I_{L,\ max} \tag{7-12}$$

式中：I''_{op1}——过电流保护的一次动作电流；

$I_{L,\ max}$——线路上的最大负荷电流。考虑线路的实际运行情况，取$(1.5\sim3)I_{ca}$，I_{ca}为线路上的计算电流。

② 保护装置在外部短路被切除后，应能可靠地返回。过电流保护一次侧的返回电流应大于线路最大负荷电流（应包含电动机的启动电流），即

$$I'''_{re1} > I_{L,\ max} \tag{7-13}$$

式中：I'''_{re1}——过电流保护的一次返回电流。

由于过电流继电器的返回电流小于动作电流，所以其返回系数 $K_{re}<1$，因此以式（7-13）作为动作电流整定依据，引入可靠系数 K_{rel} 和返回系数 K_{re}，则继电器的动作电流为

$$I'''_{op,\ K} = \frac{K_{rel}K_{W}}{K_{re}K_{TA}}I_{L,\ max} \tag{7-14}$$

式中：K_{rel}——可靠系数，对 GL 型继电器取 1.2，对 GL 型继电器取 1.3。

K_{re}——返回系数，对 DL 型继电器一般取 $0.85\sim0.9$；对 GL-10 型继电器取 0.8。

K_{W}——接线系数，由保护的接线方式决定。

K_{TA}——电流互感器变比。

由上式求得继电器动作电流的计算值，确定其动作电流整定值。对 GL 型继电器将动作电流取整，则保护装置一次侧的动作电流为

$$I'''_{op1} = \frac{K_{TA}}{K_{W}}I'''_{op,\ K} \tag{7-15}$$

（2）动作时限的整定。

① 定时限过电流保护的动作时限整定。

定时限过电流保护装置的动作时间只取决于时间继电器的动作时间，其保护装置的动作时间是恒定的，而与短路电流大小无关。因此，动作时限整定采用"时限阶梯原则"，即本线路保护时间比下一段母线各条线路上的过电流保护中最大的动作时限大一个时限级差 Δt。所以，如图 7-18 所示，线路 WL_1 定时限过电流保护保护的动作时限 t_1 为

$$t_1 = \max\{t_2, t_4\} + \Delta t \qquad (7-16)$$

式中：Δt——时间级差。

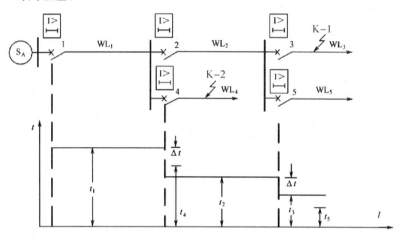

图 7-18　定时限过电流保护动作时限的整定

Δt 不能取得太小，其值应保证电力网任一段线路短路时，上一段线路的保护不应误动作；另外，为了降低整个电力网的时限水平，Δt 也应尽量取小，否则靠近电源侧的保护动作时限太长。根据经验，DL 型继电器取 0.5 s，GL 型继电器取 0.6～0.7 s。

② 反时限过电流保护的动作时限整定。

由于反时限过电流保护采用 GL 型感应式电流继电器，因此其动作时限与流过的电流值有关，而非定值。为保证动作的选择性，反时限过电流保护时限整定也应按照"时限阶梯原则"，即上下级线路的反时限过电流保护动作时限在保护配合点（如图 7-19 中 K 点）发生最大短路电流时的时间级差为 $\Delta t = 0.7$ s。

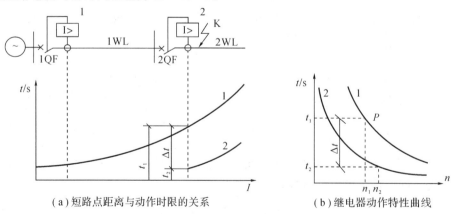

（a）短路点距离与动作时限的关系　　（b）继电器动作特性曲线

图 7-19　反时限过电流保护装置动作时限特性及相互配合关系

图 7-19(a)为两段装设反时限过电流保护线路，假设线路 WL2 保护 2 的时限特性曲线为图 7-19(b)中曲线 2，K 点短路流过保护 2 的最大短路电流为 $I_{K,\max}^{(3)}$，由曲线 2 可知保护 2 的动作时间为 t_2；对应于同样的 $I_{K,\max}^{(3)}$，由曲线 1 可知保护 1 的动作时限为 t_1，t_1 必须比 t_2 大一个时限阶梯，即 $t_1 = t_2 + \Delta t$。

（3）灵敏度校验。

过电流保护的灵敏度用系统最小运行方式下线路末端的两相短路电流 $I_{K,\min}^{(2)}$ 进行校验，具体分两种情况：

① 过电流保护作为本段线路的近后备保护时，灵敏度校验点设在本段线路末端，即

$$K_s = \frac{I_{K,\min}^{(2)}}{I_{op1}} \geqslant 1.5 \tag{7-17}$$

② 过电流保护作为相邻线路的远后备保护时，其校验点设在相邻线路末端，即

$$K_s = \frac{I_{K,\min}^{(2)}}{I_{op1}} \geqslant 1.2 \tag{7-18}$$

式中：$I_{K,\min}^{(2)}$ 为保护范围末端发生短路时，通过保护装置的最小两相短路电流。即

$$I_{K,\min}^{(2)} = \frac{\sqrt{3}}{2} I_{K,\min}^{(3)} \tag{7-19}$$

特别需要注意的是两相电流差接线的保护装置动作电流整定时接线系数取 $\sqrt{3}$，灵敏度校验时接线系数取 1。

若过电流保护的灵敏度达不到要求，可采用带低电压闭锁的过电流保护，此时电流继电器动作电流按线路的计算电流整定，以提高灵敏度。

总结以上两种过电流保护，可得出以下结论：

① 定时限过电流保护的优点是：整定简单、性能可靠、便于维护，用在单端供电系统中，可以保证选择性，且一般情况下灵敏度较高。缺点是：接线较复杂，且需直流操作电源；靠近电源处的保护装置的动作时限较长。

定时限过电流保护广泛用于 10 kV 以下供电系统中作为主保护；在 35 kV 以上系统中作后备保护。

② 反时限过电流保护的优点是：继电器数量大为减少，只需一种 GL 型电流继电器，且可使用交流操作电源，又可同时实现电流速断保护，因此投资少，接线简单。缺点是动作时限整定较麻烦，而且误差较大；当短路电流较小时动作时限长，延长了故障持续时间。

反时限过电流保护广泛应用于电动机或某些小容量车间变压器上的主保护。

5. 三段式电流保护分析

所谓三段式电流保护，就是将无时限电流速断保护、限时电流速断保护和定时限过电流保护相配合构成一套完整的三段式电流保护。无时限电流速断保护称为第Ⅰ段保护，它只能保护线路的一部分。限时电流速断保护称为第Ⅱ段保护，它虽然能保护线路全长，但不能作为下一段线路的后备保护。因此，还必须采用定时限过电流保护作为本线路和下一段线路的后备保护，称为第Ⅲ段保护。图 7-20 为三段式电流保护的保护范围和动作时间配合示意图，其构成及工作原理如图 7-21 所示。在某些情况下，为了简化保护，也可以用两段式电流保护，即用第Ⅰ段加上第Ⅲ段或第Ⅱ段加上第Ⅲ段。

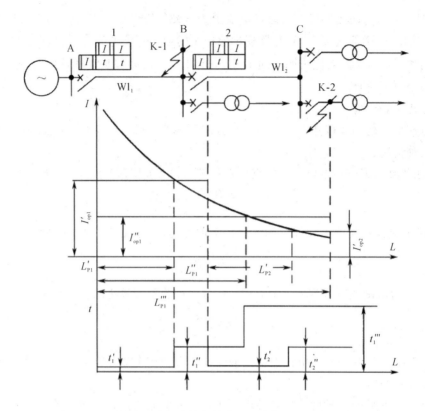

图 7-20　三段式电流保护的保护范围和动作时间配合示意图

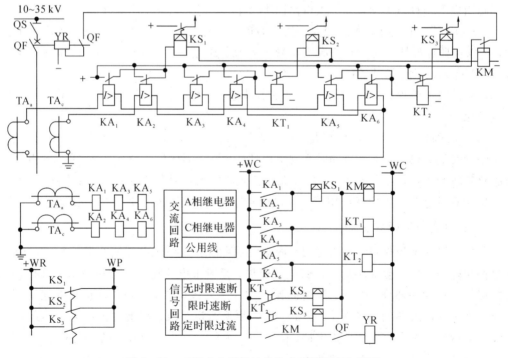

图 7-21　三段式电流保护的构成与其原理电路图

三段式电流保护的主要优点是，在电力网所有各段上的短路都能较快地切除，接线简单可靠。其主要缺点是，在许多情况下，第Ⅰ、第Ⅱ段保护的灵敏度不够，保护范围的大小与系统运行方式和短路类型有关，而且只有用于单电源辐射形电力网中才能保证动作的选择性。这种保护在 35 kV 及以下的电力网络中，广泛地用来作为线路的相间短路保护。

下面结合例 7-1 说明三段式电流保护的整定计算方法。

【例 7-1】 图 7-22 为无限容量系统供电的 35 kV 放射式线路，已知线路 WL_2 的负荷电流为 110 A，取最大过负荷倍数为 2，线路 WL_2 上的电流互感器变比选为 300/5，线路 WL_1 上定时限过电流保护的动作时限为 2.5 s。在最大和最小运行方式下，K-1、K-2、K-3 各点的三相短路电流如下所示：

短路点	K-1	K-2	K-3
最大运行方式下三相短路电流（A）	3400	1310	520
最小运行方式下三相短路电流（A）	2980	1150	490

拟在线路 WL_2 上装设两相不完全星形接线的三段式电流保护，试计算各段保护的动作电流、动作时限，选出主要继电器并作灵敏度校验。

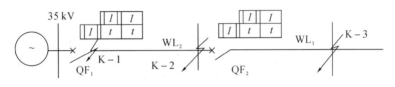

图 7-22 例 7-1 图

解 （1）线路 WL_2 的无时限速断保护。

保护装置一次侧动作电流可按式(7-4)求得：

$$I'_{op1} = K_{rel} I''^{(3)}_{K2, max} = 1.3 \times 1310 = 1703 \text{（A）}$$

继电器的动作电流为

$$I'_{op, K} = \frac{K_W}{K_{TA}} I'_{op1} = \frac{1}{300/5} \times 1703 = 28.4 \text{（A）}$$

灵敏度校验可按式(7-7)计算：

$$K_s = \frac{\sqrt{3}}{2} \frac{I^{(3)}_{K1, min}}{I'_{op1}} = \frac{\sqrt{3}}{2} \times \frac{2980}{1703} = 1.51 > 1.5，故合格。$$

（2）线路 WL_2 的限时电流速断保护。

应首先计算出线路 WL_1 无时限速断保护的动作电流，为

$$I'_{op1} = K_{rel} I''^{(3)}_{K3, max} = 1.3 \times 520 = 676 \text{（A）}$$

线路 WL_2 的延时电流速断保护的动作电流可按式(7-8)求得

$$I''_{op1} = K_{rel} I'_{op1, l2} = 1.1 \times 676 = 744 \text{（A）}$$

继电器的动作电流为

$$I''_{op, K} = \frac{K_W}{K_{TA}} I''_{op1} = \frac{1}{300/5} \times 744 = 12.4 \text{（A）}$$

动作时限应与 WL_1 的无时限电流速断相配合，即

$$t''_2 = t'_1 + \Delta t = 0.1 + 0.5 = 0.6 \text{（s）}$$

灵敏度校验应按式(7-11)进行

$$K_s = \frac{\sqrt{3}}{2} \frac{I_{K2,\min}^{(3)}}{I_{op1}''} = \frac{\sqrt{3}}{2} \times \frac{1150}{744} = 1.34 > 1.25,\text{故合格。}$$

(3) 线路 WL_2 的定时限过电流保护。

保护装置一次侧动作电流可按公式(7-12)求得

$$I_{op1}''' = \frac{K_{rel}}{K_{re}} I_{L,\max} = \frac{1.2}{0.85} \times 2 \times 110 = 311(\text{A})$$

继电器的动作电流按公式(7-13)计算

$$I_{op,K}''' = \frac{K_W}{K_{TA}} I_{op1}''' = \frac{1}{300/5} \times 311 = 5.2(\text{A})$$

动作时限应与线路 WL_1 定时限过电流保护时限相配合,即

$$t_2''' = t_1''' + \Delta t = 2.5 + 0.5 = 3(\text{s})$$

灵敏度校验:

① 作为线路 WL_2 的近后备保护,应按本线路 WL_2 末端 $K-2$ 点短路时进行灵敏度校验。

$$K_s = \frac{\sqrt{3}}{2} \frac{I_{K2,\min}^{(3)}}{I_{op1}'''} = \frac{\sqrt{3}}{2} \times \frac{1150}{311} = 3.2 > 1.5,\text{故合格。}$$

② 作为下段 WL_1 的远后备保护,应按下段线路 WL_1 末端 $K-3$ 点短路时进行灵敏度校验。

$$K_s = \frac{\sqrt{3}}{2} \frac{I_{K3,\min}^{(3)}}{I_{op1}'''} = \frac{\sqrt{3}}{2} \times \frac{490}{311} = 1.36 > 1.2,\text{亦满足要求。}$$

尚须指出,如果线路比较短,运行方式变化大,或所接变压器容量大,采用无时限电流速断时,灵敏度往往不够。此时,可采用无时限电流电压联锁速断保护,以提高保护的灵敏度,该保护的测量启动元件由电流继电器和电压继电器共同组成。它们的接点接成串联回路。只有当两个继电器都动作时,才能动作于断路器跳闸。对于电压速断保护在此不作详述,需要时可查阅有关资料。

三、双侧电源的方向性电流保护

1. 方向过电流保护的作用

随着供配电系统容量的增加和电力用户对供电可靠性要求的提高,多电源电网和单电源环形供电网络已越来越普遍了。这些线路的两端均装有断路器,并各自设有相应的保护,此时一般三段式电流保护已不能保证动作的选择性。如图 7-23 所示网络,由于两侧都有电源,因此线路两侧均需装设断路器和保护装置。按单电源线路时限阶梯原则分别确定保护 1、3、5 和 2、4、6 的过电流保护动作时限,如图 7-23 所示。K 点短路时,应由断路器 3、4 跳闸切除故障。但由电源 S_A 提供的短路电流会流经保护 2,电源 S_B 提供的短路电流会流经保护 5,且动作时限 $t_2 < t_3$、$t_5 < t_4$,则保护 2、5 会抢在保护 3、4 之前动作,无法保证选择性。为解决这个问题,必须采用方向过电流保护装置(directional over-current protection device)。

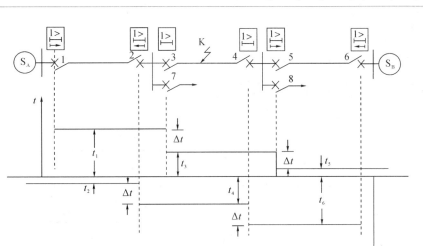

图 7-23　双端电源供电网络

2. 方向过电流保护的原理与接线

1) 方向过电流保护的原理

对上述问题，解决方法是加装方向闭锁元件。该元件当短路功率为正方向(由母线流向线路)时动作，短路功率为负方向(由线路流向母线)时不动作，从而使继电保护具有一定的方向性。如图 7-23 中，K 点短路时，对保护 1、3、4、6 是正方向，保护应动作；对保护 2、5 是负方向，保护不应动作。

2) 方向过电流保护接线原理图

方向过电流保护是在单电源线路时限阶梯原则的基础上加装功率方向元件来实现的，接线原理图如图 7-24 所示。保护装置由电流元件、方向元件(KP_1、KP_2)、延时元件、信号元件等主要元件组成。

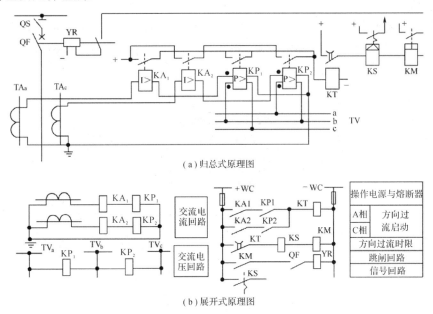

(a)归总式原理图

(b)展开式原理图

图 7-24　方向过电流保护接线原理图

3) 方向过电流保护的按相起动原则

方向过电流保护的按相起动原则，是指只有同一相的电流元件和功率方向元件同时起动时保护才动作。按相起动的接线图如图 7-25 所示，不能接成图 7-26 所示。

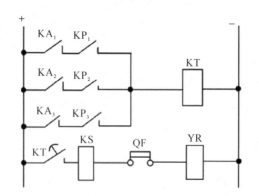 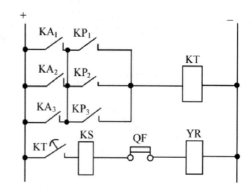

图 7-25　方向过电流保护按相起动接线方式　　　图 7-26　方向过电流保护不按相起动接线方式

3. 功率方向继电器

1) 功率方向继电器的工作原理

在图 7-27 所示网络中，当对于保护 1，K 点短路时，如果短路电流 $\dot{I}_K$ 规定正方向是从保护安装处母线流向被保护线路，则接入继电器的电流 $\dot{I}_{K1}$ 滞后于电压 $\dot{U}_K$ 的角度为 φ_K（φ_K 为从母线至 K 点之间的短路回路阻抗角），$0° < \varphi_K < 90°$。对于保护 2，若仍按规定正方向观察，接入继电器的电流 $\dot{I}_{K2}$ 滞后于电压 $\dot{U}_K$ 的角度为 $\varphi_K + 180°$。以 K 点电压为参考量，则 $\dot{I}_{K1}$ 和 $\dot{I}_{K2}$ 的相位相差 $180°$，即正方向短路时，电流落后电压一个角度为锐角，反方向短路时为钝角。

因此，利用判别短路功率的方向或电流、电压之间的相位关系，就可以判别发生故障的方向。用以判别功率方向或测定电流、电压间相位角的继电器或元件称为功率方向继电器或方向元件。

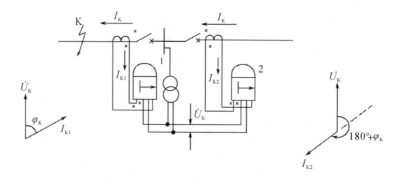

图 7-27　功率方向元件电流与电压的相位关系

图 7-27 中，保护 1 功率方向继电器流过的功率为

$$P_1 = U_K I_{K1} \cos\varphi_{K1} = U_K I_{K1} \cos\varphi_K > 0 \qquad (7-20)$$

保护 2 功率方向继电器流过的功率为

$$P_2 = U_K I_{K2} \cos\varphi_{K2} = U_K I_{K2} \cos(\varphi_K + 180°) < 0 \qquad (7-21)$$

因此，功率方向继电器的动作条件可以表示成

$$U_K I_K \cos\varphi_K > 0 \qquad (7-22)$$

功率方向继电器的动作范围为

$$-90° \leqslant \arg\frac{\dot{U}_K}{\dot{I}_K} \leqslant 90° \qquad (7-23)$$

当继电器有内角 α 时，动作范围为

$$-90° - \alpha \leqslant \arg\frac{\dot{U}_K}{\dot{I}_K} \leqslant 90° - \alpha \qquad (7-24)$$

图 7-28 为上述两种情况的动作范围示意图。图中，动作范围的中线为最大灵敏线，对应的 φ_K 为最大灵敏角。当继电器有内角 α 时，有：

$$\varphi_K = -\alpha \qquad (7-25)$$

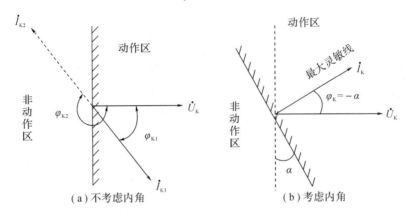

（a）不考虑内角　　　　　　（b）考虑内角

图 7-28　功率方向元件动作范围图

2）功率方向继电器的 90°接线

对于采用故障相电压和电流相位比较的方向电流保护，若在功率方向继电器正方向出口处发生三相短路、两相接地短路、单相接地短路时，故障相电压很小，$U_K \approx 0$，不能使继电器动作，这称为功率方向继电器的"电压死区"。

因此，方向保护继电器接线应满足以下要求：

（1）正方向发生任何形式的短路故障时继电器都能动作。

（2）正方向短路时，加入继电器的 U_K 和 I_K 尽可能大，并使 φ_K 尽可能接近最大灵敏角，以使继电器灵敏动作，减小死区。

为了减小和消除死区，在实用中广泛采用非故障的相间电压作为参考量去判别电流的相位。如图 7-29 中各继电器所加电流 $\dot{I}_K$ 与电压 $\dot{U}_K$ 见表 7-4，A 相的方向继电器加入电流 $\dot{I}_A$ 和电压 $\dot{U}_{BC}$，因所用电压 $\dot{U}_{BC}$ 落后于相电压 $\dot{U}_A$ 90°，如图 7-30 所示，故称为 90°接线。此时有

$$\varphi_{K,A} = \arg\left(\frac{\dot{U}_K}{\dot{I}_K}\right) = \arg\left(\frac{\dot{U}_{BC}}{\dot{I}_A}\right)$$

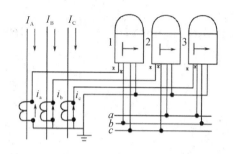

图 7-29 功率方向继电器的 90°接线

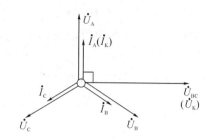

图 7-30 90°接线的电流电压向量图

表 7-4 功率方向继电器的电流与电压

继电器类别	电流 $\dot{I}_K$	电压 $\dot{U}_K$
KP_A	$\dot{I}_A$	$\dot{U}_{BC}$
KP_B	$\dot{I}_B$	$\dot{U}_{CA}$
KP_C	$\dot{I}_C$	$\dot{U}_{AB}$

因为 $\dot{U}_{BC}$ 比 $\dot{U}_A$ 落后 90°，当正方向三相短路，加于 A 相继电器的电压 ($\dot{U}_{BC}$) 超前所加电流 $\dot{I}_A$ 的角度 $\varphi_{K.A} = \varphi_K - 90°$，已知 $0° < \varphi_K < 90°$，可得 $-90° < \varphi_{K.A} < 0°$。若动作范围仍按式 (7-24) 确定，如图 7-31 所示，有

$$-90° - \alpha \leqslant \varphi_{K.A} \leqslant 90° - \alpha \qquad (7-26)$$

则 $-90° - \varphi_{K.A} \leqslant \alpha \leqslant 90° - \varphi_{K.A}$，由 $-90° < \varphi_{K.A} < 0°$，可得 $0° \leqslant \alpha \leqslant 90°$，即无论内角 α 怎样变化，正方向三相短路时，继电器均能动作。且当 $\varphi_{K.A} = -\alpha$ 即 $\varphi_K = 90° - \alpha$ 时动作最灵敏。

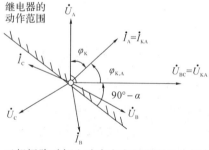

图 7-31 三相短路时加入功率方向继电器的电流电压向量图

类似可以分析得出，正方向各种两相短路时，方向继电器能够正确动作的内角 α 的范围，如表 7-5 所示。

表 7-5 正方向各种短路时，方向继电器能够正确动作的内角 α 的范围

继电器的电流电压 ＼ 故障类型	三相短路	AB 两相短路	BC 两相短路	CA 两相短路
$(\dot{I}_A, \dot{U}_{BC})$	$0° < \alpha < 90°$	$30° < \alpha < 90°$		$0° < \alpha < 60°$
$(\dot{I}_B, \dot{U}_{CA})$	$0° < \alpha < 90°$	$0° < \alpha < 60°$	$30° < \alpha < 90°$	
$(\dot{I}_C, \dot{U}_{AB})$	$0° < \alpha < 90°$		$0° < \alpha < 60°$	$30° < \alpha < 90°$

采用90°接线，除正方向出口附近发生三相短路时线电压很小，继电器具有电压死区外，对所有短路形式，只要$30°\leqslant\alpha\leqslant60°$，都能保证正向动作、反向不动作，而且动作灵敏度很高。

一般功率方向继电器的内角为30°和45°两种。

3）功率方向继电器的动作特性

（1）继电器的伏安特性。

继电器的伏安特性是指φ_K为常数（一般指最大灵敏角）时，继电器的动作电压$U_{op,K}$与电流I_K之间的关系。LG型功率方向继电器的伏安特性曲线如图7-32所示，图中$U_{op,K}$为最小动作电压，当$U_K<U_{op,K}$时无论电流I_K如何增大，继电器都不动作。

死区：在线路首端三相短路时，U_K可能很小，如小于$U_{op,K}$，则继电器不会动作，故称为继电器的动作死区。动作死区越小越好。

（2）继电器的角度特性。

继电器的角度特性是指当电流I_K维持定值（一般为额定值）时，继电器动作电压$U_{op,K}$与φ_K之间的关系。LG型功率方向继电器的角度特性曲线如图7-33所示。由图中继电器动作的φ_K的范围，可知其中点对应的φ_K的负值即内角α。

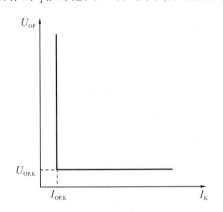

图7-32　继电器的伏安特性曲线

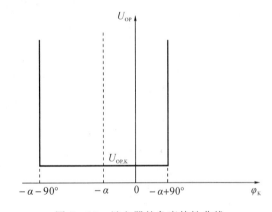

图7-33　继电器的角度特性曲线

（3）继电器的潜动。

继电器的潜动是指只输入电流或只输入电压时，继电器会误动作的现象。潜动的主要危害是继电器在反方向出口处三相短路时，$U_K\approx0$，而I_K很大，方向继电器本应将保护闭锁，如果此时出现潜动，就可能使保护装置误动。造成潜动的原因，对于模拟式继电器主要是由于继电器结构上的不平衡，对于微机保护，可能是由于电流互感器和电压互感器的暂态过程或滤波算法不完善等。如果有潜动，必须找出原因采取措施予以消除。

4）整流型功率方向继电器的构成原理

整流型功率方向继电器与电磁型或感应型功率方向继电器相比，具有结构小、灵敏度高和动作速度快等优点，因此现在被广泛应用。整流型方向继电器的基本环节包括：电压形成回路、整流滤波回路、比较回路和执行元件等几部分，如图7-34所示。

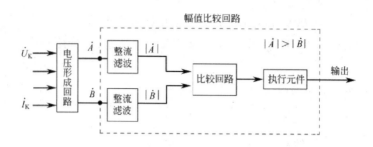

图 7-34　整流型功率方向继电器构成框图

LG-11型功率方向继电器的原理构成如图 7-35 所示。当电抗变换器一次绕组 W_1 内有电流 $\dot I_K$ 流通时，在绕组 W_2 和 W_3 上得到两个相同的电压 $K_1\dot I_K$，$K_1\dot I_K$ 超前 $\dot I_K$ $90°$，经移相 γ 角后分别加到工作回路和制动回路。当电压 $\dot U_K$ 加于 UV 一次绕组 W_1 时，同样在其二次绕组 W_2 和 W_3 上得到两个相等的电压 $K_U\dot U_K$，$K_U\dot U_K$ 和 $\dot U_K$ 同相位，K_U 是 UV 的变比。功率方向判别就是要比较 $K_1\dot I_K$ 和 $K_U\dot U_K$ 这两个量的相位。

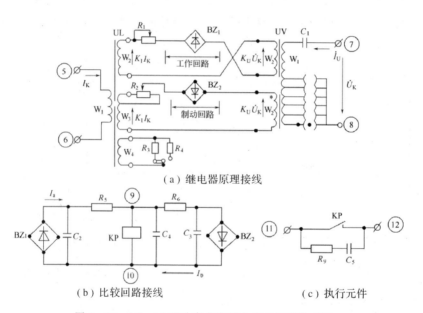

（a）继电器原理接线

（b）比较回路接线　　　　　　　（c）执行元件

图 7-35　LG-11型功率方向继电器的原理构成图

$K_U\dot U_K$ 用向量 $\dot C$ 表示，$K_1\dot I_K$ 用向量 $\dot D$ 表示，θ 是它们之间的夹角。现令 $\dot A=\dot C+\dot D$，$\dot B=\dot C-\dot D$。由图 7-36 可知，当 $-90°\le\theta\le 90°$ 时，继电器应动作，此时 $|\dot A|\ge|\dot B|$，即将相位比较关系转化为幅值比较关系。

LG-11型功率方向继电器的动作条件为

$$K_1\dot I_K+K_U\dot U_K>K_1\dot I_K-K_U\dot U_K \tag{7-27}$$

式(7-27)左侧为工作回路电压，右侧为制动回路电压，当工作电压大于制动电压时，继电器动作。且在 $K_1\dot I_K$ 和 $K_U\dot U_K$ 同相位时，动作最灵敏，即

$$\varphi_K=-(90°-\gamma)=-\alpha \tag{7-28}$$

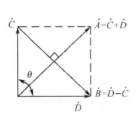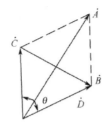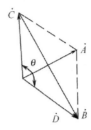

图 7-36 幅值比较与相位比较的对应关系

【例 7-2】 有一 90°接线的 LG-11 型功率方向继电器，其电抗变换器的移相角 γ 为 60°，问：

(1) 此继电器内角为 α 多大？最大灵敏角 φ_K 为多大？

(2) 此继电器用于短路回路阻抗角为多大的线路上最灵敏(三相短路为例)？

解 (1) $\because \gamma=60°$ $\therefore \alpha=90°-\gamma=90°-60°=30°$

$$\varphi_K=-\alpha=-30°$$

(2) 三相短路时：$\varphi_K=-(90°-\varphi_k)$，当 $\varphi_K=-\alpha$ 时，

$$\varphi_K=90°-\alpha=90°-30°=60°$$

4. 方向过电流保护的整定计算

方向过电流保护的整定计算原则如下：

(1) 动作电流的整定和灵敏度校验同前单侧电源电网定时限过电流保护；

(2) 动作时限整定时限阶梯原则；

(3) 加装方向元件时，母线两侧开关时限长的可不装，如母线两侧开关时限相等则两者均要装设。

【例 7-3】 图 7-37 所示双电源供电网络系统，已知断路器 7、8、9 上的过电流保护的动作时限分别为 2 s、1.5 s、0.5 s。

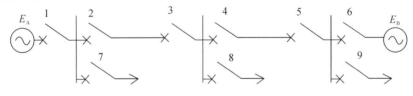

图 7-37 例 7-3图

(1) 断路器 1、2、3、4、5、6 上过电流保护的动作时限各为多少？

(2) 哪些断路器上的过电流保护要装方向元件？

解 (1) 对单源 E_A：

$$T_4=T_9+\Delta t=0.5+0.5=1 \text{ (s)}$$
$$T_2=\max\{T_4, T_8\}+\Delta t=1.5+0.5=2 \text{ (s)}$$
$$T_1=T_2+\Delta t=2+0.5=2.5 \text{ (s)}$$

对单电源 E_B：

$$T_3=T_7+\Delta t=2+0.5=2.5 \text{ (s)}$$
$$T_5=\max\{T_3, T_8\}+\Delta t=2.5+0.5=3 \text{ (s)}$$
$$T_6=T_5+\Delta t=3+0.5=3.5 \text{ (s)}$$

（2）对母线两侧的保护 1 和 2 ，2 要装方向元件；

对母线两侧的保护 3 和 4 ，4 要装方向元件；

对母线两侧的保护 5 和 6 ，5 要装方向元件。

5．对方向性电流保护的评价及应用范围

以下简单分析方向过电流保护的优、缺点及应用范围。

优点：在两个及两个以上电源系统中，采用方向过电流保护可保证动作选择性。

缺点：

（1）元件增加，接线复杂，投资增多；

（2）存在死区和潜动现象。LG-11 型功率方向继电器比 GG-11 型功率方向继电器性能好得多。

应用范围：35 kV 以下系统中一般采用方向过电流保护；35 kV 及以上系统中多采用三段式方向电流保护。

四、中性点非直接接地电网中单相接地故障的零序电压、电流保护

1．中性点非直接接地电网中单相接地故障的特点

在小接地电流系统中，实际配电系统母线上一般均有若干回引出线，当其中第 n 回出线的 A 相发生单相接地时，系统中的零序电流的分布情况如图 7-38 所示。

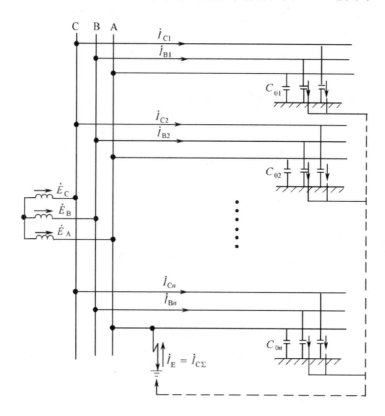

图 7-38　多回路系统的零序电流分布

由第一章中性点接地方式分析可知，小接地电流系统中发生单相接地短路时有以下特点：

（1）发生单相接地时，接地相对地电压为零，非接地相的对地电压升高了$\sqrt{3}$倍，三个相间电压大小不变，并仍然对称，全系统都出现了零序电压。

（2）在非故障线路中有零序电流，其数值为本线路非故障相的对地电容电流之和，其方向由母线流向线路。

（3）在故障线路上，零序电流为所有非故障线路的非故障相对地电容电流之和，数值一般较大，其方向由线路流向母线。

根据这些特点和区别，考虑相应的保护方式：

（1）绝缘监察装置——利用电压互感器监测系统中出现的三倍零序电压$3U_0$；

（2）零序电流保护——适用于当非故障线路和故障线路上零序电流相差较大时；

（3）方向零序电流保护——适用于当非故障线路和故障线路上零序电流相差较小时。

1）绝缘监察装置

在发电厂和变电站的母线上，一般装设网络单相接地的监视装置，它利用接地后出现的零序电压，带延时动作于信号。绝缘监察装置一般采用三台单相带辅助绕组的电压互感器或一台三相五柱式的电压互感器组成，接线方式为$Y_0/Y_0/\triangle$，其中辅助二次绕组接成开口三角形。其原理接线图如图7-39所示。

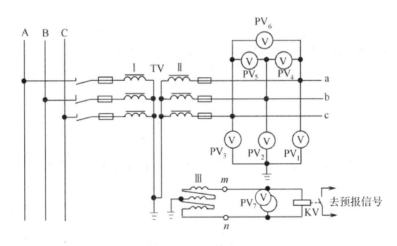

图7-39　绝缘监察原理接线图

正常运行时，三相电压对称，没有零序电压，过电压继电器KV不动作，无信号发出。当系统任一出线发生单相接地时，TV开口三角形侧有零序电压输出，KV动作，发出预报信号。运行值班人员只要根据电压表的参数变化情况，即可判断出某相发生单相接地。但这种方法无法确定接地点在系统的哪一个回路中，需要运行人员依次短时断开每一回路。当断开某一回路时，零序电压的信号消失，即表明故障发生在该回路上。这种保护方式适用于出线不多、允许短时停电的中小型变电所。

运行中值得注意的是电压互感器的一次侧中性点和二次侧中性点均必须接地。其中一次侧中性点接地是工作接地，二次侧中性点接地是保护接地。

2）零序电流保护

零序电流保护是利用故障线路零序电流较非故障线路大的特点来实现保护的。零序电流保护的原理接线图如图 7 - 40 所示，架空线用三只电流互感器构成零序电流互感器，电缆线路用一只零序电流互感器。电缆线路必须将电缆头的接地线穿过零序电流互感器后再接地，以保证保护装置可靠地动作。

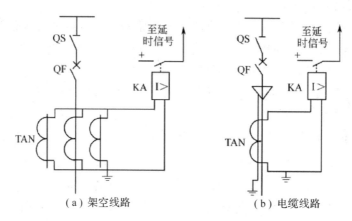

（a）架空线路　　　　　　　　（b）电缆线路

图 7 - 40　零序电流保护原理接线图

当某一线路上发生单相接地时，非故障线路上的零序电流为本身的电容电流，因此，为了保证动作的选择性，保护装置的动作电流应大于本线路的电容过电流，即

$$I_{\mathrm{op1}} = K_{\mathrm{rel}} 3 I_0 = K_{\mathrm{rel}} 3 U_\varphi \omega C_0 \tag{7-29}$$

式中：$3 I_0$——其他线路接地时，本线路的三倍零序电流；

C_0——被保护线路每相的对地电容。

继电器的动作电流为

$$I_{\mathrm{op, K}} = \frac{1}{K_{\mathrm{TA}}} I_{\mathrm{op1}} \tag{7-30}$$

式中：K_{TA}——电流互感器变比。

按上式整定以后，还需要校验在本线路上发生单相接地故障时的灵敏系数，由于流经故障线路上的零序电流为全网络中非故障线路电容电流的总和，可用 $3 U_\varphi \omega (C_\Sigma - C_0)$ 表示，因此灵敏度可按式（7-31）校验，一般电缆要求大于等于 1.25，架空线要求大于等于 1.5。

$$K_{\mathrm{s}} = \frac{3 U_\varphi \omega (C_\Sigma - C_0)}{I_{\mathrm{op1}}} = \frac{3 U_\varphi \omega (C_\Sigma - C_0)}{K_{\mathrm{rel}} (3 U_\varphi \omega C_0)} = \frac{C_\Sigma - C_0}{K_{\mathrm{rel}} C_0} \tag{7-31}$$

式中：C_Σ——同一电压等级网络中，各元件每相对地电容之和。

如出线较多时，灵敏度一般能满足要求；但出线较少时，很难满足要求，需设方向零序电流保护。

在零序电流保护的基础上加装方向元件，即构成方向接地保护。当零序电流由线路流向母线时，保护动作；反之，不能动作。保护装置原理同于线路方向过电流保护。

五、中性点直接接地系统的零序电流保护

据运行统计，大接地电流系统中发生单相接地短路的机会很多，约占总故障的 70%～

80％，且单相接地短路电流很大，因此，接地保护就显得十分重要。采用三相完全星形接线进行相间短路保护的三段式保护，虽然能反映接地短路，但用来保护单相接地短路时，通常灵敏度较低而且时限也较长，所以需采用专用的接地保护装置，即零序电流保护。

大接地电流系统中用于保护单相接地的零序电流保护原理和接线与相间短路电流保护相似，也可以按时限阶梯原则构成三段式零序电流保护，即零序电流速断(零序Ⅰ段)保护、带时限零序电流速断(零序Ⅱ段)、定时限零序过电流保护(零序Ⅲ段)，如图 7-41 所示。

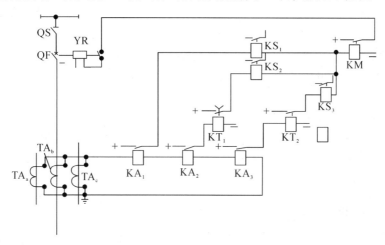

图 7-41　大接地电流系统三段式零序电流保护原理图

图中流过零序电流继电器的电流为

$$\dot{I}_{KA} = \dot{I}_a + \dot{I}_b + \dot{I}_c = 3\dot{I}_0 \qquad (7-32)$$

式中：$\dot{I}_0$——零序电流。

实际中，I_{KA} 取 1～3A，灵敏度可大大提高。

同样在多电源供电系统中、零序电流保护也可添加方向元件，设置方向零序电流保护，基本原理同前。

第三节　电力变压器的继电保护

一、变压器常见故障和保护配置

变压器的故障可分为内部故障和外部故障两类。内部故障主要是变压器绕组的相间短路、匝间短路和中性点接地侧单相接地短路。内部故障是很危险的，因为短路电流产生的电弧不仅会破坏绕组的绝缘，烧毁铁芯，而且由于绝缘材料和变压器油受热分解会产生大量的气体，可能引起变压器油箱的爆炸。变压器最常见的外部故障，是引出线绝缘套管的故障，它可能引起引出线相间短路或接地(对变压器外壳)短路。

变压器的不正常工作情况指由于外部短路或过负荷引起的过电流、油面的降低和电压升高等。

根据上述可能发生的故障，变压器一般应装设下列保护装置。

(1) 瓦斯保护。用来保护变压器的内部故障，当变压器内部发生故障，油分解产生气体或当变压器油面降低时，瓦斯保护应动作。容量在 800 kVA 及以上的油浸式变压器和 400 kVA 及以上的车间内变压器一般都应装设瓦斯保护。其中轻瓦斯动作于预告信号，重瓦斯动作于跳开变压器各侧断路器。

（2）纵联差动保护。用来保护变压器内部及引出线套管的故障，容量在 10 000 kVA 及以上单台运行的变压器和容量在 6300 kVA 及以上并列运行的变压器，都应装设纵联差动保护。

（3）电流速断保护。容量在 10 000 kVA 以下单台运行的变压器和容量在 6300 kVA 以下并列运行的变压器，一般装设电流速断保护来代替纵联差动保护。对容量在 2000 kVA 以上的变压器，当灵敏度不满足要求时，应改为装设纵差保护。

（4）过电流保护。用来保护变压器内部和外部的故障，作为纵联差动保护或电流速断保护的后备保护，延时动作于跳开变压器各侧断路器。

（5）过负荷保护。用来防止变压器的对称过负荷，因此，保护装置只接在某一相的电路中，一般延时动作于信号，也可以延时跳闸，或延时自动减负荷（无人值守变电所）。

（6）单相接地保护。低压侧为中性点直接接地系统（三相四线制）的变压器，当高压侧的保护灵敏度不满足要求时应装设专门的单相接地保护。

二、变压器的非电量保护

1. 瓦斯保护

变压器的瓦斯保护，又称为气体保护（gas protection），是保护油浸式电力变压器内部故障的一种基本保护装置。变压器油箱内部出现故障时，故障电路和电弧产生的高温会使变压器油和绝缘材料分解，产生大量气体，瓦斯保护就是利用上述气体构成的保护装置。

1）瓦斯继电器的结构与工作原理

瓦斯保护的主要元件是气体继电器。它装设在变压器的油箱与油枕之间的联通管上，如图 7-42 所示。

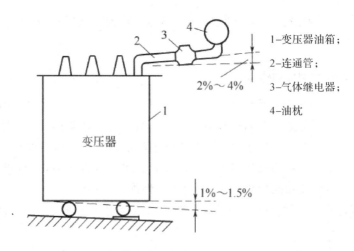

1—变压器油箱；
2—连通管；
3—气体继电器；
4—油枕

图 7-42　瓦斯继电器在变压器上的安装

目前我国采用的瓦斯继电器主要有两种型式：浮筒式和开口杯式。FJ3-80型开口杯式瓦斯继电器的结构示意图如图7-43所示。

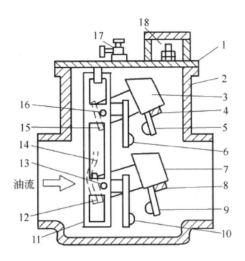

1—盖；2—容器；3—上油杯；4，8—永久磁铁；5—上动触点；6—上静触点；
7—下油杯；9—下动触点；10—下静触点；11—支架；12—下油杯平衡锤；13—下油杯转轴；
14—挡板；15—上油杯平衡锤；16—上油杯转轴；17—放气阀；18—接线盒

图7-43 FJ3-80型瓦斯继电器的结构示意图

在变压器正常工作时，瓦斯继电器的上下油杯中充满油，油杯因其平衡锤的作用使其上下触点都是断开的。

当变压器油箱内部发生轻微故障致使油面下降时，上油杯因其中盛有剩余的油使其力矩大于平衡锤的力矩而下降，从而使上触点接通，发出报警信号，这就是轻瓦斯动作。

当变压器油箱内部发生严重故障时，由故障产生大量气体，冲击档板，使下油杯降落，从而使下触点接通，直接动作于跳闸，这就是重瓦斯动作。

如果变压器出现漏油，将会引起瓦斯继电器内的油慢慢流尽。先是上油杯降落，接通上触点，发出报警信号；当油面继续下降时，会使下油杯降落，下触点接通，从而使断路器跳闸，切除变压器。

瓦斯保护只能反应变压器油箱内部的故障，而对变压器外部端子上的故障情况则无法反应。因此，瓦斯保护不能作为变压器的独立主保护，必须与电流保护相互配合。

2）瓦斯保护的接线

瓦斯保护的原理接线如图7-44所示。当变压器内部轻微故障时，瓦斯继电器上触点闭合，轻瓦斯动作于预告信号；当变压器内部发生严重故障时，瓦斯继电器下触点闭合，启动中间继电器KM，使断路器跳闸线圈YR动作，断路器跳闸，同时信号继电器KS发出重瓦斯信号。为了避免重瓦斯动作后，因油流的速度不稳定引起瓦斯继电器下触点"抖动"而影响断路器跳闸，利用中间继电器KM触点1-2实现"自保持"，以保证断路器可靠跳闸。

为了防止在新变压器投运、变压器充油后或修理后重新灌油后投运时，瓦斯保护可能发生的误动作，可以利用切换片XB将重瓦斯保护换切至动作于信号。此外，在瓦斯继电器试验时也应切换至信号。

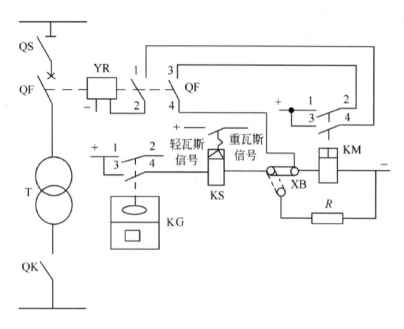

T—电力变压器；KG—气体继电器；KS—信号继电器；KM—中间继电器；
QF—断路器；YR—跳闸线圈；XB—切换片

图 7-44　变压器瓦斯保护的接线示意图

2. 温度保护

对油浸式变压器，一般设置有油温检测装置，如果油温超过设置的整定值，则发出油温过高报警信号。

对干式变压器，由于无法设置瓦斯保护，温度保护是干式变压器的主保护之一，一般在干式变压器的三相绕组处预埋温度检测装置，三相绕组的温度数据信号实时显示在变压器柜的面板上，同时设定温度报警装置和温度保护跳闸装置。

3. 压力释放保护

随着变压器生产与运行技术的发展，1000 kVA 及以下的油浸式变压器变为全封闭、免维护的型号。因此，没有了油枕部件，这样就无法设置瓦斯保护。当变压器内部故障时，变压器内部油温迅速升高，体积急剧膨胀，为了防止变压器爆炸事故，在变压器上盖上设置压力释放阀和压力释放保护，在冲破压力释放阀的同时，压力释放保护跳开变压器两侧的断路器。

三、变压器的电流保护

1. 变压器的过电流保护

变压器的过电流保护，用来保护变压器外部短路时引起的过电流，同时又可作为变压器内部短路时的后备保护。因此，保护装置应装在电源侧。保护动作以后，断开变压器各侧的断路器。

变压器的过电流保护装置的接线、工作原理和线路过电流保护完全相同，同样变压器

的动作电流应按照躲开最严重工作情况下，流经保护装置安装处的最大负荷电流来整定，即

$$I_{op, K} = \frac{K_{rel} K_W}{K_{re} K_{TA}} I_{L, max} = \frac{K_{rel} K_W}{K_{re} K_{TA}} (1.5 \sim 3) I_{1N} \tag{7-33}$$

式中：I_{1N}——变压器一次侧额定电流；

K_{rel}、K_{re}、K_W——分别为可靠系数、返回系数和接线系数，均与线路过电流保护相同；

K_{TA}——电流互感器变比。

变压器过电流保护的动作时限，仍按阶梯原则整定，应比下一级各引出线过电流保护动作时限最长者大一个时限阶段，即

$$t_T = t_{L, max} + \Delta t \tag{7-34}$$

变压器过电流保护的灵敏度校验

$$K_s = \frac{I_{K, min}^{(2)}}{I_{op1}} \geqslant 1.5 \tag{7-35}$$

式中：$I_{K, min}^{(2)}$——变压器二次侧在系统最小运行方式下发生两相短路时一次侧的穿越电流。

如果变压器的过电流保护还用作下一级各引出线的远后备保护时，则要求灵敏度 $K_s \geqslant 1.2$。

2. 变压器的电流速断保护

变压器的电流速断保护装置的接线、工作原理和线路电流速断保护装置相同，变压器的动作电流应按照躲开变压器二次侧母线上发生短路时流经保护装置的三相最大短路电流次暂态值来整定，即

$$I_{op1} = K_{rel} I''^{(3)}_{K, max} \tag{7-36}$$

电流继电器的动作电流为

$$I_{op, K} = \frac{K_W}{K_{TA}} I_{op1} \tag{7-37}$$

式中：$I''^{(3)}_{K, max}$——变压器二次侧母线在系统最大运行方式下发生三相短路时变压器一次侧的最大穿越电流。可靠系数 K_{rel}、接线系数 K_W 同线路的电流速断保护，K_{TA} 为电流互感器变比。

变压器的电流速断保护与线路的电流速断保护一样，也有保护"死区"，只能保护变压器的一次绕组和部分二次绕组。

变压器电流速断保护的灵敏度应根据变压器一次侧两相短路条件进行校验，即

$$K_s = \frac{I_{K, min}^{(2)}}{I_{op1}} \geqslant 2 \tag{7-38}$$

式中：$I_{K, min}^{(2)}$——保护装置安装处（变压器一次侧）的最小两相短路电流。

在供电系统中变压器的阻抗一般较大，灵敏度通常是足够的。若灵敏度不能满足要求时，应装设差动保护。

3. 变压器的零序电流保护

Y/Y_0 接线的变压器二次侧单相短路时，若过电流的灵敏度不满足要求时，可在变压器二次侧零线上装设零序电流保护，接线图如图 7-45 所示。

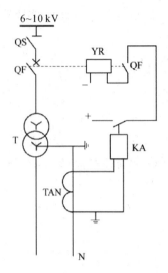

图 7-45 变压器的零序电流保护原理接线图

根据变压器运行规程要求，变压器二次侧单相不平衡负荷不得超过额定容量的 25%，因此，变压器零序保护的动作电流应按下式整定

$$I_{op, KA} = K_{rel} \frac{0.25 I_{2N}}{K_{TA}} \qquad (7-39)$$

式中：K_{rel}、I_{2N}——可靠系数与变压器二次侧额定电流，通常 $K_{rel}=1.2$。

零序电流保护的灵敏度校验，应满足下式要求

$$K_s = \frac{I_{K, min}^{(1)}}{I_{op1}} \geqslant 1.5 \qquad (7-40)$$

式中：$I_{K, min}^{(1)}$——变压器二次侧干线末端的最小单相接地短路电流。

单相接地保护的动作时限应比下级分支线保护设备最长的时限大一个时限阶段，通常整定为 $0.5 \sim 0.7$ s。

4. 变压器的过负荷保护

变压器的过负荷保护动作电流应躲过变压器的额定电流，故过负荷保护电流继电器的动作电流为

$$I_{op, K} = \frac{K_{rel} K_W}{K_{re} K_{TA}} I_{NT} \qquad (7-41)$$

式中：I_{NT}——变压器安装过负荷保护一侧的额定电流，可靠系数 K_{rel} 取 1.05，返回系数 K_{re}、接线系数 K_W 同变压器过电流保护，K_{TA} 为电流互感器变比。

过负荷保护的动作时限应躲过电动机的自起动时间，通常取 $10 \sim 15$ s。

四、变压器的差动保护

电流速断保护虽然简单、动作迅速，但有保护"死区"，不能保护变压器全部；过电流保护虽然能保护全部变压器，但动作时限比较长，不能满足速动性要求；瓦斯保护虽然动作灵敏，但只能保护油箱内部故障。国标 GB50062—92 规定：10 000 kVA 及以上单台运行的变压器和 6300 kVA 及以上并列运行的变压器，应装设差动保护装置（differential protection device)；6300 kVA 及以下单独运行的重要变压器，也可装设差动保护；当电流速断保护灵敏度不满足要求时，应装设差动保护。

1. 差动保护的工作原理

变压器差动保护是反映变压器原副边两侧电流差值的一种快速动作的保护装置。用来保护变压器内部以及引出线和绝缘套管的相间短路，也可用来保护变压器的匝间短路，其保护区在变压器一、二次侧所装电流互感器之间。

变压器差动保护的单相原理接线如图 7 - 46 所示。在变压器的两侧装有电流互感器，其二次绕组串接成环路，电流继电器 KA 并接在环路上，流入继电器的电流等于变压器两侧电流互感器的二次绕组电流之差，即 $I_{KA} = I''_1 - I''_2 = I_{UN}$。$I_{UN}$ 为变压器一、二次侧不平衡电流(unbalanced current)。

在正常运行和外部 K - 1 点短路时，流入继电器 KA 的不平衡电流小于继电器的动作电流，继电器不动作。在差动保护的保护区内 K - 2 点短路时，对于单端供电的变压器来说 $I'_2 = 0$、$I''_2 = 0$，所以 $I_{KA} = I''_1$，远大于继电器的动作电流，使 KA 瞬时动作，然后通过出口继电器 KM 使变压器两侧断路器 QF$_1$ 和 QF$_2$ 跳闸，切除故障变压器，同时由信号继电器 KS$_1$ 和 KS$_2$ 发出信号。

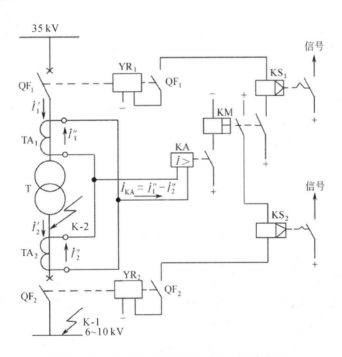

图 7 - 46　变压器差动保护的单相原理接线图

2. 变压器差动保护中不平衡电流产生的原因与抑制措施

为了提高变压器差动保护的灵敏度，在正常运行和保护区外短路时，希望流入继电器的不平衡电流 I_{UN} 尽可能的小，甚至为零，但因变压器和电流互感器的接线方式和结构性能等因素，I_{UN} 为零是不可能的。因此只能设法使之尽可能地减少。下面简述不平衡电流产生的原因及其减少或消除的措施。

1）由于变压器一、二次侧接线不同引起的不平衡电流

供配电系统中，(35～110) kV/(6～10)kV 变压器常采用 Y/△-11 接线的变压器，其两侧线电流之间就有 30°的相位差。因此，即使两侧电流互感器二次侧电流大小相等，差动回路中仍出现由相位差引起的不平衡电流。

为了消除这一不平衡电流，必须消除上述 30°的相位差，为此，将变压器 Y 形侧的电流互感器接成△形接线；而变压器△形侧的电流互感器接成 Y 形结线，如图 7-47 所示。这样，可以使电流互感器二次联接臂（差动臂）上的电流相位一致，即可消除因变压器两侧接线不同而引起的不平衡电流。

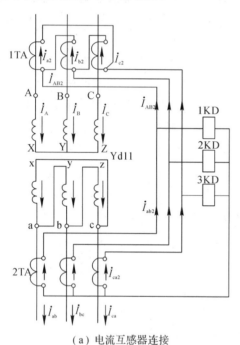

	高压侧		低压侧	
	记号	相量图	记号	相量图
变压器绕组电流	I_A I_B I_C		I_a I_b I_c	
变压器线路电流	I_A I_B I_C		I_{ab} I_{bc} I_{ca}	
电流互感器二次侧电流	I_{A2} I_{B2} I_{C2}		I_{ab2} I_{bc2} I_{ca2}	
差动回路继电器中的电流	I_{AB2} I_{BC2} I_{CA2}		I_{ab2} I_{bc2} I_{ca2}	

（a）电流互感器连接 　　　　　　（b）相量图

图 7-47　Y/△-11 联接变压器的差动保护接线

2）由于两侧电流互感器变比的计算值与标准值不同引起的不平衡电流

为了使变压器两侧电流互感器二次侧电流相等，需要选择合适的电流互感器变比。但实际所选电流互感器的标准变比不可能与计算值完全相同，故差动臂上存在不平衡电流。可以利用差动继电器的平衡线圈或自耦电流互感器来消除由电流互感器变比引起的不平衡电流。

3）由于两侧电流互感器型号和特性不同引起的不平衡电流

当变压器两侧电流互感器的型号和特性不同时，其饱和特性也不同（即使型号相同，其特性也不会完全相同）。在变压器差动保护范围外发生短路时，两侧电流互感器在短路电流作用下其饱和程度相差更大，因此，出现的不平衡电流也比较大。可通过提高保护动作电流躲过这一不平衡电流。

4）由于变压器分接头改变引起的不平衡电流

变压器在运行时，往往采用改变分接头位置（即改变高压线圈的匝数）进行调压。分接头的改变引起变压器变比的改变，因此，电流互感器二次侧电流将改变，引起新的不平衡

电流。可利用提高保护动作电流躲过。

5）由于变压器励磁涌流引起的不平衡电流

变压器的励磁电流仅流过变压器电源侧，因此，本身就是不平衡电流。在正常运行及外部故障时，此电流很小，引起的不平衡电流可以忽略不计。但在变压器空载投入和外部故障切除后电压恢复时，可能有很大的励磁电流（即励磁涌流）。

励磁涌流含有很大成分的非周期分量和以二次为主的谐波，且波形之间出现间断角。根据这些特点，常规保护中普遍使用的差动继电器（如 BCH-2 型、DCD-2 型、DCD-2M型）通过其速饱和变流器和短路线圈来抑制励磁涌流产生的不平衡电流；微机保护普遍使用鉴别波形间断角或二次谐波制动来甄别励磁涌流进行差动保护闭锁。

综合上述分析可知，变压器差动保护中的不平衡电流要完全消除是不可能的，但可以采取措施减小其影响，提高差动保护灵敏度。

3. 和差式比率制动的差动保护原理

如图 7-48 所示为由 LCD-15 型差动继电器构成变压器差动保护的原理接线图。该保护由比率制动回路、差动回路、二次谐波制动回路、差动电流速断回路及极化继电器组成。

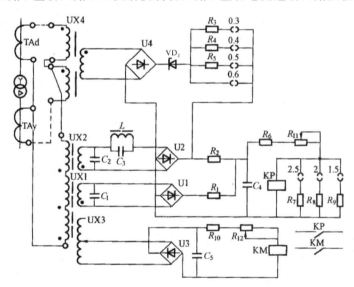

图 7-48　LCD-15 型继电器构成的变压器差动保护

1）比率制动回路

图 7-48 中比率制动回路如图 7-49 所示，实际上是一比率制动式差动继电器，由电抗变换器 UX1、UX4，整流桥 U1、U4，稳压管 VD_Z，电容 C_1、C_4（图 7-48 中）和极化继电器 KP 组成。

UX1 一次绕组 W_d 称为差动绕组，接在差动回路中。UX4 有两个相同匝数的一次绕组 W_{res1} 和 W_{res2} 称为制动绕组，两绕组极性如图 7-49 所示，两个制动绕组接在两个差动臂上。差动绕组匝数是制动绕组的两倍，即 $W_d = 2W_{res1} = 2W_{res2}$。正常运行以及外部短路时，流过 W_d 的电流为不平衡电流 $\dot{I}_d = \dot{I}'_1 - \dot{I}'_2 = \dot{I}'_{unb}$，数值很小；流过制动绕组 W_{res} 的电流 $\dot{I}_{res} = \dot{I}'_1 + \dot{I}'_2$，$I_d < I_{rew}$，故继电器不动作。当发生内部故障时，差动绕组电流为短路点的总短路电流

$\dot{I}_d' = \dot{I}_1' + \dot{I}_2'$，数值较大，而制动绕组电流 $\dot{I}_{res} = \dot{I}_1' - \dot{I}_2'$ 比较小，即 $I_d > I_{rew}$，继电器灵敏动作。

UX1 一次侧流过 I_d，UX4 一次侧流过 I_{res}，在电抗变换器二次侧产生两个相应的交流电压，并分别经过两个全波整流桥 U1 和 U4 整流后，输出直流电压 U_1 和 U_2 分别称为工作电压和制动电压。U_1 和 U_2 分别与 I_d 和 I_{res} 成正比，即 $U_1 = K_1 I_d$，$U_2 = K_2 I_{res}$。

当 U_1 和 U_2 加到极化继电器上，分别产生电流 I_1 和 I_2 为 $I_1 = \dfrac{U_1}{R_1} = \dfrac{K_1 I_d}{R_1}$，$I_2 = \dfrac{U_2}{R_2} = \dfrac{K_2 I_{res}}{R_2}$。如不考虑极化继电器动作所消耗的功率，继电器动作条件为 $I_1 - I_2 = 0$，由此可得差动继电器动作电流，即继电器刚好动作时的差动电流 I_d，如图 7-50 中虚线 1 所示，计算公式为

$$I_{op,r} = I_d = m I_{res} = I_1 = \frac{R_1 K_2}{R_2 K_1} I_{res} \tag{7-42}$$

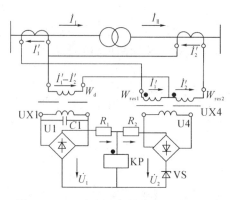

图 7-49 整流型比率制动式差动继电器

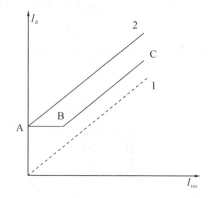

图 7-50 制动特性

若考虑极化继电器的功率损失，则继电器动作边界条件为 $I_1 - I_2 = I_0$，式中 I_0 是克服极化继电器功率损耗所必需的，此时继电器制动特性为不通过原点的直线，如图 7-50 中直线 2。

当考虑稳压管 VD_Z 的作用时，制动电压只有克服稳压管 VD_Z 的反向击穿电压时才能起到制动作用。稳压管反向击穿电压 $U_w = K_2 I_{res0}$。此时，制动特性可用图 7-50 中折线 ABC 表示，在制动电流小于 I_{res0} 时，继电器无制动作用（AB 段），其目的是为了提高内部故障时的灵敏性。I_{res0} 取决于稳压管 VD_Z 的反向击穿电压 U_w，一般取

$$I_{res0} = (0.5 \sim 1)\frac{I_{TN}}{K_{TA}} \tag{7-43}$$

式中：I_{TN}——变压器额定电流；

K_{TA}——电流互感器的变比。

2）二次谐波制动回路

二次谐波制动回路由电抗变换器 UX2、电容 C_2、电抗 L、电容 C_3 和电阻 R_2 组成，如图 7-48 所示。电抗变换器 UX2 二次绕组与电容 C_2 组成 100 Hz 谐振回路，以便从电容 C_2 两端取出二次谐波电压，再经电抗 L 和电容 C_3 组成对 50 Hz 的阻波器，除去其中的基波分量，并通过整流器 U2 输出一个二次谐波制动量加在极化继电器上，以防止变压器空载投入的误动作。

3）差动电流速断回路

差动电流速断回路由 UX3、U3 和 C_5 组成。UX3 二次侧输出一个与差动电流 I_d 成正比的电压，经 U3 整流、C_5 滤波后加在执行元件 KM 上，当输出电压达到整定值时，中间继电器 KM 动作接通跳闸回路。可以利用 UX3 的二次绕组分接头改变动作值。

4. 变压器差动保护整定计算

1）差动保护装置动作电流整定计算

在整定一次动作电流时应满足下列三个条件。

（1）躲过变压器励磁涌流的条件：

$$I_{op1} = K_{rel} I_{NT} \qquad (7-44)$$

（2）躲开电流互感器二次断线不应误动作的条件：

$$I_{op1} = K_{rel} I_{L,max} \qquad (7-45)$$

（3）躲过外部穿越短路最大不平衡电流的条件：

$$I_{op1} = K_{rel} I_{un,max} = K_{rel}(K_{sm} f_i + \Delta U + \Delta f_s) I''^{(3)}_{K2,max} \qquad (7-46)$$

式中：K_{rel}、K_{sm}、f_i——分别为可靠系数、电流互感器的同型系数与电流互感器的误差，K_{rel} 取 1.3 当电流互感器同型时 K_{sm} 取 0.5，不同型时 K_{sm} 取 1；

I_{NTd}、$I_{L,max}$——变压器于基本侧的额定电流与最大负荷电流；

ΔU、Δf_s——改变变压器分接头调压引起的相对误差与整定匝数不同于计算匝数引起的相对误差；

$I''^{(3)}_{K2,max}$——在最大运行方式下，变压器二次侧母线上短路，归算于基本侧的三相短路电流次暂态值。

选取上述三个条件计算值中最大的值，作为差动保护动作电流 I_{op1}。

2）比率制动特性的整定计算

（1）最小启动电流 $I_{d,min}$。

$$I_{d,min} = K_{rel}(2f_{i(n)} + \Delta U + \Delta m) I_{NT} \qquad (7-47)$$

式中：K_{rel}——可靠系数，取 1.3～1.5；

$f_{i(n)}$——电流互感器在额定电流下的比值误差，10P 级取 0.03，5P 级取 0.01；

ΔU——变压器分接头调节引起的最大误差，取调压范围的一半；

Δm——由于数值补偿不完全引起的误差，微机保护中约为零。

一般情况下，$I_{d,min} = (0.2～0.5) I_{NT}$。

（2）拐点制动电流 I_{res0}。

$$I_{res0} = (0.8～1.0) I_{NT} \qquad (7-48)$$

（3）比率制动系数（制动特性斜率）K。

为了保证差动保护的灵敏度，比例制动系数 K 一般取 0.3～0.5。

（4）灵敏度校验。

在系统最小运行方式下，计算变压器出口金属性短路的最小两相短路电流 $I''^{(2)}_{K2,min}$。

$$K_s = \frac{I^{(2)}_{K2,max}}{I_{op1}} \qquad (7-49)$$

要求 $K_s \geqslant 2$。

第四节 高压电动机的保护

一、高压电动机常见的故障类型、不正常工作状态与保护配置

在工业生产中常采用大量高压电动机，在运行中它们发生的常见短路故障和不正常工作状态有：电机绕组的相间短路、单相接地，电动机过负荷、低电压，同步电动机失磁、失步等。电动机的保护配置原则如下：

（1）2000 kW 以下的高压电动机相间短路，装设电流速断保护；对 2000 kW 及以上的电动机、小于 2000 kW 但具有六个引出端子的重要电动机或电流速断保护灵敏度不满足要求的高压电动机，装设差动保护。保护动作于跳闸。

（2）当电动机的单相接地电容电流大于 5A 时，应装设有选择性的接地保护，动作于跳闸。

（3）对容易过负荷的电动机，要求装设过负荷保护，保护动作于发预告信号、延时跳闸或自动减负荷。

（4）对不重要的高压电动机或不允许自起动的电动机，应装设低电压保护。当电网电压降低到某一值时，低电压保护动作，将不重要的或不允许自起动的电动机从电网切除，以保证重要电动机在电网电压恢复时，能顺利地自起动。

二、高压电动机的过负荷与速断保护

常规保护中常采用 GL 型感应式电流继电器构成电动机的过负荷与瞬时电流速断保护，利用其反时限特性的感应系统实现过负荷保护，利用其瞬动的电磁系统实现瞬时电流速断保护。对不易过负荷的电动机，如风机、水泵等，可采用 DL 型电磁式电流继电器组成瞬时电流速断保护。

电动机的过负荷与瞬时电流速断保护接线多采用两相电流差式，如图 7-51(a) 所示。当灵敏度不够时，可改用两相式接线如图 7-51(b) 所示。

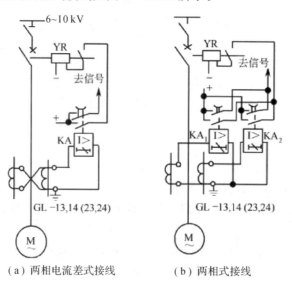

（a）两相电流差式接线　　　　（b）两相式接线

图 7-51　高压电动机的过负荷保护与瞬时电流速断保护的接线图

1. 高压电动机过负荷保护的整定

过负荷保护的动作电流应躲开高压电动机的额定电流，继电器的动作电流为

$$I_{op,KA} = \frac{K_{rel}}{K_{re}} \frac{K_W}{K_{TA}} I_{NM} \tag{7-50}$$

一次侧的动作电流为

$$I_{op1} = \frac{K_{TA}}{K_W} I_{op,KA} \tag{7-51}$$

式中：K_{rel}、K_{re}——可靠系数与返回系数。当动作于信号时，$K_{rel} = 1.05 \sim 1.1$，动作于跳闸时取 $K_{rel} = 1.2 \sim 1.25$；K_{re} 通常取 $0.8 \sim 0.85$。

K_{TA}、K_W——电流互感器的变比与接线系数。

过负荷保护的动作时间应大于被保护电动机的启动与自启动时间，但不应超过电动机过负荷允许持续时间。

2. 高压电动机瞬时电流速断保护的整定

瞬时电流速断保护的动作电流应躲过电动机的起动电流，继电器的动作电流为

$$I_{op,KA} = K_{rel} \frac{K_W}{K_{TA}} I_{st,max} \tag{7-52}$$

一次侧动作电流为

$$I_{op1} = \frac{K_{TA}}{K_W} I_{op,KA} = K_{rel} K_{st} I_{NM} \tag{7-53}$$

式中：I_{NM}、$I_{st,max}$——电动机的额定电流与最大起动电流有效值；

K_{rel}、K_{st}——可靠系数与电动机的起动倍数。对 GL 型继电器，$K_{rel} = 1.8 \sim 2$，对 DL 型继电器，$K_{rel} = 1.4 \sim 1.6$。

同步电动机瞬时电流速断保护的动作电流，除应躲过起动电流外，尚应躲开外部短路时同步机输出的最大三相短路电流。

同步电动机供出的最大三相短路电流可按下式计算

$$I_{K,max}^{(3)} = \left(\frac{1.05}{X''_{*M}} + 0.95\sin\varphi_N \right) I_{NM} \tag{7-54}$$

式中：X''_{*M}、φ_N——同步电动机的次暂态电抗与其额定功率因数角。

电动机瞬时电流速断保护的灵敏度可按下式校验

$$K_s = \frac{I_{K,min}^{(2)}}{I_{op1}} \geqslant 2 \tag{7-55}$$

式中：$I_{K,min}^{(2)}$——电动机端子处最小两相短路电流值。

三、高压电动机的差动保护

对 2000 kW 及以上的高压电动机，或电流速断保护灵敏度不能满足要求的高压电动机，且电动机的中性点侧有引出线时，可采用差动保护作为主保护。5000 kW 及以下的电动机差动保护一般按两相式接线，可由两只 DL-11 型继电器组成，其原理接线如图 7-52 所示，作用于电动机出口断路器跳闸。

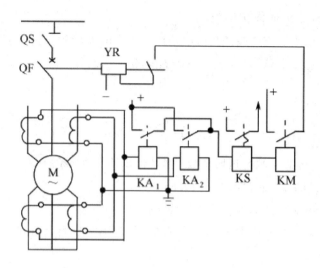

图 7-52　高压电动机差动保护原理接线图

当采用 DL-11 型电流继电器组成差动保护时，为躲开电动机起动时非周期分量电流的影响，可利用一个带 0.1 s 延时的出口中间继电器动作于高压断路器跳闸。

电动机差动保护的动作电流应按躲过电动机的额定电流来整定，继电器的动作电流为

$$I_{op, KA} = \frac{K_{rel}}{K_{TA}} I_{NM} \tag{7-56}$$

式中：K_{rel}——可靠系数，对 DL 型继电器取 $K_{rel} = 1.2 \sim 2$。

灵敏度校验同样可按式（7-55）进行。

四、高压电动机的低电压保护

电动机低电压保护是电动机的一种辅助保护，其目的是保证重要电动机顺利自起动和保证不允许自起动的电动机不再自起动。

1. 低电压保护的装设原则和基本要求

低电压保护装设原则具体如下：

（1）在电源电压暂时下降后又恢复时，为了保证重要电动机能顺利自起动，对不重要电动机和不准自起动的电动机，应装设起动电压为 $(60\% \sim 70\%) U_N$，时限为 0.5～1.5 s 的低电压保护，动作于跳闸。

（2）对由于生产工艺、技术或安全的要求，"长期"失电后不允许自起动的重要电动机，应装设起动电压为 $(40\% \sim 50\%) U_N$，时限为 5～10 s 的低电压保护，动作于跳闸。

装设低电压保护装置应满足以下基本要求：

（1）组成低电压成组保护，即对接于同一母线上的各台电动机，按照低电压保护的不同时限要求分别组成成组保护。

（2）当电压互感器一、二次侧熔断器一相、两相或三相同时熔断时，低电压保护不应误动作，而应发断线信号。

（3）电压互感器一次侧隔离开关断开时，低电压保护应给予闭锁，以免保护误动作。

2. 低电压保护的工作原理

根据上述基本要求，高压电动机的低电压保护接线如图 7-53 所示。其中 $KV_1 \sim KV_3$ 按 $(60\% \sim 70\%)U_N$ 整定，KV_4 和 KV_5 按 $(40\% \sim 50\%)U_N$ 整定。

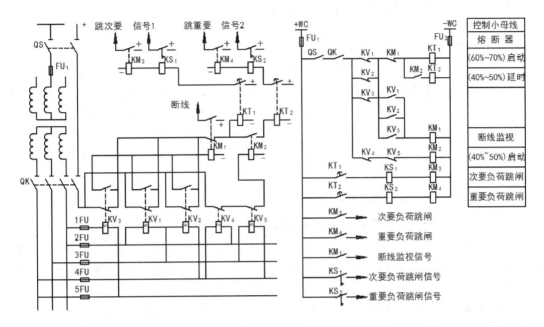

图 7-53　高压电动机低电压保护原理接线图

当母线电压三相均降至 $(60\% \sim 70\%)U_N$ 时，$KV_1 \sim KV_3$ 保护起动，它们的常闭接点均闭合，而它们的常开接点断开，KM_1 处于失电状态，其常闭接点闭合，接通 KT1，其常开接点延时 $0.5 \sim 1.5$ s 闭合，接通 KM_3 使其动作于次要电动机跳闸及发信号；如电压继续下降至 $(40\% \sim 50\%)U_N$，KV_4、KV_5 起动，其常闭接点闭合，接通 KM_2，使 KT_2 动作，经 $5 \sim 10$ s 延时接通 KM_4，使其动作于重要电动机跳闸。同时 KM_1 常开接点断开，闭锁电压回路断线信号装置而避免误发信号。

如果电压互感器二次侧熔断器 2FU～4FU 同时熔断（此可能性极小），只能使电压继电器 KV_1、KV_2 失电，而 KV_3 没失电，此时 KM_1 通过 KV_1（或 KV_2）常闭接点与 KV_3 的常开接点得电，使 KM_1 常闭接点断开，将低电压保护闭锁。KM_1 常开接点去起动中央预告信号，发出熔断器熔断信号。

当电压互感器一次侧高压隔离开关 QS 或低压刀开关 QK 断开时，则其辅助开关 QS 或 QK 随之断开，使低电压保护装置失去控制电源而退出工作。

五、高压电动机的单相接地保护

在中性点不接地的供配电系统中，当电动机的单相接地电容电流大于 5 A 时，很危险，有可能过渡到相间短路，因此应装设有选择性的接地保护，动作于跳闸。电动机的单相接地保护原理和小接地电流系统中的线路单相接地保护原理基本相同，一般采用零序电流保护或方向零序电流保护，此处不再赘述。

第五节　高压电力电容器的保护

一、高压电容器的常见故障类型与保护配置

1. 常见故障类型及保护配置

高压电容器常见的故障类型及对应的保护配置如下：

（1）电容器与断路器之间连线的短路。对 400 kvar 以上的电容器组，设置无时限或带 0.1～0.3 s 短延时的电流速断保护，动作于跳闸；对 400 kvar 及以下的电容器组，采用带熔断器的负荷开关进行控制和保护。

（2）单台电容器内部极间短路。设置专用的熔断器保护，熔体的额定电流为电容器额定电流的 1.5～2 倍。

2. 常见不正常运行状态及保护配置

高压电容器常见的不正常运行状态及对应的保护配置如下：

（1）电容器组过负荷。电容器允许在 1.3 倍额定电流下长期运行，过电流允许达 1.43 倍额定电流。一般可不设保护，需要时装设反时限过电流保护作为过负荷保护，延时动作于信号。

（2）母线电压升高。当母线电压超过 110% 额定电压时，装设过电压保护，延时动作于信号或跳闸。

（3）单相接地保护。当电容器组所接电网接地电容电流大于 10 A 时，装设单相接地保护，原理同小接地电流系统中线路的单相接地保护。

二、高压电容器的电流速断保护

电容器组的电流速断保护的原理接线图见图 7-54。高压电容器的电流速断保护的动作电流应躲过电容器投入时的冲击电流，继电器的动作电流为

$$I_{op, KA} = K_{rel} \frac{K_W}{K_{TA}} I_{NC} \tag{7-57}$$

一次侧动作电流为

$$I_{op1} = \frac{K_{TA}}{K_W} I_{op, KA} \tag{7-58}$$

式中：I_{NC}——电容器组的额定电流；

　　　K_{rel}——可靠系数，取 2～2.5。

电容器电流速断保护的灵敏度可按下式校验：

$$K_s = \frac{I_{K, min}^{(2)}}{I_{op1}} \geqslant 2 \tag{7-59}$$

式中：$I_{K, min}^{(2)}$——电容器组端子处最小两相短路电流值。

当保护装置动作切除电容器时，在电容器中储有比较大的电场能，电容器上有较高的电压。为了保证设备和人身的安全，需通过放电回路将电容器中储存的电荷及时释放掉。高压电容器一般采用电压互感器作放电电阻，不需另设放电电阻。

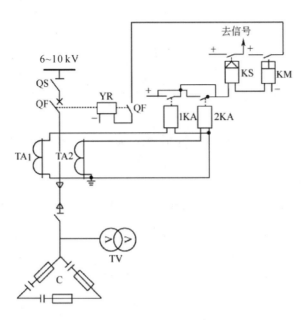

图 7-54　高压电容器的电流速断保护接线图

第六节　供配电系统的微机保护

随着城市的扩大、工农业生产的发展和人民生活水平的提高，供配电系统的容量日趋增大、结构日趋复杂，因而对继电保护的要求也日趋提高。现有的模拟式保护难以满足要求，微机型继电保护因此应运而生。我国在微机保护方面的研究工作起步较晚，但发展却很快，已经推出了不少成型的产品，现已进入全面应用期。

一、微机保护的功能

供配电系统微机保护具有以下功能。

1. 保护功能

微机保护装置可以实现常规机电型继电保护装置的所有电量保护功能。微机保护装置通常分为线路保护单元和变压器保护单元，用户可自由选择保护方式，并进行数字整定。

2. 测量功能

配电系统正常运行时，微机保护装置可不断测量各电量运行参数，并可以在显示器显示或由打印机打印。

3. 自动重合闸功能

配电系统出线上可设置自动重合闸装置，当线路上发生短路故障，保护动作，断路器自动跳闸后，该装置能自动发出合闸信号，使断路器自动合闸，以提高供电可靠性。用户可以自主设置重合闸次数、延时时间及装置是否运行等。

4. 人机对话功能

微机保护装置通过液晶显示器和简洁的键盘提供良好的人机对话功能，具体功能如下：

（1）保护类型的选择和保护定值的设定；

（2）正常运行时各相电流电压显示；

（3）自动重合闸功能的选择和参数的设定；

（4）故障时，故障性质和参数的显示；

（5）自检通过或自检报警。

5．自检功能

为了保证微机保护装置的可靠运行，装置必须具有自检功能，对相关的硬件和软件进行开机自检和运行中的动态自检。

6．事件记录功能

微机保护装置可以记录并存储配电网中事件发生的时间、保护动作前后的电流和电压波形，保护动作类型等，并可随时调用和更新。

7．报警功能

微机保护装置的报警功能包括自检报警和故障报警。

8．断路器控制功能

各种保护动作和自动重合闸动作后，控制断路器的自动跳闸和自动合闸。

9．通信功能

微机保护装置能与中央控制室的后台主控机进行通信，相互传送数据和接受命令等。

10．实时时钟功能

实时时钟功能能自动生成年月日和时分秒，最小分辨率为毫秒，有对时功能。

二、微机保护的硬件结构

微机保护的硬件构成框图如图 7-55 所示，它包括输入信号、数据采集系统、微型计算机系统、输出信号、外围设备（如打印机）等。

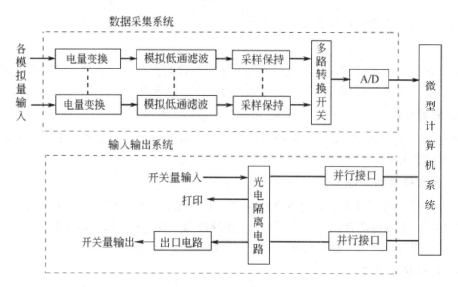

图 7-55　微机保护装置硬件系统框图

1. 输入信号

输入信号由继电保护设置类型决定，通常有：电压互感器二次侧电压、电流互感器二次侧电流、数据采集系统自检用标准直流电压及有关开关量等。

2. 数据采集系统

数据采集系统又称为模拟量输入系统，由电量变换、模拟低通滤波器、采样保持、多路转换开关与模/数转换器几个环节组成。其作用是将电压、电流模拟量经过上述环节转化成为计算机能接受与识别的，而且大小与输入量成比例，相位不失真的数字量，然后送入CPU主系统进行数据处理及运算。

3. 微型计算机系统

微型计算机系统又称为CPU主系统，由微处理器、可编程只读存储器、随机存储器、定时器、接口板等设备组成。实际上是由各种芯片搭成专用计算机，或使用单片机构成。

4. 输出信号

输出信号主要是开关量的输出，主要包括保护的出口跳闸及信号报警等。通常为了提高抗干扰能力、提高可靠性，输入、输出信号都应经过光电隔离后与计算机系统相连。

5. 外围设备

外围设备是指便于运行人员操作和维护保护设备的装置，包括键盘、显示器、打印机及绘图仪等。

三、微机保护的软件系统

微机保护的软件系统一般包括调试监控程序、运行监控程序和中断微机保护功能程序三部分。其程序原理框图见图7-56所示。

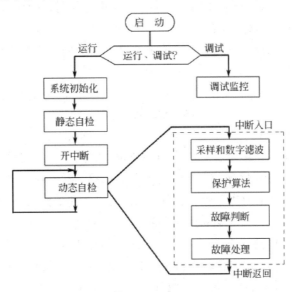

图7-56　微机保护装置软件程序原理框图

调试监控程序对微机保护系统进行检查、校核和设定；运行监控程序对系统进行初始化，对 EPROM、RAM、数据采集系统进行静态自检和动态自检；中断微机保护功能程序完成整个继电保护功能，微机以中断方式在每个采样周期执行继电保护程序一次。

微机保护程序主要由采样和数字滤波、保护算法、故障判断和故障处理等子程序组成。采样和数字滤波是对输入信号进行采样、模数转换，并存入内存，进行数字滤波；保护算法是根据采样和数字滤波后的数据，计算有关参数的幅值、相位等；故障判断是根据保护判据，判断故障发生、故障类型、故障相别等；故障处理是根据故障判断结果，发出报警信号和跳闸命令，启动打印机，打印有关故障信息和参数。

四、微机保护的发展趋势

1. 网络化

微机保护的作用不只限于切除故障元件和限制事故影响范围，还要保证全系统的安全稳定运行。这就要求每个保护单元都能共享全系统运行和故障信息的数据，各个保护单元与重合闸装置在分析这些信息和数据的基础上协调动作，确保系统的安全稳定运行。显然，实现这种系统保护的基本条件是将全系统各主要设备的保护装置用计算机网络联接起来，亦即实现微机保护装置的网络化。这在当前的技术条件下是完全可能的。

2. 保护、控制、测量、数据通信一体化

在实现继电保护的计算机化和网络化的条件下，保护装置实际上就是一台高性能、多功能的计算机，是整个电力系统计算机网络上的一个智能终端。每个微机保护装置不但可完成继电保护功能，而且在无故障正常运行情况下还可完成测量、控制、数据通信功能，亦即实现保护、控制、测量、数据通信一体化。

3. 智能化

近年来，人工智能技术如神经网络、遗传算法、进化规划、模糊逻辑等在电力系统各个领域都得到了应用，在继电保护领域应用的研究也已开始。将这些人工智能方法适当结合可使求解速度更快。可以预见，人工智能技术在继电保护领域必会得到应用，以解决用常规方法难以解决的问题。

本 章 小 结

本章介绍了供配电系统继电保护的作用和要求、电流保护的接线方式和接线系数、常用保护继电器的结构和工作原理，重点讲述了电力线路、电力变压器、高压电动机和高压电容器的保护，包括常见的故障和保护配置、保护的接线和工作原理、保护的整定计算，还讨论了保护新技术——配电系统微机保护装置。

1. 继电保护装置的主要作用是自动地、迅速地和有选择地切除故障设备，正确反映设备的不正常运行状态，因此继电保护应满足选择性、速动性、灵敏性和可靠性要求。

2. 供配电系统的继电保护主要是电流保护，电流保护的接线方式有三相三继电器式、两相两继电器式、两相三继电器式和两相一继电器式（两相电流差接线）。

3. 线路的电流保护主要有三段式电流保护，Ⅰ段电流速断保护按线路末端最大三相短路电流整定，按首端最小两相短路电流校验灵敏度，选择性要求由动作电流满足，但在线路末端保护有死区，不能保护整个元件；Ⅱ段限时电流速断保护按下级线路Ⅰ段保护动作电流整定，按本级线路末端最小两相短路电流校验灵敏度，动作时限与下级Ⅰ段保护配合；Ⅲ段定时限过电流保护按最大负荷电流整定，按本级和下级线路末端最小两相短路电流校验灵敏度，动作时限按时限阶梯原则整定，由动作时间满足选择性要求。在多电源系统中，为满足选择性要求，根据需要设置方向电流保护。

4. 电力变压器的继电保护是根据变压器的容量和重要程度确定的，变压器的故障分为内部故障和外部故障两种。变压器保护一般有瓦斯保护、纵联差动保护或电流速断保护组成的主保护，定时限过电流保护构成的后备保护以及过负荷保护、低压侧单相接地保护等辅助保护。瓦斯保护能灵敏反应变压器油箱内部轻微故障，分为重瓦斯保护和轻瓦斯保护，重瓦斯保护动作于跳闸，轻瓦斯保护动作于跳闸。变压器的差动保护是反应变压器原副边两侧电流差值的一种快速动作的保护装置，用来保护变压器内部以及引出线和绝缘套管的相间短路，其保护区在变压器一、二次侧所装电流互感器之间。其他保护形式与线路的相关保护原理基本相同，但必须注意，在用到变压器二次侧电流时，需考虑变压器的电流分布和变比。

5. 微机保护是一种数字化智能保护装置，具有功能多、性能优、可靠性高等优点，是继电保护发展的方向。

思考题和习题

7.1　继电保护装置的任务和基本要求是什么？

7.2　电流保护的常用接线方式有哪几种？各有什么特点？

7.3　什么是 DL 型电流继电器的动作电流、返回电流和返回系数？

7.4　电磁型电流继电器和感应型电流继电器工作原理有何不同？如何调节各自的动作电流？

7.5　电磁型时间继电器、信号继电器和中间继电器的作用是什么？

7.6　线路的电流速断保护的动作电流如何整定？灵敏度怎样校验？

7.7　线路的限时电流速断保护的动作电流如何整定？灵敏度怎样校验？

7.8　线路的过电流保护装置的动作电流、动作时间如何整定？灵敏度怎样校验？

7.9　反时限过电流保护的动作时限如何整定？

7.10　试述线路的三段式电流保护的配合原理。

7.11　线路的单相接地保护如何实现？绝缘监察装置如何发现接地故障？如何查出接地故障线路？

7.12　为什么变压器的电流保护一般不采用两相电流差接线？

7.13　变压器的电流保护和线路的电流保护有何相同和不同之处？

7.14　试述变压器瓦斯保护的工作原理。

7.15 变压器差动保护的工作原理是什么？差动保护中不平衡电流产生的原因是什么？如何减小不平衡电流？

7.16 高压电动机和电容器的继电保护如何配置和整定？

7.17 配电系统微机保护有什么功能？简述其硬件结构和软件系统。

7.18 图 7-57 所示系统为无限大容量系统供电的 35 kV 放射式线路，已知线路 L-1 的最大负荷电流为 220 A，电流互感器变比为 300/5，采用不完全星形接线。K-1 点三相短路电流为：$I_{K1max} = 4000$ A，$I_{K1min} = 3500$ A，K-2 点三相短路电流为：$I_{K2max} = 1400$ A，$I_{K2min} = 1250$ A。K-3 点三相短路电流为：$I_{K3max} = 540$ A，$I_{K3min} = 500$ A。线路 L-2 采用定时限过电流保护，动作时限为 1.2 s。拟在线路 L-1 上设置定时限过电流保护。请整定保护的动作电流和动作时限，并校验灵敏度。

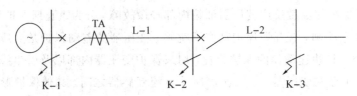

图 7-57 习题图

7.19 图 7-57 中为无限大容量系统供电的 35 kV 放射式线路，已知线路 L-1 的负荷电流为 230 A，取最大过负荷倍数为 1.5，线路 L-1 上的电流互感器变比选为 400/5，线路 L-2 上定时限过电流保护的动作时限为 2 s。在最大和最小运行方式下，K-1、K-2、K-3 各点的三相短路电流如下所示：

短路点	K-1	K-2	K-3
最大运行方式下三相短路电流	7500	2510	850
最小运行方式下三相短路电流	5800	2150	740

拟在线路 L-1 上装设两相不完全星形接线的三段式电流保护，试计算各段保护的动作电流、动作时限，选出主要继电器并作灵敏度校验。

7.20 图 7-57 所示网络中，已知线路 L-1 的最大负荷电流为 300 A，电流互感器的变比为 400/5，采用两相电流差接线。K-2 点三相短路电流为：$I_{K2max} = 3000$ A，$I_{K2min} = 2200$ A。K-3 点三相短路电流为：$I_{K3max} = 1400$ A，$I_{K3min} = 1200$ A。线路 L-2 采用反时限过电流保护，其首端短路时动作时限为 1.2 s。试整定线路 L-1 采用 GL-11 型继电器构成反时限过电流保护的动作电流和 10 倍动作电流时限，并校验灵敏度。

7.21 某 LG 型功率方向继电器的电抗变换器移相角 γ 为 60°，保护装置采用 90°接线，试回答：

(1) 继电器的内角是多少？最大灵敏角是多少？继电器阻抗角的动作范围是多少？

(2) 当线路发生三相短路时，故障线路的阻抗角为多少时继电器最灵敏？

(3) 请画出继电器的动作范围图。（以三相短路 A 相为例）

7.22 某企业总降的主变额定容量为 20 MVA，变比为 35±2×2.5%/6.3 kV，Y/△-11 型接线。已知 6.3 kV 母线上三相短路电流 $I_{K2max} = 2540$ A，$I_{K2min} = 1820$ A（已归算到 35 kV 侧），变压器最大负荷电流为其额定电流的 1.1 倍。拟采用 BCH-2 型差动继电器构成纵联差动保护,试进行整定计算。TA 变比有 400/5,500/5,600/5,800/5,1000/5,1200/5,1500/5,2000/5。

7.23　某大型给水泵高压电动机参数为:$U_{NM}=6$ kV,$P_{NM}=2000$ kW,$I_{NM}=230$ A,$K_{st}=6$。电动机端子处两相短路电流为 6000 A,自启动时间 $t_{st}=8$ s,拟采用 GL 型电流继电器和不完全星形接线组成高压电动机瞬时电流速断保护及过负荷保护,电流互感器的变比为 400/5,试整定上述保护的动作电流、动作时限,并校验灵敏度。

第八章 供配电系统的二次回路

第一节 二次回路及其操作电源

一、二次回路的基本概念

供配电系统的二次回路(secondary circuit)是指用来对一次回路电气元件的运行进行控制、监测、指示和保护的电路，又称二次接线。

二次回路按电源的性质，分为交流回路和直流回路；按二次回路的用途，可以分为操作电源回路、测量表计回路、断路器控制和信号回路、中央信号回路、继电保护和自动装置回路等。

二次回路采用二次接线图表示。二次接线图是指用国家标准规定的电气设备图形符号与文字符号绘制的表示二次回路元件相互连接关系及其工作原理的电气简图，包括原理接线图和安装接线图。原理接线图又分为归总式原理接线图和展开式原理接线图。

1. 原理接线图

原理接线图(circuit diagram)是用来表示二次回路中各元件的电气联系和工作原理的电气回路图。

1) 归总式原理接线图

归总式原理图是用来表示继电保护、测量表计、控制信号和自动装置等工作原理的一种二次接线图。采用的是集中表示方法，即在原理图中，各元件是用整体的形式，与一次接线有关部分画在一起，如图 8-1(a)所示。但当元件较多时，接线相互交叉太多，不容易表示清楚，因此仅在解释继电保护动作原理时，才使用这种图形。

2) 展开式原理接线图

展开式接线图是将每套装置的交流电流回路、交流电压回路和直流操作回路和信号回路分开来绘制。在展开式接线图中，同一仪表或继电器的电流线圈、电压线圈和触点常常被拆开来，分别画在不同的回路里，因而必须注意将同一元件的线圈和触点用相同的文字符号表示，如图 8-1(b)所示。另外，在展开式接线图中，每一回路的旁边附有文字说明，以便于阅读。

可见，展开式原理图的特点是条理清晰，易于阅读，能逐条地分析和检查。对复杂的二次回路，展开图的优点更显得突出，因此，在实际工作中，展开图用得最多。

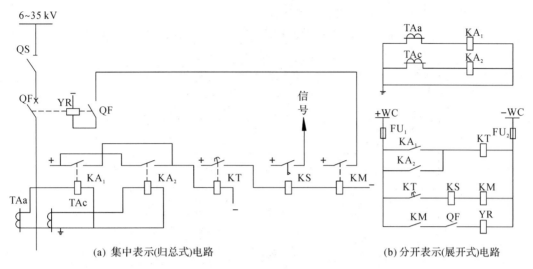

(a) 集中表示(归总式)电路　　　　　　　　(b) 分开表示(展开式)电路

图 8-1　两相式定时限过电流保护装置电路图

2. 安装接线图

根据施工安装的要求，表示二次设备的具体位置和布线方式的图形称为安装接线图(fixing diagram)。安装接线图包括屏面布置图、端子排图和屏后接线图。详细内容将在后面有关章节中介绍。

二、操作电源

变配电所的操作电源(operational power supply)是供开关电器控制回路、继电保护回路、信号回路、监测装置及自动装置等二次回路所需的工作电源。操作电源对变配电所的安全可靠运行起着极为重要的作用，因此要求充分保证操作电源的可靠性和足够容量，并应具有独立性。

对操作电源的基本要求有：

(1) 应保证供电的可靠性，最好装设独立的直流操作电源，以免交流系统故障时，影响操作电源的正常供电。

(2) 应具有足够的容量，以保证正常运行时，操作电源母线(以下简称母线)电压波动范围小于 $\pm 5\%$ 额定值；事故时的母线电压不低于额定值的 90%。

(3) 波纹系数小于 5%。

(4) 使用寿命、维护工作量、设备投资、布置面积等应合理。

操作电源按其性质分，有直流操作电源和交流操作电源两大类。

1. 直流操作电源

目前变配电所直流操作电源使用比较多的有硅整流带电容储能直流操作电源和蓄电池直流操作电源。

1) 硅整流带电容储能直流操作电源

硅整流带电容储能直流操作电源是通过硅整流设备，将交流电源变换为直流电源，作为变电站的直流操作电源。为了在交流系统发生短路故障时，控制、保护及断路器仍然能可靠动作，系统还装有一定数量的储能电容器。

硅整流电容储能直流系统通常由两组整流器 U_1 和 U_2、两组电容器 C_1 和 C_2 及相关的开关、电阻、二极管、熔断器、继电器组成，如图 8-2 所示。

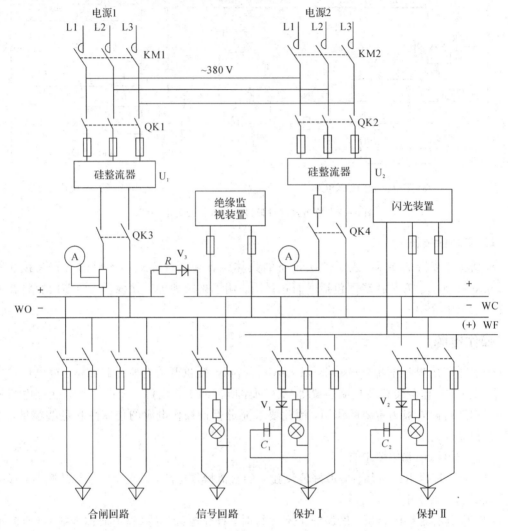

C_1，C_2—储能电容器；WC—控制小母线；WF—闪光信号小母线；WO—合闸小母线

图 8-2　硅整流带电容储能直流系统原理图

硅整流装置的电源来自所用变压器的低压母线。为保证可靠性，采用两路电源和两台硅整流装置，其中 U_1 容量大，供给断路器合闸回路，并可向控制、保护和信号回路供电；U_2 容量小，仅向控制、保护和信号回路供电。两组硅整流之间用电阻 R 和二极管 V_3 隔开。V_3 起逆止阀的作用，只允许合闸母线向控制母线供电，而不允许反向供电。电阻 R 起保护 V_3 的作用，限制控制母线短路时流过 V_3 的电流。

在直流母线上引出了若干条线路，分别向合闸回路、信号回路、保护回路等供电。在保护回路中 C_1、C_2 为储能电容器组，所储存的电能作为事故情况下继电保护回路和跳闸回路的操作电源。逆止元件 V_1、V_2 的作用是在事故情况下，交流电源电压降低引起操作电压降低时，禁止电容器向操作母线供电，而仅向保护回路放电。为了防止储能电容器开路或老化，即电容器容量降低或失效，应定期检查电容器的电压、泄漏电流和容量。

硅整流直流操作电源的优点是价格低，占地面积较小，维护工作量小，体积小，不需要充电装置。其缺点是电源独立性差，电源的可靠性受交流影响，需加装储能电容和交流电源自动投切装置，二次回路复杂。

2）蓄电池组直流操作电源

蓄电池(storage battary)组是独立可靠的操作电源，它不受交流电源的影响，即使在全所停电的情况下仍能保证连续可靠的工作，同时保证事故照明用电。因此在大中型变电站中广泛使用。

图 8-3 所示是一种智能高频开关直流操作电源系统示意图。它主要由交流输入部分、充电模块、电池组、直流配电部分、绝缘监测仪以及微机监控模块等几部分组成。一组蓄电池配置一套充电装置，交流输入采用两路电源互为备用，以提高供电可靠性。充电模块采用先进的移相谐振高频软开关电源技术，将三相 380 V（或单相 220 V）交流输入先整流成高压直流，再逆变及高频整流为可调脉宽的脉冲电压波，经滤波输出所需纹波系数很小的直流电，然后对带阀控式密封蓄电池组进行均充和浮充。充电模块一般除实际需要数量外

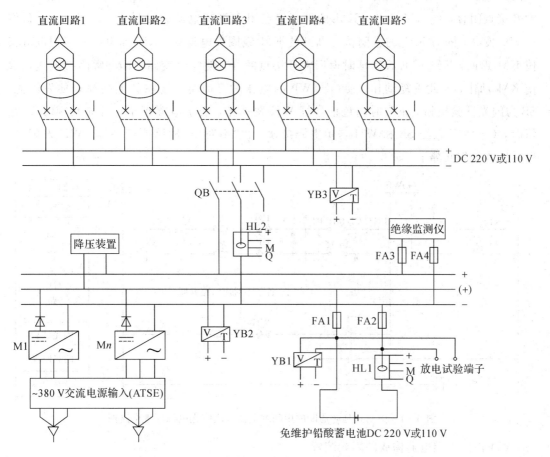

图 8-3　一种智能高频开关直流操作电源系统示意图

还应预留 1 个模块备用。绝缘监测仪可实时监测系统绝缘状况，确保安全。YB1～YB3 为线性光耦元件，用于直流母线电压检测；HL1～HL2 为霍尔元件，用于直流充放电电流检测。

在一次系统电压正常时，直流负荷由开关电源输出的直流电直接或经降压装置后供电，而蓄电池组处于浮充状态用于弥补电池的自放电损失；当一次系统发生故障时，交流电压可能会大大降低或消失，使开关电源不能正常供电，此时，由蓄电池组向直流负荷供电，保证二次回路特别是继电保护回路及断路器跳闸回路工作可靠。

3）闪光装置

变电所的直流系统通常装有闪光装置（flash device），作为断路器位置信号灯（或其他闪光需要）电源。常用的闪光装置有以下两种：

（1）由两个延时返回中间继电器构成的闪光装置。

图 8-4 为这种闪光装置的原理图。高压断路器的"不对应"回路接在（＋）WF 与 -WC 之间，当断路器 QF₁ 自动跳闸后，其实际位置与控制开关手柄位置不对应，闪光小母线（＋）WF 通过断路器 QF₁ 常闭接点、控制开关 SA 触点 9-10 与负电源 -WC 接通，中间继电器 KM₁ 动作，此时由于 KM₁ 线圈串联在绿灯 HG 回路中，所以绿灯较暗。KM₁ 常开接点闭合，使 KM₂ 动作，KM₂ 的常开接点闭合将正电源直接加到（＋）WF 上，使绿灯 HG 发亮；同时 KM₂ 的常闭接点断开使 KM₁ 线圈失电返回，KM₁ 常开接点延时断开又使 KM₂ 返回，KM₂ 返回后其延时返回常开接点断开，使绿灯变暗。KM₂ 常闭接点接通又使 KM₁ 动作，如此重复动作，使（＋）WF 的电压时高时低，接在其上的绿灯便发闪光。SB 为闪光试验按钮，正常时白色信号灯 WH 发平光，表示电源正常，当按下 SB 试验按钮时，（＋）WF 就经 SB 和 WH 与负电源接通。和"不对应"回路原理一样，WH 发闪光，以示闪光装置正常。

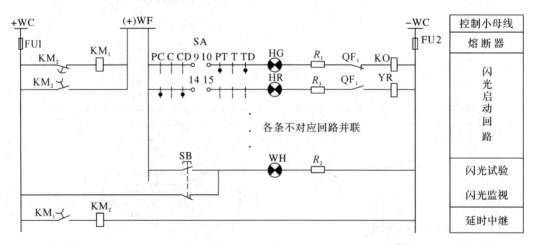

图 8-4　由两只延时通断的中间继电器构成闪光电源原理电路图

（2）由闪光继电器构成的闪光装置。

图 8-5 为用闪光继电器构成的闪光装置原理图。图中虚线框内部分为闪光继电器 KF，

"不对应"回路接在（＋）WF 与负电源之间，当某条不对应回路接通，闪光小母线（＋）WF 与负电源－WC 接通，电容 C 充电，当端电压达到继电器 K 动作电压时，K 动作其常开接点闭合，使信号灯发亮。此时电容 C 经继电器 K 线圈放电，当电容 C 的端电压下降至继电器 K 返回电压时，继电器 K 返回，K 的常开接点断开，常闭接点闭合，使信号灯变暗，电容 C 再次充电。如此重复上述过程，使（＋）WF 上的电压时高时低，接在其上的信号灯便发闪光。图中其他部分的作用与图 8-4 相同。

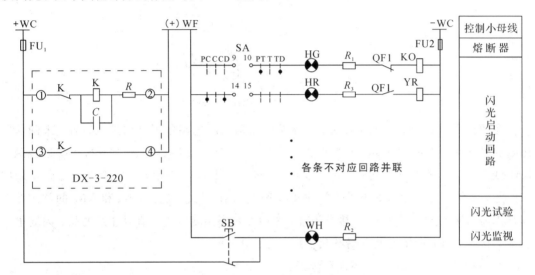

图 8-5　由 DX-3 型闪光继电器构成的闪光电源

2. 交流操作电源

小型 10 kV 变电所一般采用弹簧操动机构，且继电保护较简单，可以选用交流操作电源，从而省去直流电源装置，降低投资。交流操作电源可取自所用变压器、电压互感器和电流互感器。一般由电流互感器向断路器的跳闸回路供电；由所用变压器向断路器的合闸回路供电；由电压互感器向控制、信号回路供电。

交流操作电源的优点是接线简单、投资低廉、维修方便；缺点是交流继电器的性能没有直流继电器完善，不能构成复杂的保护。因此在小型终端变电站中应用广泛。

三、所用变压器

变电所的用电一般应设置专门的变压器供电，这种变压器称为所用变压器，简称所用变。变电所的负荷主要有室内外照明、生活区用电、事故照明、操作电源用电等，上述负荷一般分别设置供电回路。

为保证操作电源的供电和可靠性，所用变一般必须设置两台，互为备用，且一台设置在进线电源处（进线断路器外侧），即使变电所母线或变压器发生故障时，所用变仍能取得电源；另一台所用变可接于变电所另一进线电源侧的高压或低压母线上，如图 8-6 所示。

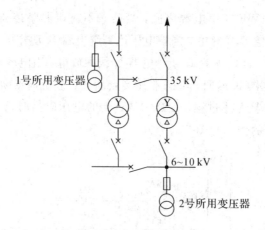

图 8-6　所用变压器的接线

在两台所用变的低压侧可采用由交流接触器构成的电源备用自动投入装置，来确保所用电的可靠性，图 8-7 所示。正常时由 1 号所用变供电，KI 有电，其常开接点接通接触器 KM_1 线圈，使 KM_1 主接点闭合；KI 常闭接点打开，使 KM_2 断电，2 号所用变处于备用状态。当 1 号所用变故障而失压时，KI 失电返回使 KM_1 也失电返回，KI 和 KM_1 的常闭接点闭合接通 KM_2 线圈，使 KM_2 主接点闭合，改由 2 号所用变供电。值得注意的是，因变电所主变的接线方式，所用变低压侧不允许并列运行。

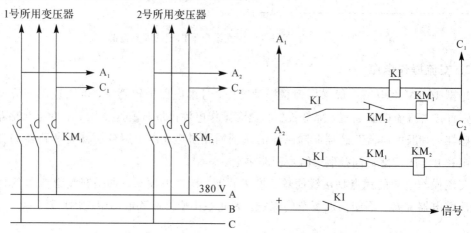

图 8-7　所用电源备用自动投入装置接线图

第二节　高压断路器的控制回路

一、概述

高压断路器的控制回路(control circuit)的主要功能是控制断路器的合、分闸，由发出合、跳闸命令的控制机构，执行操作命令的断路器操作机构及传送命令到执行机构的中间传送机构组成。

断路器的控制方式按其控制地点来分，有就地控制和集中控制。一般 10 kV 及以下的断路器多采用就地控制，而 35 kV 以上的断路器多采用集中控制。集中控制是指控制机构安装在距设备几十米或几百米以外的控制室内，控制屏上有相应的灯光信号反映出断路器的位置状态，控制机构与执行机构之间需通过控制电缆联络；就地控制是控制机构就安装在执行机构所在的高压开关柜上，因而无需控制电缆。

对控制回路的基本要求如下：

(1) 断路器既能在远方由控制开关进行手动合闸和跳闸，又能在自动装置和继电保护作用下自动合闸或跳闸。

(2) 断路器的合闸和跳闸回路是按短时通电设计的，所以操作完成后，应迅速自动断开合闸或跳闸回路，以免烧坏线圈。

(3) 控制回路应具有反映断路器处于合闸或跳闸的位置状态信号。

(4) 控制回路应具有防止断路器多次合、跳闸的"防跳"装置。

(5) 控制回路应能监视控制电源及跳、合闸回路的完好性；应对二次回路短路或过负荷进行保护。

(6) 对于采用液压和弹簧操作机构的断路器，应有压力正常、弹簧拉紧到位的监视和闭锁回路。

(7) 控制回路的接线应力求简单可靠，使用电缆芯线最少。

二、灯光监视的断路器控制回路及信号

1. 控制开关和操作机构

1) 控制开关

控制开关(control switch)是断路器控制和信号回路的主要控制元件，由运行人员操作使断路器跳、合闸。目前常用的控制开关是 LW2 系列自动复位控制开关。

LW2 型控制开关的外形结构，如图 8-8 所示。触点盒共有 14 种，一般采用 1a、4、6a、20、40 五种类型。控制开关的操作手柄和面板安装在控制屏的前面，与手柄固定连接的触点盒安装于屏后。

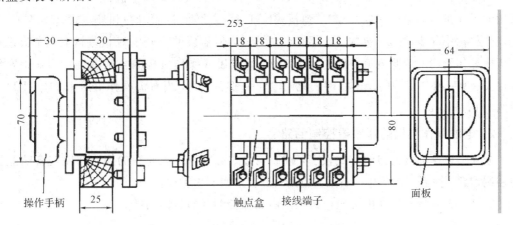

图 8-8　LW2 系列控制开关结构图

当前变电所中常用的控制开关有 LW2 - Z 型和 LW2 - YZ 型。前一种手柄内无信号灯，用于灯光监视的断路器控制回路；后一种手柄内有信号灯，用于音响监视的断路器控制回路。控制开关有六种操作位置，即跳闸后（TD）、预备合闸（PC）、合闸（C）、合闸后（CD）、预备跳闸（PT）、跳闸（T），其中"合闸后"与"跳闸后"为固定位置，其他均为操作时的过渡位置，相应触点图表分别如图 8 - 9 和图 8 - 10 所示。"×"表示触点是闭合状态。

手柄与触点盒型式	触点端子号	跳后	预合	合闸	合后	预跳	跳闸
1a	1-3		×		×		
1a	2-4	×				×	
4	5-8				×		
4	6-7						×
6a	9-10		×		×		
6a	9-12		×				×
6a	10-11	×			×	×	
40	13-14		×			×	
40	14-15	×					×
40	13-16			×	×		
20	17-19			×	×		
20	17-18		×			×	
20	18-20	×					×
20	21-23			×	×		
20	21-22		×			×	
20	22-24	×					×

图 8 - 9　LW2 - Z/F8 型控制开关触点图表

触点端子号	跳后	预合	合闸	合后	预跳	跳闸
灯						
5-7			×	×		
6-8	×				×	
9-12				×		
10-11						×
13-14			×			
13-16				×		
14-15	×					
17-18			×	×		
18-19	×				×	
17-20			×	×		
21-23			×	×		
21-22		×				
22-24	×					

图 8 - 10　LW2 - YZ/F1 型控制开关触点图表

2）操作机构

操作机构是高压断路器本身附带的跳、合闸传动装置，即执行机构。中小型变电所中常用的操作机构有电磁式（CD 型）、弹簧式（CT 型）、手动式（CS 型）和液压式（CY 型）。上述操作机构中除手动操作机构外，都有合闸线圈，但需要的合闸电流相差较大，弹簧式和液压式操作机构的合闸电流一般不大于 5 A，而电磁式操作机构的合闸电流可达几十安到几百安；所有操作机构的跳闸线圈的跳闸电流一般都不大，当直流操作电压为 110～220 V 时约为 0.5～5 A。

2. 电磁操作机构的断路器控制回路

断路器控制回路的接线方式较多，按监视方式可分为灯光监视的控制回路与音响监视的控制回路。前者多用于中、小型变电所，后者常用于大型变电所。

图 8 - 11 为灯光监视电磁操作机构的断路器控制和信号回路图。

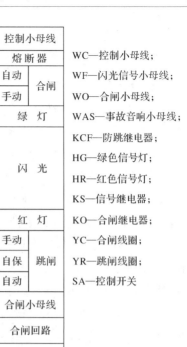

	控制小母线
熔　断　器	
自动	合闸
手动	
绿　灯	
闪　光	
红　灯	
手动	跳闸
自保	
自动	
合闸小母线	
合闸回路	
事故音响小母线	
信号启动	

WC—控制小母线；

WF—闪光信号小母线；

WO—合闸小母线；

WAS—事故音响小母线；

KCF—防跳继电器；

HG—绿色信号灯；

HR—红色信号灯；

KS—信号继电器；

KO—合闸继电器；

YC—合闸线圈；

YR—跳闸线圈；

SA—控制开关

图 8-11　高压断路器灯光监视的控制回路

工作原理如下：

1）合闸过程

（1）手动合闸。设断路器处于跳闸状态，控制开关 SA 处于"跳闸后（TD）"位，其触点 10-11 通，断路器的常闭辅助接点 QF₁ 通，绿灯 HG 亮，发平光，表明断路器是断开状态，因电阻 R_1 的分压，合闸接触器 KO 不动作。

首先将控制开关 SA 顺时针旋转 90°，处于"预备合闸（PC）"位，其触点 9-10 通，此时绿灯 HG 接于闪光母线（＋）WF 上，绿灯发闪光，表明 SA 与断路器位置不对应，提醒操作人员进一步操作。

再将 SA 继续顺时针旋转 45°，处于"合闸（C）"位，其触点 5-8 接通，使合闸接触器 KO 线圈直接接于正负电源之间，KO 动作，其接点 KO₁、KO₂ 闭合使合闸线圈 YC 得电，断路器合闸。断路器合闸后，其常闭辅助触点 QF₁ 断开，保证合闸线圈短时通电，同时使绿灯熄灭；常开辅助触点 QF₂ 闭合，红灯 HR 亮。

最后松开 SA，在弹簧作用下，自动回到"合闸后（CD）"位，SA 触点 13-16 接通，红灯发平光，表明断路器已合闸。同时 SA 触点 9-10 接通，为故障后断路器自动跳闸后绿灯发闪光作好准备。

（2）自动合闸。初始位置与手动合闸时相同，断路器在跳闸状态，SA 在"跳闸后（TD）"位，绿灯 HG 发平光。当自动装置（自动重合闸装置或备用电源自动投入装置）动作后，其出口执行接点 K₁ 闭合，使合闸接触器 KO 线圈得电动作，其接点 KO₁、KO₂ 闭合使合闸线圈 YC 得电，断路器自动合闸，此时 SA 仍然在 TD 位，其触点 14－15 接通，红灯 HR 发闪光，表明 SA 与断路器位置不对应，提醒值班人员将 SA 转至相应的位置上，HR 发平光。

2）跳闸过程

（1）手动跳闸。设断路器处于手动合闸后状态，控制开关 SA 处于"合闸后（CD）"位，红灯 HR 发平光。将控制开关 SA 逆时针旋转 90°置于"预备跳闸（PT）"位，触点 13－14 接通，红灯发闪光。再将 SA 继续逆时针旋转 45°置于"跳闸（T）"位，其触点 6－7 接通，使跳闸线圈 YR 得电（回路中 KCF 线圈为电流线圈），断路器跳闸，QF_2 断开，保证跳闸线圈短时通电，同时熄灭红灯，QF_1 合上，闭合绿灯回路。松开 SA 后，自动回到"跳闸后（TD）"位，触点 10－11 接通，绿灯发平光，表明断路器已跳闸。

（2）自动跳闸。初始位置同样是断路器处于手动合闸后状态，当系统中出现短路故障，继电保护动作后，其出口执行接点 K_2 闭合，使跳闸线圈 YR 得电，断路器自动跳闸，此时 SA 仍然在 CD 位，其触点 9－10 接通，绿灯发闪光，表明 SA 与断路器位置不对应，同时触点 1－3、17－19 接通，事故音响启动回路接通，变电所中蜂鸣器发出声响，通知值班人员加以处理。

3）电源及跳、合闸回路完好性的监视

控制线路的完好性是用灯光来监视的。只要控制线路完好，总会有一个信号灯点亮，若两个信号灯都不亮，则说明控制线路失电或有其他故障（如断路器辅助接点 QF 接触不好等）。例如绿灯 HG 发出平光，既表示断路器处于手动跳闸位置，又表示下一步操作的合闸回路和控制电源正常。

4）"防跳"装置

断路器的"跳跃"是指当断路器合闸后，控制开关 SA 的触点 5－8 或自动装置出口接点 K_1 被卡死，同时一次系统发生永久性故障时，断路器在继电保护作用下自动跳闸，QF_1 闭合，断路器又合闸，出现多次的合、跳闸现象。"跳跃"对断路器的使用寿命影响极大，因而在控制线路中增设了防跳继电器 KCF。

防跳继电器 KCF 有两个线圈，一个是电流启动线圈，与跳闸线圈 YR 串联；一个是电压自保持线圈，经自身的常开接点 KCF_1 并联于合闸回路，其常闭接点 KCF_2 串在合闸回路中。当断路器合闸于故障线路时，继电保护动作接通跳闸线圈 YR 的同时也接通了 KCF 的电流线圈，常闭触点 KCF_2 断开，切断合闸接触器 KO 回路，使断路器无法合闸；其常开触点 KCF_1 闭合接通 KCF 电压线圈并自保持，一直保持到 SA 触点 5－8 或 K_1 恢复正常。这样就防止了断路器的"跳跃"。和 R_4 串联的 KCF_3 触点是为了保护出口继电器的接点 K_2，防止它先于断路器的常开辅助接点 QF_2 之前返回，断开大电流而被烧坏。

3. 弹簧操作机构的断路器控制回路

弹簧操作机构的断路器控制回路如图 8－12 所示。图中，M 为储能电动机，其他设备符号含义与图 8－11 相同。由于弹簧操作机构储能耗用功率小，所以合闸电流小，在断路器控制回路中，合闸回路可用控制开关直接接通合闸线圈 YC，工作原理如下：

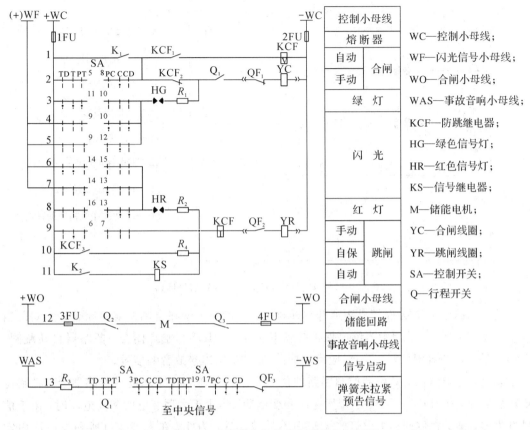

图 8-12 弹簧操作机构的断路器控制回路

（1）在合闸回路中串有操作机构的常开辅助触点 Q_1。只有在弹簧拉紧、Q_1 闭合后，才允许合闸。

（2）当弹簧未拉紧时，操作机构的两对常闭辅助触点 Q_2、Q_3 闭合，启动储能电动机 M，使合闸弹簧拉紧。弹簧拉紧后，Q_2、Q_3 断开，电动机停转，Q_1 闭合，为合闸作好准备。

（3）当手动或自动合闸时，利用弹簧存储的能量进行合闸，因此合闸线圈 YC 直接接在合闸回路中。合闸后，弹簧释放，电动机 M 又接通给弹簧储能，为下次合闸做准备。

（4）当断路器装有自动重合闸装置时，由于合闸弹簧正常运行处于储能状态，所以能可靠地完成一次重合闸的动作。如果重合闸不成功又跳闸，将不能进行第二次重合，但为了保证可靠"防跳"，电路中仍装有防跳继电器 KCF。

（5）当弹簧未拉紧时，操作机构的常开辅助触点 Q_4 闭合，发"弹簧未拉紧"预告信号。

4. 手动操作机构的断路器控制回路

图 8-13 为交流操作电源的手动操作的断路器控制和信号回路图。

合闸时，推上操作机构手柄使断路器合闸。此时断路器的辅助常开触点 QF_2 闭合，红灯 HR 亮，指示断路器合闸。

跳闸时，扳下操作机构手柄使断路器跳闸。QF_2 断开，切断跳闸回路，同时，断路器辅助常闭触点 QF_1 闭合，绿灯 HG 亮，指示断路器跳闸。

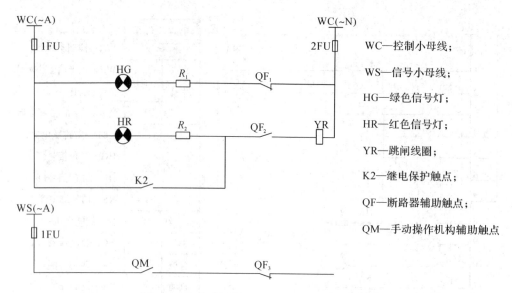

图 8－13　手动操作的断路器控制和信号回路

信号回路中 QM 为操作机构辅助常开触点，当操作手柄在合闸位置时闭合，而 QF₃ 当断路器跳闸后闭合。因此，当继电保护装置 KA 动作，其出口触点闭合，断路器自动跳闸，而操作手柄仍在合闸位置，"不对应启动回路"接通，发出事故音响信号。

总之，灯光监视的断路器控制回路的优点是结构简单，红绿灯指示断路器合、跳闸位置比较明显，比较适用于中、小型发电厂和变电所。当用于大型变电所和发电厂时，由于信号灯太多，某一控制回路失电灯光全暗而不易被发现。为此，在大型变电所和发电厂内常用音响监视的断路器控制回路。

三、音响监视的断路器控制回路及信号

图 8－14 所示为电磁操作机构的音响监视的断路器控制线路原理图，与灯光监视的断路器控制回路所不同的是：

（1）断路器的位置信号只用一个装在控制开关手柄中的灯代替，从而减少了一半信号灯。可利用灯光特征和手柄位置判断断路器的实际位置：当灯光为平光时，表示断路器的实际位置和控制开关手柄位置一致；当灯光为闪光灯时，断路器的实际位置与控制开关手柄位置不一致。

（2）利用合闸位置继电器 KOS 代替红灯 HR，跳闸位置继电器 KRS 代替绿灯 HG，当控制回路熔断器熔断，KOS 和 KRS 都失电返回，其常闭接点接通中央预告音响信号回路，发出音响信号，运行人员根据手柄内灯光的熄灭来判断哪一回路断线。

（3）控制回路和信号回路完全分开，控制开关用的是 LW2－YZ 型，其第一个接点盒是专为装信号灯的，从图 8－14 可以看出，无论手柄在哪个位置，信号灯总是和外边电路连通。

（4）在事故音响回路中由于用 KRS 代替了 QF 常闭辅助接点，而 KRS 是安装在控制室内，从而省去了一根控制电缆芯线。

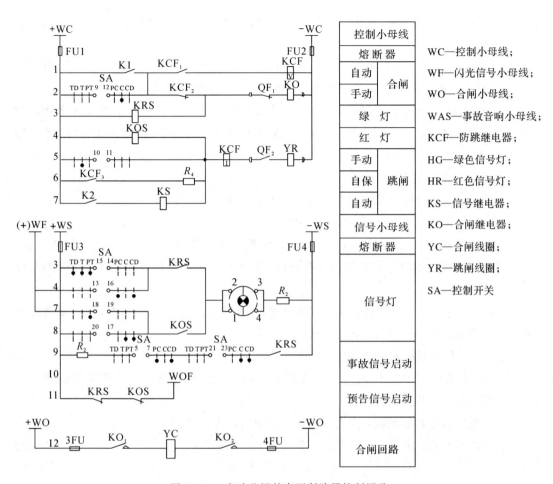

图 8-14 音响监视的高压断路器控制回路

第三节 测量与绝缘监视回路

一、电测量回路

测量回路是变电所二次回路的重要组成部分,其主要任务是:

① 用电量的计量,如有功电能、无功电能;

② 测量对供电系统运行状态、技术经济分析所需数据,如电压、电流、有功功率、无功功率、有功电能、无功电能等;

③ 对交、直流系统的安全状况如绝缘电阻、三相电压是否平衡等进行监测。

由于目的不同,对测量仪表的要求也不一样。电气仪表的配置应符合 GB/T50063—2008《电力装置的电测量仪表装置设计规范》的规定,以满足电力系统和电气设备安全运行的需要。

1. 电测量仪表的配置

电测量仪表应能正确反映电气设备及系统的电气运行参数和绝缘状况。常用测量仪表有指针式仪表、数字式仪表、记录型仪表及仪表的附件与配件等。电测量仪表一般采用以下配置原则：

（1）3～110 kV 线路，应测量交流电流、有功功率和无功功率、有功电能和无功电能。110 kV 线路、三相负荷不平衡率超过 10％的用户高压线路应测量三相电流。

（2）3～110 kV 母线（每段母线），应测量交流电压。110 kV 中性点直接接地系统的主母线、变压器回路应测量 3 个线电压，66 kV 及以下中性点直接接地系统的主母线、变压器回路可测量 1 个线电压，中性点不直接接地系统的主母线宜测量主母线的 1 个线电压和监测系统绝缘的 3 个相电压。

（3）3～110 kV 母线分段断路器回路，应测量交流电流。

（4）3～110 kV 电力变压器回路，应测量交流电流、有功功率、无功功率、有功电能和无功电能。110 kV 电力变压器、照明变压器、照明与动力共用的变压器应测量三相电流。电测量仪表装在变压器哪一侧视具体情况而定，有功功率的测量应在双绕组变压器的高压侧进线。

（5）380 V 电源进线，应测量三相交流电流，并宜测量有功功率及功率因数。如有电能计费需求，应装设有功电能表、无功电能表。

（6）380 V 母线联络断路器回路，应测量三相交流电流。

（7）380 V 配电干线，应测量交流电流和有功电能。若线路三相负荷不平衡率大于 15％时，则应测量三相交流电流。

（8）并联电力电容器回路，应测量三相交流电流和无功电能。

（9）电动机回路，应测量交流电流、交流电压、有功功率、无功功率、有功电能和无功电能。

2. 对测量仪表的要求

（1）常用测量仪表的准确度最低要求见表 8-1。交流回路指示仪表的综合准确度不应低于 2.5 级，直流回路指示仪表的综合准确度不应低于 1.5 级，接于电测量变送器二次侧的仪表的准确度不应低于 1.0 级。

表 8-1 常用测量仪表的准确度最低要求

电测量装置类型名称		准确度（级）
计算机监控系统的测量部分（交流采样）		误差不大于 0.5％，其中电网频率测量误差不大于 0.01 Hz
常用电测量仪表、综合装置中的测量部分	指针式交流仪表	1.5
	指针式直流仪表	1.0（经变送器二次测量）
	指针式直流仪表	1.5
	数字式仪表	0.5
	记录型仪表	应满足测量对象的准确度要求

（2）电测量装置电流、电压互感器及附件、配件的准确度最低要求见表 8-2。

表 8-2　电测量装置电流、电压互感器及附件、配件的准确度要求（级）

电测量装置准确度	附件、配件准确度			
	电流、电压互感器	变送器	分流器	中间互感器
0.5	0.5	0.5	0.5	0.2
1.0	0.5	0.5	0.5	0.2
1.5	1.0	0.5	0.5	0.2
2.5	1.0	0.5	0.5	0.5

（3）电能计量装置的准确度最低要求见表 8-3。

表 8-3　电能计量装置的准确度最低要求

电能计量装置类别	准确度（级）			
	有功电能表	无功电能表	电压互感器	电流互感器
Ⅰ类	0.2S	2.0	0.2	0.2S 或 0.2
Ⅱ类	0.5S	2.0	0.2	0.2S 或 0.2
Ⅲ类	1.0	2.0	0.5	0.5S
Ⅳ类	2.0	2.0	0.5	0.5S
Ⅴ类	2.0	—	—	0.5S

其中：

Ⅰ类电能计量装置指月用电量 5000 MWh 及以上或变压器容量为 10 MVA 及以上的高压计费用户的电能计量装置。

Ⅱ类电能计量装置指月用电量 1000 MWh 及以上或变压器容量为 2 MVA 及以上的高压计费用户的电能计量装置。

Ⅲ类电能计量装置指月用电量 100 MWh 及以上或变压器容量为 315 kVA 及以上的计费用户、无功补偿装置的电能计量装置。

Ⅳ类电能计量装置指 315 kVA 以下的计费用户的电能计量装置。

Ⅴ类电能计量装置指单相电力用户计费用的电能计量装置。

（4）仪表测量范围的选择。

仪表测量结果的准确程度不仅与仪表准确度等级有关，而且与其测量范围有关系。仪表的测量范围应与互感器变比相配合，并满足下列要求：

① 应尽量保证电气设备在正常运行时，仪表指示在满量程的 2/3 左右。

② 对有可能过负荷的电力装置回路，仪表的测量范围，宜留有适当的过负荷裕度。

③ 对于重载启动的电动机和在运行过程中可能出现短时冲击电流的电力装置回路，一般应采用具有过负荷标度尺的电流表。

④ 对于有可能出现双向运行的电力装置回路，应装设具有双向标度尺的电流表或功率表。

二、直流绝缘监察装置

直流系统中，正负母线对地是悬空的，当发生一点接地时，不会引起任何危害，但若不能及时发现并加以排除，当另一点再接地时，就会造成严重事故。如图 8-15 所示，当 A 点接地未被发现，B 点再接地时就会造成高压断路器的误跳闸。其他情况下，可能造成保护拒动或直流电源短路等严重故障。因此直流系统中必须装设绝缘监察装置。

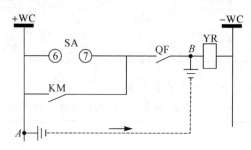

KM—保护出口继电器；QF—断路器辅助触点；YR—跳闸线圈
图 8-15　两点接地引起误跳闸的情况

图 8-16 为直流绝缘监察装置原理接线图。整个装置由信号和测量两部分组成，包括三只 1000Ω 的电阻 1R、2R、3R，两只高内阻电压表 ①V、②V，一只信号继电器 KSE，并通过母线电压表转换开关 ST、绝缘监察转换开关 1SL 进行工作状态的切换。

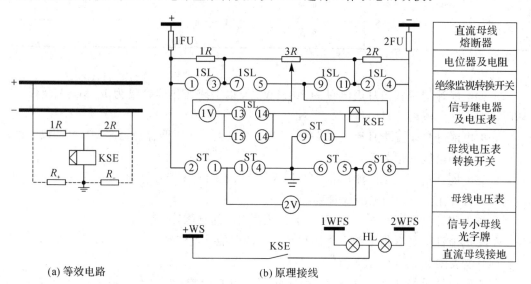

(a) 等效电路　　　　　　(b) 原理接线

KSE—接地信号继电器；1SL—绝缘监察转换开关；ST—母线电压表转换开关；
R_+，R_-—母线绝缘电阻；1R，2R—平衡电阻；3R—电位器
图 8-16　直流绝缘监察装置原理接线图

直流绝缘监察是利用电桥原理进行监测的，正负母线对地电阻做电桥的两个臂，如图 8-16(a) 所示。正常状态下，直流母线正极和负极的对地绝缘良好，R_+ 和 R_- 相等，接地信号继电器 KSE 不动作。当某一极的对地绝缘电阻下降时，电桥失去平衡，KSE 动作，发出预告信号。

母线电压表转换开关 ST 有三个位置："母线"位、"＋对地"位、"－对地"位。正常时置竖直"母线"位，其触点 1～2、5～8、9～11 接通，测量母线电压。若将 ST 左旋置于"＋对地"位置，触点 1～2、5～6 接通，电压表 ②V 接到正极与地之间，测量正极对地电压。若将 ST 右旋置于"－对地"位置，触点 1～4、5～8 接通，电压表 ②V 接到负极与地之间，测量负极对地电压。利用转换开关 ST 和电压表 ②V 可以判断哪一极接地。

绝缘监察转换开关 1SL 也是三个位置："信号"位、"位置Ⅰ"和"位置Ⅱ"。正常时置竖直"信号"位，其触点 5～7、9～11 接通，此时电阻 3R 被短接（ST 置于"母线"位置，触点 9～11 接通）。当正极绝缘电阻下降时，先将 1SL 转至"位置Ⅰ"，触点 1～3、13～14 接通，将 ⑭V 调置读数为零，记录此时 3R 上的分数值 X，再将 1SL 转至"位置Ⅱ"，便可从 ⑭V 上读得直流系统总的对地绝缘电阻 R_Σ，可用下式计算出每极对地绝缘电阻：

$$R_+ = \frac{2R_\Sigma}{2-X}, \qquad R_- = \frac{2R_\Sigma}{X} \tag{8-1}$$

当负极绝缘电阻下降时，先将 1SL 转至"位置Ⅱ"，触点 2～4、14～15 接通，将 ⑭V 调置读数为零，记录此时 3R 上的分数值 X，再将 1SL 转至"位置Ⅰ"，便可从 ⑭V 上读得直流系统总的对地绝缘电阻 R_Σ，可用下式计算出每极对地绝缘电阻：

$$R_+ = \frac{2R_\Sigma}{1-X}; \qquad R_- = \frac{2R_\Sigma}{1+X} \tag{8-2}$$

第四节　自动装置回路

供配电系统的自动装置包括自动重合闸装置、备用电源自动投入装置、低频减载装置及自动同期装置。本节只介绍常用的自动重合闸装置（Automatic Reclosing Device，ARD）和备用电源自动投入装置（Reserve-source Auto-put-into Device，APD）。

一、自动重合闸装置（ARD）

1. ARD 装置的作用和分类

运行经验表明，架空线路上的故障大多是暂时性的，例如雷电闪络、鸟类或树枝跨接造成的短路故障，这些故障在断路器跳闸后，多数能很快地自行消除。因此，采用自动重合闸装置，使断路器自动重新合闸，迅速恢复供电，能大大提高供电可靠性。按照规程规定，电压在 1 kV 以上的架空线路和电缆与架空的混合线路，当具有断路器时，一般均应装设自动重合闸装置。电缆线路一般不用 ARD，因为电缆线路的电缆、电缆头和中间接头绝缘损坏故障一般为永久性故障。

自动重合闸装置按动作方法可分为机械式和电气式；按重合次数来分有一次重合闸、二次重合闸和三次重合闸。供配电系统中一般采用三相一次重合闸。

2. 对 ARD 装置的基本要求

自动重合闸装置的技术性能和接线应满足下列基本要求。

（1）当值班人员手控或遥控使断路器跳闸时，ARD 装置不应动作。

（2）当保护装置动作或其他原因使断路器跳闸时，ARD 装置均应动作，但须在故障点充分去游离后再重合闸。

（3）对一次 ARD 装置，应保证只重合一次，即使 ARD 装置中任一元件发生故障或接点粘住时，也应保证不能多次重合闸。

（4）应优先采用控制开关位置与断路器位置不对应的原则来起动重合闸装置。无论任何原因，当控制开关处于合闸位置，而断路器实际处于断开状态时，ARD 装置都应起动。

（5）ARD 动作以后，应能自动复归，准备好下一次再动作。但对 10 kV 以下的线路，如有值班人员，也可以采用手动复归。

（6）ARD 装置应能在重合闸之前或重合闸之后加速继电保护的动作，以便更好地和保护装置相配合，加速切除故障。

3. 典型电气一次式 ARD 装置

图 8 - 17 为 DH - 2 型重合闸继电器构成的电气式一次自动重合闸装置展开图，1SA 是断路器控制开关，2SA 是选择开关，用来投入和切除 ARD。

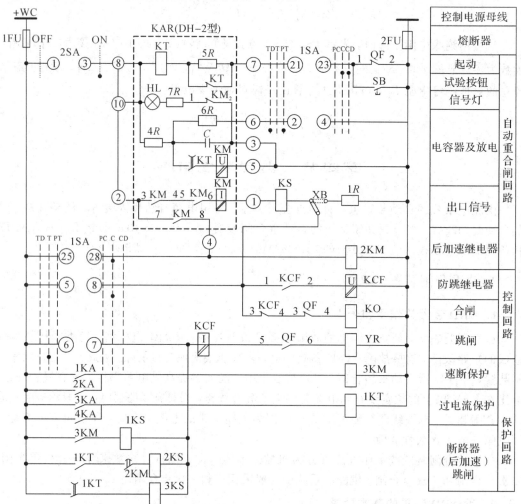

2SA—选择开关；1SA—断路器控制开关；KAR—重合闸继电器；KO—合闸继电器；
YR—跳闸线圈；QF—断路器辅助触点；KCF—防跳继电器（DZB - 115 型中间继电器）；
2KM—后加速继电器（DZS - 145 型中间继电器）；KS—DX - 11 型信号继电器

图 8 - 17　DH - 2 型重合闸继电器构成的 ARD 装置原理接线图

（1）故障跳闸后的自动重合闸过程。

图 8 - 17 中，当线路正常运行时，1SA、2SA 均闭合，其触点 1 - 3、21 - 23 接通，其余触点均不接通，断路器常闭接地 QF(1 - 2)是断开的。重合闸继电器中电容 C 充电，同时指示灯 HL 亮，表示母线电压正常，电容充好电。

ARD 按不对应原理起动，即当断路器的实际位置（跳闸后位置）与控制开关的位置（合闸后位置）不对应时，ARD 起动，其动作条件是：

① 线路上发生短路故障，断路器自动跳闸；

② 重合闸继电器中电容器已充好电。

当线路发生故障时，继电保护动作使断路器 QF 自动跳闸，此时断路器位置和控制开关位置不对应，ARD 起动。QF 常闭触点 QF(1 - 2)闭合，时间继电器 KT 得电动作，经延时后，其常开触点 KT(3 - 4)闭合，电容 C 向 KM 电压启动线圈放电，使 KM 动作，其常开触点 KM(3 - 4)、(5 - 6)，合闸接触器 1KM 经＋WC→2SA(1 - 3)→KM(3 - 4)→KM(5 - 6)→KM 电流线圈→KS→XB→KTL(3 - 4)→QF(3 - 4)接通正电源，使断路器重新合闸，并由 KM 的电流线圈自保持动作状态，直至断路器合上。

如重合闸成功，所有继电器复位，电容 C 又开始充电，充电时间需要 15～25 s，才能达到 KM 所要求的动作电压值，从而保证了自动重合闸装置只动作一次。

如重合闸不成功，有永久性故障存在，继电保护再次动作令断路器跳闸，时间继电器 KT 再次启动，但由于电容 C 来不及充好电，KM 不能动作，因此不能再次合闸，保证只能一次重合闸。

（2）手动跳闸时，ARD 不动作。

在手动跳闸时，控制开关 1SA 处于"跳闸后"位，其触点 21 - 23 断开、2 - 4 闭合，将 ARD 装置切除，同时电容 C 放电，使重合闸装置不可能动作。

（3）加速保护原理。

图 8 - 17 中，ARD 采用后加速保护。当线路上发生故障时，继电保护动作使断路器自动跳闸，重合闸装置启动，断路器自动重合闸，同时加速继电器 2KM 得电动作，其延断常开触点瞬时闭合。若断路器重合在永久性故障线路上，过电流保护起动，接点 3KA、4KA 闭合，1KT 得电，跳闸线圈 YR 经＋WC→1KT 瞬时闭合常开触点→2KM 延断常开触点→KS→KTL 电流线圈接通正电源，使断路器第二次瞬时跳闸，断开故障线路，实现后加速保护，从而减少短路电流的危害。

（4）手动合于故障线路，ARD 不动作，而后加速保护动作。

在手动合闸前，断路器处于分闸状态，电容 C 经 1SA 触点 2 - 4、6R 放电。当手动合于故障线路时，电容 C 来不及充电，重合闸装置不动作。但加速继电器 2KM 经 1SA 触点 25 - 28 得电动作，其延断常开触点瞬时闭合。由于线路上有故障，过电流保护动作，与前面后加速保护一样，断路器自动瞬时跳闸断开故障线路，实现后加速保护。

（5）防跳功能。

为了防止继电器触点黏住，在 ARD 重合于永久性故障时，断路器出现跳跃（反复合闸跳闸）现象，ARD 应具有防跳功能。若线路发生永久性故障，断路器在重合一次后加速跳闸，接于跳闸回路的 KTL 电流线圈得电，其常闭触点 KTL(3 - 4)断开，闭锁合闸回路，并通过常开触点 KTL(1-2)和 KTL 电压线圈自保持,防止因 KM(3-4)、KM(5-6)触点黏住引起的跳跃现象。

二、备用电源自动投入装置(APD)

在供配电系统中,对于具有一级或重要二级负荷的变配电所,常采用两路及以上的电源供电。两路电源互为备用,或一路主供、一路备用。备用电源自动投入装置就是在工作电源断开时,能迅速自动投入备用电源,以确保可靠供电的装置。

1. 对 APD 装置的基本要求

APD 装置的技术性能和接线应满足下列基本要求。

(1) 工作电源的电压无论何种原因消失时,APD 装置均应动作。

(2) 必须保证工作电源断开后再投入备用电源,且备用电源应有足够高的电压时方允许投入。

(3) 备用电源自动投入的动作时间应尽量短,以利于电动机自起动和缩短中断供电的时间。

(4) 应保证 APD 装置只能动作一次。

(5) 电压互感器任一个熔断器熔断时,APD 装置不应误动作。

(6) 备用电源与备用设备的容量应足够大。

2. APD 装置的典型接线

图 8-18 为直流操作的母线分段断路器 APD 原理接线图。APD 主要由低电压启动回路和自动合闸回路组成,其中 SA_1、SA_2、SA_3 是断路器的控制开关,SA 是选择开关,用来投入和切除 APD。

正常运行时,两路进线分列供电,断路器 QF_1、QF_2 合闸,母线 Ⅰ、Ⅱ 互为备用,QF_3 断开,闭锁继电器 KLA 长期带电,其延断常开触点闭合,指示灯 HL 亮;同时电压继电器 $KV_1 \sim KV_4$ 均处于带电状态,其常闭触点断开,常开触点闭合,表示 APD 处于准备启动状态。APD 投入运行时,SA 的触点全部闭合。

APD 动作的条件是:

① 工作电源电压消失或过低;

② 备用电源正常。

启动回路由电压继电器 $KV_1 \sim KV_4$ 和时间继电器 KT_1、KT_2 组成,采用带时限的低电压启动方式。

图 8-18 中任一进线电压消失时,如母线 Ⅰ 段(工作电源)停电,电压为零,KV_1、KV_2 立即失电返回,其常闭触点闭合;但母线 Ⅱ 段(备用电源)仍然正常,KV_4 常开触点仍闭合,APD 动作,KT_1 得电,延时后接通 KCF_1,其常开触点闭合接通 QF_1 跳闸线圈 YR_1,使 QF_1 自动跳闸。QF_1 跳闸后,其常闭触点闭合,并经闭锁继电器 KLA 的延断常开触点接通 QF_3 的合闸回路(+WC→QF_2 常开触点→QF_1 常闭触点→KLA 延断常开触点→KCF_3 常闭触点→QF_3 常闭触点→合闸接触器 KO_3→—WC),QF_3 自动合闸,完成了 APD 动作。在 QF_1 跳闸后,KLA 断电,经一定延时后,其延断常开触点断开,切断 QF_3 的合闸回路,同时也撤

除母线的瞬时过电流保护，使单母线分段运行方式转为单母线运行方式。

如果 APD 动作，使 QF_3 合闸于持续故障的母线上，瞬时过电流保护立即动作，电流继电器 KA_1、KA_2 的常开触点闭合，接通出口兼防跳继电器 KCF_3，其常闭触点断开 QF_3 的合闸回路，两对常开触点闭合，其中一对接通 QF_3 的跳闸回路，使 QF_3 跳闸；另一对使 KCF_3 自保持，直到 KLA 的延断常开触点断开为止，使 QF_3 不能再次合闸，保证 APD 只动作一次。

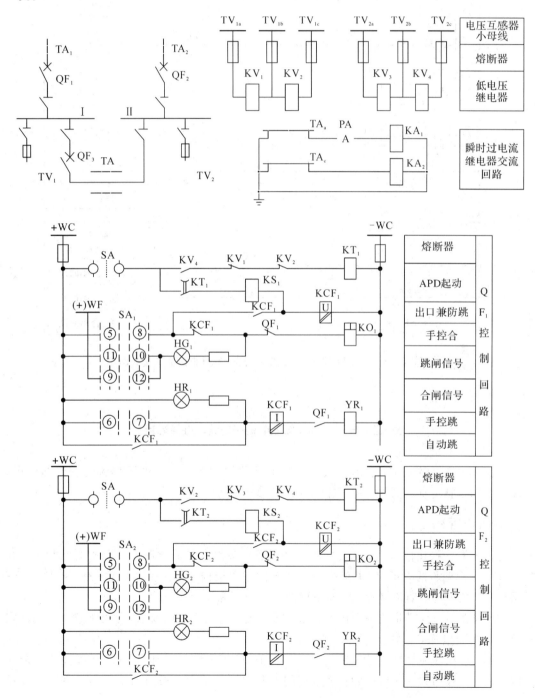

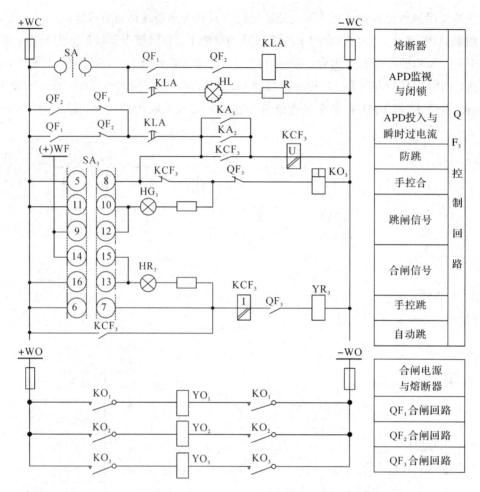

图 8-18　直流操作母线分段断路器装设 APD 的原理接线图

第五节　二次回路安装接线图

根据施工安装的要求，表示二次设备的具体位置和布线方式的图形称为安装接线图。安装接线图包括屏面布置图、端子排图和屏后接线图。

一、屏面布置图

屏面布置图按比例绘制而成，标明了各设备的安装位置、外形尺寸和中心线尺寸，并附有详细规格型号的设备表，是装配屏面设备的主要依据。变电所常用的屏有：控制屏、继电保护屏、仪表屏和直流屏等。屏面布置的一般原则和要求如下：

（1）屏面布置应满足监视和操作调节方便、模拟接线清晰的要求，适当紧凑。相同的安装单位其屏面布置应一致。

（2）测量仪表应尽量与模拟接线对应，A、B、C 相按纵向排列，同类安装单位中功能相同的仪表，一般布置在相对应的位置。相同安装单位的屏面布置宜对应一致，不同安装单位的继电器装在一块屏上时，宜按纵向划分，其布置宜对应一致。

（3）操作设备宜与其安装单位的模拟接线相对应。功能相同的操作设备，应布置在相对应的位置上，操作方向全变电所必须一致。

（4）仪表和信号指示元件(信号灯、光字牌等)一般宜集中布置在屏正面的上半部，各屏仪表和信号元件安装水平高度应一致，操作设备(控制开关、按钮等)布置在它们的下方，操作设备(中心线)离地面一般不低于 600 mm，经常操作的设备宜布置在离地面 800~1500 mm 处。

（5）对于继电屏，调整、检查工作较少的继电器布置在屏的上部，调整、检查工作较多的继电器布置在中部。一般按如下次序由上至下排列：电流、电压、中间、时间继电器等布置在屏的上部，方向、差动、重合闸继电器等布置在屏的中部。继电器屏下面离地 250 mm 处宜设有孔洞，供试验时穿线用。

二、端子排图

屏内设备和屏外设备相连接时，都要通过一些专用的接线端子和电缆来实现，这些接线端子组合起来，就称为端子排。一般控制屏和保护屏的端子排是垂直排列，并分列于屏的左右两侧。

端子排的一般形式如图 8-19 所示，最上面标出安装单位的名称和端子排、安装单位的代号。下面的端子在图上画成三格，中间一格注明端子排的顺序号，一侧列出屏内设备的代号及其端子号，另一侧标明引至设备的代号和端子号。

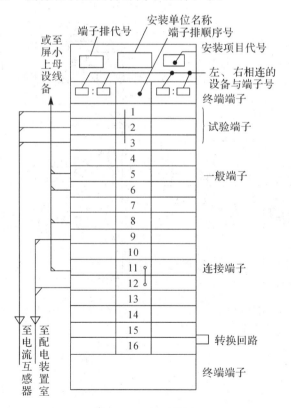

图 8-19 端子排图

图中端子 1、2、3 为试验端子，端子 11、12 为连接端子。其余端子为一般端子和终端端子。当端子排垂直排列时，自上而下依次为：交流电流回路、交流电压回路、信号回路、控制回路、其他回路和转接回路。这样排列，既可节省导线，又利于查线和安装。

三、屏后接线图

屏后接线图是以平面布置图为基础，并以原理图为依据而绘制的接线图。它标明屏上各个设备引出端子之间的连接情况，以及设备与端子排之间的连接情况。它是制造厂生产屏的过程中配线的依据，也是施工和运行的重要参考图纸。

屏后接线图以展开的平面图形表示各部分之间布置的相对位置，如图8-20(c)所示。图形不要求按比例绘制，但要保证设备之间的相对位置正确。设备内部一般不画出，或只画出有关的线圈、触点和接线端子。设备的引出端或接线端子按实际排列顺序画出，并注明编号和接线，以便施工、运行人员安装和检查。

屏后接线图中二次回路接线采用相对编号法，就是当两个设备的接线柱需要连接时，在一设备的接线柱旁标注接线的去向，即另一设备的接线柱标号；同时，对方设备的接线柱旁标注的是本设备的接线柱标号。详见图8-20所示。

四、二次接线图实例

图8-20为二次原理图和安装图的综合图，结合上述设计原则，可读出相互之间的联系。

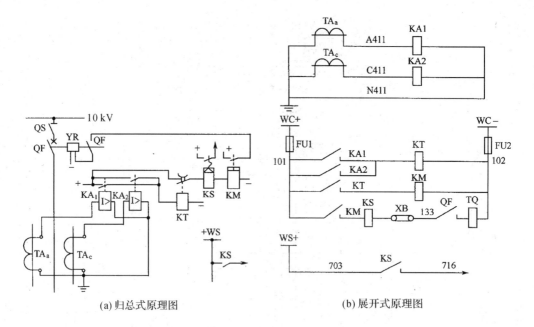

(a) 归总式原理图　　　　　　　　(b) 展开式原理图

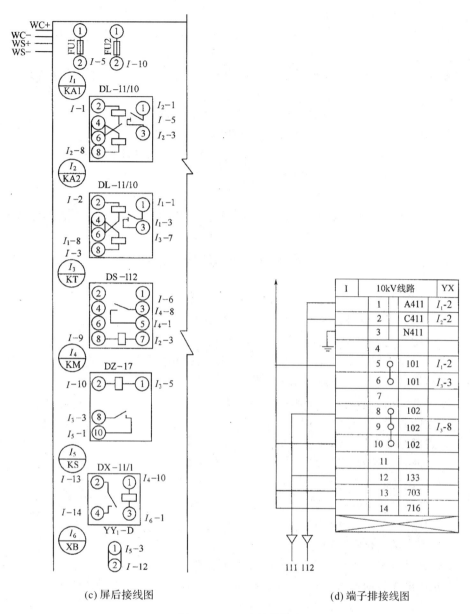

(c) 屏后接线图　　　　　　　　　(d) 端子排接线图

图 8-20　二次接线综合图

本 章 小 结

本章介绍了变电所二次回路及自动装置,重点讲述了使用直流操作电源的控制回路、信号回路。

1. 操作电源分为交流和直流两种,为整个二次系统提供工作电源,一般为 220 V。在大中型变电站中,一般由所用变压器提供所内用电和操作电源。直流操作电源可采用蓄电池,也可采用硅整流电源。交流操作电源可取自互感器二次侧或所用电变压器低压母线,但保护回路的操作电源通常取自电流互感器。

2. 高压系统中断路器的控制回路和继电保护回路是整个二次回路的重要组成部分。断路器的控制回路包括灯光监视系统、音响监视系统和闪光装置等，断路器的操作机构有电磁操作机构、弹簧操作机构、液压操作机构和手动操作机构。

3. 直流系统绝缘监察装置主要是利用电桥平衡原理来实现的，是对直流系统是否存在接地隐患进行监视。

4. 自动重合闸装置是在线路发生短路故障时，断路器跳闸后进行的重新合闸，能提高线路供电的可靠性，主要用于架空线路，一般采用一次式重合闸装置。

5. 备用电源自动投入装置是当工作电源的电压消失时，备用电源自动投入的装置，用于保证负荷的连续供电，提高供电可靠性。

6. 二次系统的安装接线图，包括屏面布置图、屏后接线图和端子排图。屏后安装接线图最常用的接线表示方法是相对编号法，屏内有不同一次回路的二次设备时，要标明安装单位。

思考题与习题

8.1 二次回路包括哪些部分？各部分的功能是什么？

8.2 操作电源有哪几种？各有何特点？

8.3 交流操作电源和直流操作电源有何区别？

8.4 所用电变压器一般接在什么位置？低压侧是否允许并列？

8.5 断路器的控制开关有何作用？有哪六个位置？

8.6 断路器的控制回路应满足哪些基本要求？

8.7 简述断路器手动合闸、跳闸过程。

8.8 试述断路器的控制回路中"防跳"工作原理(图 8 - 11)。

8.9 电气测量的目的是什么？对仪表的配置有何要求？

8.10 直流系统两点接地有何危害？请画图举例说明。

8.11 什么是自动重合闸装置？有何作用？

8.12 对自动重合闸装置有哪些要求？

8.13 简述自动重合闸装置的工作原理。

8.14 什么是备用电源自动投入装置？有何作用？

8.15 备用电源自动投入装置的起动条件是什么？动作顺序是什么？

8.16 简述备用电源自动投入装置的工作原理。

8.17 屏面布置图应满足哪些要求？

第九章 防雷、接地与电气安全

防雷和接地是保证供配电系统安全运行的主要措施。本章首先简要介绍雷电和过电压的基本概念，然后重点介绍供配电系统的防雷措施和接地装置设计等内容，并在最后简述安全用电的有关知识。

第一节 过电压与防雷

一、过电压及其分类

电气设备或线路上出现的对其绝缘构成威胁的电压升高，统称为过电压(over voltage)。过电压按产生原因，可分为内部过电压(internal overvoltage)和外部过电压(external overvoltage)。

1. 内部过电压

内部过电压是由于供配电系统正常操作、事故切换、发生故障或负荷骤变等原因，使系统参数发生变化时电磁能产生振荡，积聚而引起的过电压，其能量来自于电力系统本身。内部过电压按其电磁振荡的起因、性质和形成不同，又可分为工频电压升高、谐振过电压和操作过电压。

经验证明，内部过电压一般不会超过系统正常运行时额定电压的3~4倍，可以通过加强电气设备的绝缘、采用灭弧能力强的断路器、中性点经消弧线圈接地、调整系统电路参数等措施预防和限制内部过电压。

2. 外部过电压

外部过电压(亦称为大气过电压或雷电过电压)是供配电系统的设备或建筑物由于受到大气中的雷击或雷电感应而引起的过电压，其能量来自于系统外部。雷电冲击波的电压幅值可高达1亿伏，其电流幅值可高达几十万安，可能会烧毁电气设备和线路的绝缘，造成大面积长时间停电，对电力系统的危害远远超过内部过电压。因此，必须采取有效措施加以防护。

二、雷电的基本知识

1. 雷电现象

关于雷电产生原因的学说较多，一般认为：地面湿气受热上升，或空气中不同冷、热气团相遇，凝成水滴或冰晶，形成云。冰晶的淞附、水滴的破碎以及空气对流等过程，使云中产生电荷。云在运动中使电荷发生分离，带有负电荷或正电荷的云称为雷云。当空中的雷云靠近大地时，雷云与大地之间形成一个很大的雷电场。由于静电感应作用，使地面出现异号电荷。当雷云电荷聚集中心的电场达到 25～30 kV/cm 时，周围空气被击穿，雷云对大地放电，形成一个导电的空气通道，称为"雷电先导"，如图 9-1 所示。大地的异号电荷集中的上述方位尖端上方，在雷电先导下行到离地面 100～300 m 时，与地面物体向上发展的"迎雷先导"会合，正负电荷迅速中和，产生强大的"雷电流"，并伴有电闪雷鸣，这就是直击雷的"主放电阶段"。主放电电流很大，高达几百千安，但持续时间极短，一般只有 50～100 μs。主放电阶段之后，雷云中的剩余电荷继续沿主放电通道向

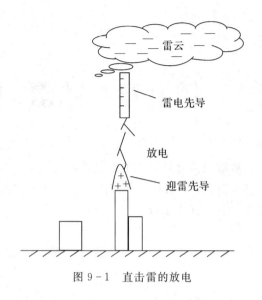

图 9-1　直击雷的放电

大地放电，就是直击雷的"余辉放电阶段"。这一阶段电流较小，约几百安，持续时间约为 0.03～0.15 s。

2. 雷电流的特性

雷电流是一个幅值很大、陡度很高的冲击波电流，其特征以雷电流波形表示，如图 9-2 所示。雷电流由零增大到幅值的这段时间的波形称为波头 τ_{wh}（wave head）。雷电流从幅值衰减到幅值的一半的一段波形称为波尾 τ_{wt}（wave tail）。雷电波的陡度 α 用雷电流波头部分的增长速度来表示，即 $\alpha = di/dt$。对电气设备的绝缘来说，雷电流的波陡度越大，则产生的过电压 $U = L di/dt$ 越高，对绝缘的破坏越严重。因此，应当设法降低雷电流的波陡度，保护设备绝缘。

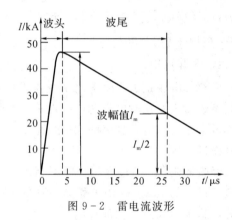

图 9-2　雷电流波形

3. 雷电过电压的基本形式

雷电过电压有两种基本形式：直击雷过电压和感应雷过电压。

直击雷（direct lightning）过电压是指雷云直接对电气设备或建筑物放电而引起的过电压。强大的雷电流通过这些物体导入大地，从而产生破坏性极大的热效应和机械效应，造成设备损坏，建筑物破坏。

所谓感应雷过电压，是指当架空线附近出现对地雷击时，在输电线路上感应的雷电过电压。感应雷过电压的形成过程可以用图 9-3 来表示，在雷云放电的起始阶段，雷云及其雷电先导通道中的电荷所形成的电场对线路发生静电感应，逐渐在线路上感应出大量异号的束缚电荷 Q。由于线路导线和大地之间有对地电容 C 存在，从而在线路上建立一个雷电感应电压 $U = Q/C$。当雷云对地放电后，线路上的束缚电荷被释放而形成自由电荷，向线路两端冲击流动。这就是感应雷过电压冲击波。

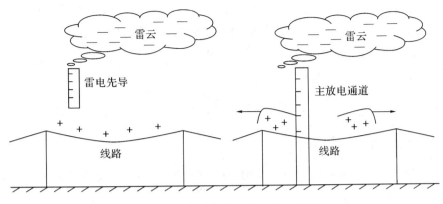

图 9-3 感应雷过电压的形成过程

高压线路上的感应雷过电压可高达几十万伏,低压线路上的感应雷过电压也可达几万伏。如果这个雷电冲击波沿着架空线路侵入变电站或厂房内部,对电气设备的危害很大。

三、防雷装置

防雷装置(lightning protection system,LPS))是指用于减少雷电击于建(构)筑物上或建(构)筑物附近造成的物质性损害和人身伤亡的整套装置,由外部防雷装置和内部防雷装置组成。

外部防雷装置由接闪器、引下线和接地装置组成,其作用原理是将雷电吸引到自身,并经引下线和接地装置将雷电流安全地泄入大地,从而保护附近的电力设备和建筑物免遭雷击。接闪器(air-termination system)又称受雷装置,是接受雷电流的金属导体,常用的有避雷针、避雷线和避雷网(带)三种类型。不同的被保护对象应选用不同的接闪器,一般而言,避雷针主要用于保护发电厂、变电所及其他独立的建筑物;避雷线主要用于保护输电线路或建筑物的某些部位;避雷网主要用于保护重要建筑物或高山上的文物古迹等。引下线的作用是将接闪器上的雷电流引入接地体泄入大地。引下线应保证雷电流通过时不致熔化,一般用直径不小于 10 mm 的圆钢或截面积不小于 80 mm² 的扁钢制成。当采用钢筋混凝土杆、钢结构作为支持物时,可利用钢筋作接地引下线。接地装置是接地体和接地线的总称,其电阻值很小,一般不大于 10 Ω,用于传导雷电流并将其流散入大地。

内部防雷装置是用于减小雷电流在所需防护空间内产生的电磁效应的装置,由避雷器、防雷等电位连接系统和与外部防雷装置的间隔距离组成。

1. 避雷针

避雷针多采用直径不小于 20 mm、长 1~2 m 的圆钢或直径不小于 25 mm 的镀锌钢管。它通常安装在钢筋水泥杆(支柱)或构架上,下端经引下线与接地装置相连接。

避雷针的保护范围以它能够防护直击雷的保护空间来表示。GB50064—2014《交流电气装置的过电压保护与绝缘配合设计规范》规定,用于变电所和电力线路的防雷保护时,避雷针、避雷线的保护范围应按"折线法"来确定。

单支避雷针的保护范围的确定方法如图 9-4 所示,在 $h/2$ 高度作一水平线,从针的顶

点 A 向下作与针成 45°角的斜线，与水平线交于点 B，连接 B 到地面上距离避雷针 $1.5h$ 处的点 C，避雷针的保护范围就是折线 ABC 绕避雷针为轴旋转构成的上下两个圆锥形空间。在该空间内高度 h_x 上的保护半径，可按下式计算：

$$\begin{cases} 当 h_x \geqslant h/2 时， & r_x = (h - h_x)p \\ 当 h_x < h/2 时， & r_x = (1.5h - 2h_x)p \end{cases} \tag{9-1}$$

式中：h_x——被保护物高度，m；

$\qquad h$——避雷针的高度，m；

$\qquad p$——高度影响系数，当 $h \leqslant 30$ m 时，$p = 1$；当 $30 < h \leqslant 120$ m 时，$p = \dfrac{5.5}{\sqrt{h}}$；当 $h >$

$\qquad$ 120 m 时，取针高等于 120 m。

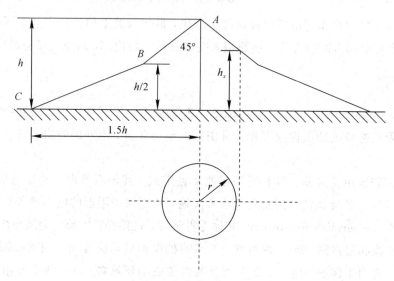

图 9-4 单支避雷针的保护范围

供配电工程中多是已知被保护物体的高度 h_x，根据被保护物的宽度与避雷针的相对位置来确定所需要的避雷针的高度 h，避雷针的高度一般选用 20~30 m。需要扩大保护范围，可采用两支以及多支避雷针做联合保护。用折线法确定两支以及多支避雷针保护范围的方法可参见 GB50064—2014。

【例 9-1】 某厂一座高 30 m 的水塔旁边，建有一锅炉房，尺寸如图 9-5 所示，水塔上面安装一支 2 m 高的避雷针，试问该避雷针能否保护这一锅炉房？

解 已知 $h = 30$ m $+ 2$ m $= 32$ m，$h_x = 8$ m，有

$$p = \frac{5.5}{\sqrt{h}} = \frac{5.5}{\sqrt{32}} = 0.972$$

因 $h_x < h/2$，由式(9-1)得避雷针的保护半径为

$$r_x = (h - h_x)p = (32 - 8) \times 0.972 = 23.328 \ (\text{m})$$

现锅炉房在 $h_x = 8$ m 高度上最远一角距离避雷针的水平距离为

$$r = \sqrt{(10 + 8)^2 + 5^2} = 18.68 (\text{m}) < 23.328 (\text{m})$$

由此可见，水塔上的避雷针能够保护这一锅炉房。

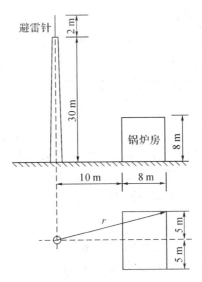

图 9 - 5　例 9 - 1 避雷针保护范围

2. 避雷线

避雷线一般采用截面面积不小于 $35~\mathrm{mm}^2$ 的镀锌钢绞线，架设在架空线路上面，以保护架空线路或其他物体(包括建筑物)免受雷击。由于避雷线采用架空敷设，且又接地，因此又称为架空地线。避雷线的功能和原理与避雷针基本相同。

单根避雷线的保护范围为一屋脊式的保护空间，如图 9 - 6 所示。避雷线的保护范围由其剖面上的折线 ABC 确定，该折线的求法为：在高度为 $h/2$ 处作水平线，由避雷线 A 向下作与铅垂面成 25°角的斜线，交水平线于 B 点，连接 B 点与地面上离避雷线水平距离为 h 处一点 C。单根避雷线一侧的保护宽度 r_x 可按式(9 - 2)计算。

$$\begin{cases} \text{当 } h_x \geqslant h/2 \text{ 时,} & r_x = 0.47(h - h_x)p \\ \text{当 } h_x < h/2 \text{ 时,} & r_x = (h - 1.53 h_x)p \end{cases} \quad (9 - 2)$$

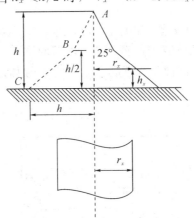

图 9 - 6　单根避雷线的保护范围

工程中常采用保护角 α 来表示避雷线对导线的保护程度。保护角是指避雷线和外侧导线的连线与避雷线的垂线之间的夹角。保护角越小，避雷线就越能可靠地保护导线免遭雷击。对于 35～110 kV 架空线路，一般取保护角 $\alpha = 10° \sim 25°$。

110 kV 及以上的架空输电线路，一般应全线架设避雷线；35 kV 架空线路一般只在进变电所 1～2 km 段架设避雷线；10 kV 架空线路的电杆较低，遭受雷击的概率较小，而且绝缘子的耐压水平较高，所以一般不架设避雷线。110 kV 及以上输电线路一般采用两根避雷线作联合保护，其保护范围确定方法可参考 GB50064—2014 或相关设计手册。

3. 避雷器

避雷器又称过电压保护器，可以用来防止雷电产生的过电压波沿线路侵入变配电所或其他建筑物内，以免危及被保护设备的绝缘；还可以限制电力系统的操作过电压，保护电气设备免受瞬时过电压危害，截断续流，不致引起系统接地短路。避雷器的类型有保护间隙、管型避雷器、阀型避雷器、金属氧化物避雷器。

1）保护间隙

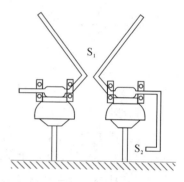

保护间隙又称放电间隙，是最简单的防雷保护装置，它由主间隙、辅助间隙和支持瓷瓶组成。主间隙按结构型式不同，分为棒型、环型和角型。在供配电系统中，角型保护间隙使用最广泛，如图 9-7 所示。主间隙 S_1 由两个金属电极构成，两极间有一定的空气间隙，一个极接于供电系统，一个极与大地相连。当供电系统遭到大气过电压时，保护间隙作为一个薄弱环节首先击穿，并将雷电流释放到地中，减轻了供电系统的过电压，保护了供电系统的绝缘。辅助间隙 S_2 的作用是为了防止主间隙被异物短路而引起误动作。

图 9-7　角型保护间隙

保护间隙构造简单，成本低廉，维护方便，但由于无专门的灭弧装置，灭弧能力很差。规程规定，在具有自动重合闸的线路中和管型避雷器或阀型避雷器的参数不能满足安装地点的要求时，可以采用保护间隙。

2）管型避雷器

管型避雷器是保护间隙的改进，如图 9-8 所示，由产气管、内部间隙和外部间隙三部分组成。产气管由纤维、有机玻璃或塑料制成。内部间隙装在产气管内部，一个电极为棒形，另一个电极为环形。外部间隙设在避雷器和带电的导体之间，其作用是保证正常时避雷器与电网的隔离，避免纤维管受潮漏电。

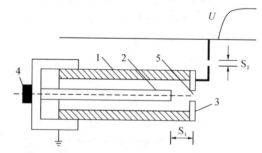

1—产气管；2—棒形电极；3—环形电极；4—接地螺母；
5—喷弧管口；S_1—内部间隙；S_2—外部间隙

图 9-8　管型避雷器示意图

当线路遭受雷击时，在大气过电压的作用下，管型避雷器的内外部间隙相继被击穿。内部间隙的放电电弧使管内温度迅速升高，管子内壁的纤维材料分解出大量的气体，由环形电极端面的管口喷出，产生纵向吹弧。当交流电弧电流第一次过零时，电弧熄灭。这时外部间隙恢复了绝缘性能，管型避雷器与电网断开，恢复正常运行。

由于管型避雷器结构上的特点，其伏秒特性较陡，不易与变压器的伏秒特性相配合，且在动作时有气体喷出，因此，管型避雷器主要用于室外线路上。

3）阀型避雷器

阀型避雷器由装在密封磁套管中的火花间隙组和具有非线性电阻特性的阀片串联组成，见图9-9。火花间隙组是根据额定电压的不同采用若干个单间隙叠合而成，如图9-10所示，每个间隙由两个黄铜电极和一个云母垫圈组成。由于两黄铜电极间间距小，面积较大，因而电场较均匀，可得到较平缓的放电伏秒特性。阀片是由金刚砂（SiC）和结合剂在一定的高温下烧结而成，具有良好的非线性特性和较高的通流能力。阀片的电阻值随着所加电压变化而变化，当阀片上所加电压增大时，电阻值减小；当阀片上电压减小时，电阻值增大。这样，在通过较大雷电流时，使避雷器上出现的残压不会过高，对较小的工频续流又能加以限制，为火花间隙的切断续流创造了良好的条件。

由于阀型避雷器具有伏秒特性比较平缓、残压较低的特点，因此，常用来保护变电所中的电气设备。

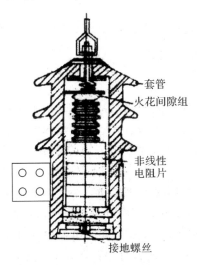

图9-9　FS-6型阀型避雷器的结构

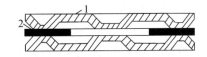

1—黄铜电极；2—云母片

图9-10　单个平板型火花间隙

4）金属氧化物避雷器

金属氧化物避雷器（Metal Oxide Lightning Arrestor）又称压敏避雷器。它在结构上没有火花间隙，由氧化锌或氧化铋等金属氧化物烧结而成的压敏电阻片（阀片）组成。这种避雷器的阀片具有优异的非线性伏安特性，在工频电压下，阀片具有极大的电阻，呈绝缘状态，能迅速有效地阻断工频续流，因此无需火花间隙来熄灭工频电压引起的电弧；当电压超过一定值（称为起动电压）时，阀片"导通"，呈低阻状态，将大电流泄入地中；当危险过电压消失以后，阀片迅速恢复高阻绝缘状态。

金属氧化物避雷器具有无间隙、无续流、通流量大、残压低、体积小、重量轻等优点，因此发展前景广阔，世界上许多国家都已用它取代了碳化硅阀式避雷器。

5）避雷器与被保护设备的伏秒特性配合

电气设备的冲击绝缘强度用伏秒特性表示。所谓伏秒特性，即绝缘材料在不同幅值的冲击电压作用下，其冲击放电电压与对应的起始放电时间的关系。避雷器与保护设备的伏秒特性之间应有合理的配合。

图 9-11 曲线 1 表示被保护电气设备的伏秒特性。避雷器要能可靠地保护设备，其伏秒特性必须低于被保护物的伏秒特性，并且要留有一定的间距，如图 9-11 中曲线 2。这样才能保证在同一冲击电压作用下，避雷器总是首先击穿对地放电。

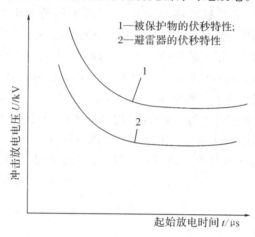

图 9-11　伏秒特性的配合

4. 电涌保护器

电涌保护器(Surge Protective Device，SPD)是用于限制瞬态过电压和分泄电涌电流的器件，它至少含有一个非线性元件。其作用是把窜入电力线、信号传输线的瞬时过电压限制在设备或系统所能承受的电压范围内，或将强大的雷电流泄流入地，使被保护的设备或系统不受冲击。按其工作原理分类，电涌保护器可分为电压开关型、限压型和组合型。

（1）电压开关型电涌保护器。在没有瞬时过电压时呈现高阻抗，一旦响应雷电瞬时过电压，其阻抗就突变为低阻抗，允许雷电流通过，也被称为短路开关型电涌保护器。

（2）限压型电涌保护器。在没有瞬时过电压时呈现高阻抗，但随电涌电流和电压的增加，其阻抗会不断减小，其电流电压特性为强非线性，有时被称为钳压型电涌保护器。

（3）组合型电涌保护器。由电压开关型组件和限压型组件组合而成，可以显示为电压开关型或限压型或两者兼有的特性，这决定于所加电压的特性。

四、供配电系统的防雷措施

1. 架空线路的防雷措施

（1）架设避雷线。架空送电线路最有效的保护措施是架设接地的避雷线，但造价很高，因此只在 66 kV 及以上的架空线路上才全线装设避雷线。35 kV 及以下的线路，一般只在发电厂、变电所进出线段装设避雷线，而 10 kV 及以下线路上一般不装设避雷线。

（2）提高线路本身的绝缘水平。杆塔本身的条件直接关系到线路的耐雷水平，对于

10 kV 及以下架空线路，可采用瓷横担或者将绝缘子提高一个绝缘等级，以提高线路本身的防雷水平。

（3）利用三角形排列的顶线兼作防雷保护线。由于 3～10 kV 线路中性点通常不接地，因此可在三角形排列的顶线绝缘子上装设保护间隙。当出现雷电过电压时，顶线绝缘子上的保护间隙被击穿，通过接地引下线将雷电流导入大地，从而保护了下面的两根导线，而且不会引起线路断路器跳闸。

（4）加强绝缘弱点的保护。在原有的 3～10 kV 的线路上，必须在绝缘弱点加装必要的防雷保护设备。所谓绝缘弱点，主要包括跨越杆、个别金属杆塔、特别高的杆塔、个别铁横担、带有拉线的个别杆塔和终端杆等处，应装设阀型避雷器和管型避雷器进行保护。

（5）装设自动重合闸装置。由于配电线路的绝缘水平较低，遭受雷击时容易引起绝缘子的闪络，造成线路跳闸。为了保证对用户不间断供电，可以在配电线路上装设自动重合闸装置（ARD）或者一次重合熔断器，延时 0.5 s 或稍长一点时间自动重合，恢复供电。

2. 变配电所的防雷措施

变配电所的防雷主要有两个重要方面，一是防止变配电所建筑物和户外配电装置遭受直击雷，二是防止过电压雷电波沿线路侵入变配电所，危及电气设备的安全。变配电所一旦遭受雷击，后果和影响十分严重，因此一般均按一级防雷建筑的标准进行防雷设计。

1）直击雷的防护措施

变配电所中一般装设独立避雷针或在室外配电装置架构上装设避雷针防护直击雷。独立避雷针应有独立的接地体，但当受到雷击时，雷电流沿着接闪器、引下线和接地体流入大地，并且在它们上面产生很高的电位。如果避雷针与附近设备间的绝缘距离不够，两者之间会产生强烈的放电现象，这种现象称为"反击"。为了防止"反击"事故的发生，避雷针必须与被保护物之间保持一定的安全距离。

（1）独立避雷针及其引下线与被保护物在空气中的安全距离 S_a 应满足下式要求：

$$S_a \geqslant 0.3R_{sh} + 0.1h \qquad (9-3)$$

式中：S_a——空气中的安全距离，m，一般不应小于 5 m；

R_{sh}——独立避雷针（线）的冲击接地电阻，Ω；

h——避雷针校验点的高度（即被保护物的高度），m。

（2）独立避雷针应装设独立的接地装置，其接地体与被保护物的接地体之间也应保持一定的地中距离 S_e，如图 9-12 所示。S_e 的大小可按式（9-4）确定，一般不应小于 3 m。

$$S_e \geqslant 0.3R_{sh} \qquad (9-4)$$

（3）独立避雷针及其接地装置不应设在人员经常出入的地方，其与建筑物的出入口及人行道的距离不应小于 3 m，以限制跨步电压。

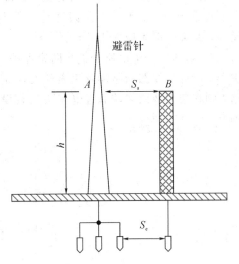

图 9-12 避雷针与被保护物的距离

2）变电所的进线保护

进线保护的目的在于防止线路上或线路附近落雷后，感应雷电波侵入变电所，危害变电所的配电装置。大中型企业的 35～110 kV 变电所的进线保护常采用如图 9-13 所示的标准防雷保护方案。

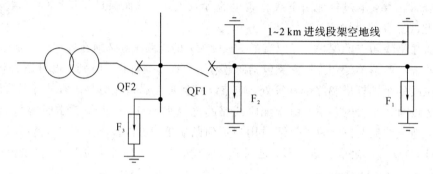

图 9-13　35～110 kV 变电所进线防雷保护方案

35 kV 电力线路一般不采用全线装设避雷线来防止直击雷，可以在进线段 1～2 km 内架设避雷线，使该段线路免遭直接雷击，还可以使感应雷过电压产生在 1～2 km 以外，靠进线段本身的阻抗起限流作用，降低雷电冲击波的幅值和陡度。

当线路采用木杆或木横担的钢筋混凝土杆时，线路的冲击绝缘水平较高，为了限制线路上遭受直击雷产生的高电压，该线路进线段的首端装设一组管型避雷器 F_1，且其工频接地电阻应在 10 Ω 以下。如果变电所的进线隔离开关或断路器在雷雨季节经常处于开路状态，而线路又可能带电时，则必须在靠近隔离开关或断路器 QF1 处装设一组管型避雷器 F_2，防止线路上的雷电波侵入到隔离开关或断路器开路处由于反射而形成两倍侵入波幅值的电压，损坏隔离开关或断路器。F_2 的外部间隙应调整于正常运行时不被击穿。

虽然变电所进线已采取防雷措施，沿线侵入变电所内的雷电波在传播过程中逐渐衰减，但其过电压对所内设备仍具威胁，特别是价值最高但绝缘相对薄弱的变压器。故在变电所母线上还应该装设一组阀型避雷器 F_3，而且避雷器应尽量靠近变压器及其他被保护的设备，距离一般不应大于 5 m。

3～10 kV 变配电所的进线防雷保护，可以在每路进线终端，装设 FZ 型或 FS 型阀型避雷器，以保护线路断路器及隔离开关，如图 9-14 中的 F_1。如果进线是电缆引入的架空线路，则在架空线路终端靠近电缆头处装设避雷器，其接地端与电缆头外壳相连后接地，如图 9-14 中 F_2 所示。

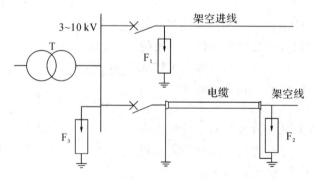

图 9-14　3～10 kV 变配电所进线防雷保护方案

3）电力变压器的防雷保护

为了防止雷电冲击波沿高压线路侵入变电所，对所内价值高昂但绝缘相对薄弱的电力变压器造成危害，在变配电所每段母线上装设一组阀型避雷器，并尽量靠近变压器，距离一般不应大于 5 m，如图 9-13 和图 9-14 中 F_3 所示。

对于 Y/Y_{n0} 接线的 10/0.4 kV 配电变压器，一般把外壳、中性点与避雷器共同接地，如图 9-15 所示。为了防止雷电流流过接地电阻时，接地电阻上的压降与避雷器的残压叠加以后作用在变压器绝缘上，应将避雷器的接地与变压器外壳共同接地，使得变压器高压侧主绝缘上只有阀型避雷器的残压。但此时，接地体和接地引下线上的压降，将使变压器外壳电位大大提高，可能引起外壳向低压侧的闪络放电。因此，必须将变压器低压侧中性点与外壳共同接地，这样中性点与外壳等电位，就不会发生闪络放电了。

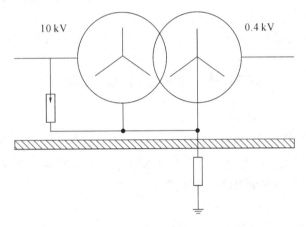

图 9-15 Y/Y_{n0} 接线变压器的防雷接线

3. 高压电动机的防雷保护

一般对于经过变压器再与架空配电网相连的电动机，可以不要特殊的防雷措施，因为高压电动机的绝缘水平较变压器低。对于直接与架空配电网络连接的高压电动机（又称为直配电机），一旦遭受雷击，将造成电动机绝缘损坏或烧毁，所以对这类高压电动机必须加强防雷保护。

在运行中电动机绕组的安全冲击耐压值常低于磁吹阀型避雷器的残压，因此单靠避雷器构成的高压电动机保护不够完善，必须与电容器和电缆线段等联合组成保护，见图 9-16。

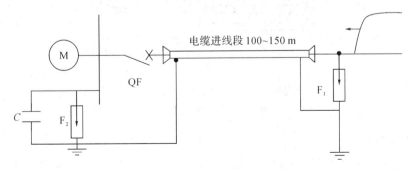

图 9-16 具有电缆进线段的电动机的防雷保护

当侵入波使管型避雷器 F_1 击穿后，电缆首端的金属外皮和芯线间被电弧短路，由于雷电流频率很高和强烈的趋肤效应使雷电流沿电缆金属外皮流动，而流过电线芯线的雷电流很小。同时，由于电缆和架空线的波阻抗不同（架空线约 $400\sim500$ Ω，电缆约 $10\sim50$ Ω），雷电波在架空线与电缆的连接点上会发生折射与反射（折射电压 U_{rw} 与入射电压 U_{in} 的关系为 $U_{rw}=\dfrac{2Z_2}{Z_1+Z_2}\times U_{in}$），雷电波侵入电缆以后，电压波幅值已经大大降低。这样电动机母线所受过电压就较低，即使磁吹阀型避雷器 F_2 动作，流过它的雷电流及残压也不会超过允许值。因此，电缆首端的避雷器可以限制侵入波到达母线上的过电压幅值。

另外，如果电动机绕组的中性点不接地（相当于开路），同时侵入电动机三相绕组雷电冲击波在中性点处的折射电压比入口处电压提高一倍，这对绕组绝缘危害很大。因此为保护中性点的绝缘，采用 F_2 与电容器 C 并联来降低母线上侵入波的波幅值和波陡度。并联 C 值越大，侵入波上升速度就越慢，波陡度就会越低，装设于每相上的电容器值约为 $0.25\sim0.5$ μF。如果电动机绕组的中性点能引出，也可以在中性点加装磁吹阀型避雷器进行保护。

第二节　接地与接地装置

一、接地的基本概念

接地（earthing）是指在供配电系统的某些部位，由于工作的需要或安全的需要而和大地进行直接连接。接地是安全用电的重要措施。

1. 接地装置

接地体，又称为接地极，是指埋入地中并直接与土壤相接触的金属导体，如埋地的钢管、角铁等。电气设备应接地部分与接地体（极）相连接的金属导体（线）称为接地线。接地线在设备正常运行情况下是不载流的，但在故障情况下要通过接地故障电流。接地体与接地线统称接地装置。由若干接地体在大地中用接地线相互连接起来的一个整体，称为接地网。其中接地线又分接地干线和接地支线，如图 9－17 所示。接地干线一般应不少于两根导体，在不同地点与接地网连接。

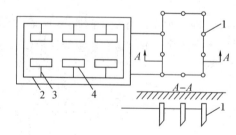

1—接地体；2—接地干线；3—接地支线；4—设备

图 9－17　接地网示意图

2. 散流现象

电流经接地装置进入大地是以半球面形状向"大地"散流的。离接地体愈远的地方，半球的散流表面积愈大，散流电阻愈小。离接地体 20 m 处，半球表面积很大，散流的电流密度已很小,散流电阻接近于零,该处的电位也趋于零。通常将接地体以外20 m处电位等于零的地方称为电气上的"地"。电气设备接地部分与"地"之间的电位差称为电气设备接地部分的对地电压,接地体与"地"之间的电阻称为接地体的散流电阻,它等于接地装置的对地电压与通过接地体流入地中的电流的比值:

$$R_E = \frac{U_E}{I_E} \qquad\qquad (9-5)$$

图9-18表示接地体的散流现象及地面各点的电位分布。

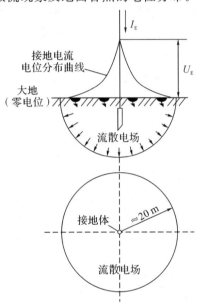

图9-18 接地体的散流现象及地面各点的电位分布图

3. 接触电压和跨步电压

电气设备发生接地故障时,人站在地面上接触到接地回路的某一点(例如电气设备的金属外壳),人体所承受的电压称为接触电压U_{tou}。在散流范围内地面上相距0.8 m的两点之间的电位差称为跨步电压U_{step}。图9-19表明了接触电压和跨步电压的含义。由图中可

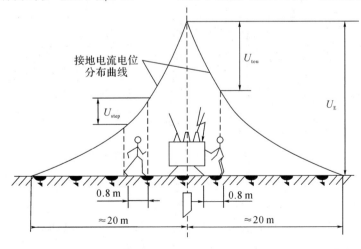

图9-19 接触电压和跨步电压

以看出 U_E 越大，则跨步电压和接触电压也越大；离接地装置越远，跨步电压越小；当接地装置远离设备时，人站在散流范围之外的地面上接触到与接地网相连的电气设备金属外壳时，接触电压最大。

二、接地的类型

1. 工作接地

工作接地是指为了电力系统的正常运行，人为地将供电系统的某些点和大地进行金属性的连接，例如发电机和变压器的中性点直接接地或经消弧线圈接地、防雷设备的接地等。各种工作接地都有各自的目的和作用，例如电源中性点直接接地，能在系统发生接地故障时保持相对地电压不变，从而维持系统稳定，保证继电保护的可靠动作，降低绝缘造价；电源中性点经消弧线圈接地，能在单相接地时消除接地点的断续电弧，避免系统出现过电压；电压互感器一次侧线圈的中性点接地，能保证一次系统中相对电压测量的准确度；防雷设备的接地是为了对地泄放雷电流，以达到防雷保护的目的。

2. 保护接地

保护接地是指为保障人身安全、防止触电事故，将电气设备的外露可导电部分（正常不带电，而在绝缘损坏时可带电且易被触及的部分，如金属外壳和构架等）与大地相连。

在低压配电系统中，按保护接地的方式不同，可将其分为三类，即 TN 系统、TT 系统和 IT 系统。

1）TN 系统

TN 系统的电源中性点直接接地，并引出有中性线（N 线）、保护线（PE 线）或保护中性线（PEN 线）。如果系统中的 N 线与 PE 线全部合为 PEN 线，则此系统称为 TN-C 系统，如图 9-20(a)所示；如果系统中的 N 线与 PE 线全部分开，则此系统称为 TN-S 系统，如图 9-20 (b)所示；如果系统中前一部分 N 线与 PE 线合为 PEN 线，而后一部分 N 线与 PE线全部或部分地分开，则此系统称为 TN-C-S 系统，如图 9-20(c)所示。

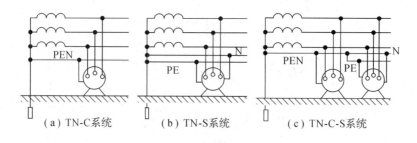

（a）TN-C系统　　　　（b）TN-S系统　　　　（c）TN-C-S系统

图 9-20　TN 系统的 PE 线与 N 线的组合形式

TN 系统中，设备外露可导电部分经低压配电电源系统中公共的 PE 线（在 TN-S 系统中）或 PEN 线（在 TN-C 系统中）接地，这种接地形式我国习惯上称为"保护接零"。

TN 系统中的设备发生单相碰壳漏电故障时，就形成单相短路回路，如图 9-21 所示。因该回路内不包含任何接地电阻，整个回路的阻抗就很小，故障电流 $I_K^{(1)}$ 很大，足以保证在最短的时间内使熔丝熔断、保护装置或自动开关跳闸，从而切除故障设备的电源，保障人身安全。

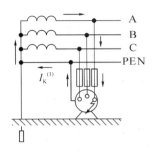

图 9-21　TN 系统发生单相碰壳时短路电流通路

2）TT 系统

TT 系统的电源中性点直接接地，并引出有 N 线，属三相四线制系统，设备的外露可导电部分均经与系统接地点无关的各自的接地装置单独接地，如图 9-22(a)所示。

当设备发生一相接地故障时，就会通过保护接地装置形成单相短路，电流为 $I_K^{(1)}$，如图 9-22(b)所示。由于电源相电压为 220 V，如按电源中性点工作接地电阻为 4 Ω、保护接地电阻为 4 Ω 计算，则故障回路将产生 27.5 A 的电流。这么大的故障电流，对于容量较小的电气设备，所选用的熔丝会熔断或使自动开关跳闸，从而切断电源，可以保障人身安全。但是，对于容量较大的电气设备，因所选用的熔丝或自动开关的额定电流较大，所以不能保证切断电源，也就无法保障人身安全了，这是保护接地方式的局限性，但可通过加装漏电保护开关来弥补，以完善保护接地的功能。

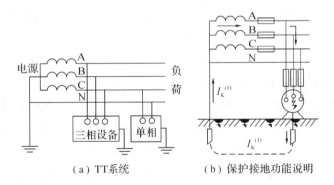

（a）TT系统　　　　（b）保护接地功能说明

图 9-22　TT 系统及保护接地功能说明

3）IT 系统

IT 系统的电源中性点不接地或经 1 kΩ 阻抗接地，通常不引出 N 线，属于三相三线制系统，设备的外露可导电部分均经各自的接地装置单独接地，如图 9-23(a)所示。

当设备发生一相接地故障时，就会通过接地装置、大地、两个非故障相对地电容及电源中性点接地装置(如采取中性点经阻抗接地时)形成单相接地故障电流(如图 9-23(b)所示)，这时人体若触及漏电设备外壳，人体电阻 R_{man} 与接地电阻 R_E 并联，且 R_{man} 远大于 R_E（人体电阻比接地电阻大 200 倍以上），由于分流作用，通过人体的故障电流将远小于流经

R_E的故障电流,极大地减小了触电的危害程度。

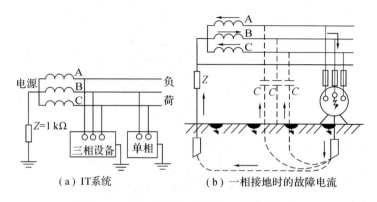

图 9-23　IT 系统及一相接地时的故障电流

4) 低压系统接地形式的选用

(1) TN-C 系统:对 TN-C 系统而言,如果 PEN 线断线,将使接 PEN 线的设备外露导电部分带电,因而带来人身触电危险,安全水平较低。另外,由于 PEN 线中有电流流过,对接 PEN 线的某些电子设备也会产生电磁干扰。因此,TN-C 系统不适用于对安全性要求较高的场所和对抗电磁干扰要求较高的场所,一般适用于有专业人员维护管理的一般性工业厂房和场所。

(2) TN-S 系统:TN-S 系统中,PE 线断线不会使接 PE 线的设备外露可导电部分带电,同时 PE 线中无电流流过,也不会产生电磁干扰,因此适用于对安全性及抗电磁干扰要求较高的场所,如设有变电所的公共建筑、医院、有爆炸和火灾危险的厂房和场所、单相负荷比较集中的场所、洁净厂房、办公楼和科研楼、计算站、通信站以及一般住宅、商店等。

(3) TN-C-S 系统:宜用于不附设变电所的上述(2)项中所列的建筑和场所。

(4) TT 系统:适用于不附设变电所的上述(2)项中所列的建筑和场所,尤其适用于无等电位联结的户外场所,如:户外照明、户外演出场所、户外集贸市场等场所。

(5) IT 系统:适用于不间断供电要求高和对接地故障电压有严格限制的场所,如应急电源装置、消防、矿井下电气装置以及有防火防爆要求的场所。

(6) 同一变压器、发电机供电范围内 TN 系统和 TT 系统不能与 IT 系统兼容。分散的建筑物可分别采用 TN 系统和 TT 系统。同一建筑物内宜采用 TN 系统或 TT 系统中的一种。

3. 重复接地

将零线上的一处或多处通过接地装置与大地再次连接,称为重复接地。在 TN 系统中,为了避免 PE 线或 PEN 线断开时系统失去保护作用,除了电源中性点必须采用工作接地外,还应在架空线路终端及沿线每 1 km 处、电缆或架空线引入建筑物处设置重复接地。如不重复接地,当零线万一断线而同时断点之后某一设备发生单相碰壳时,零线断开点之后的接零设备外壳都将出现较高的接触电压,如图 9-24 所示。

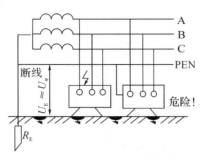

（a）没有重复接地，PE线或者PEN线断线时

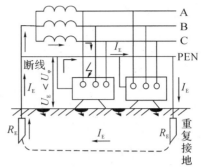

（b）采取重复接地，PE线或者PEN线断线时

图 9-24　重复接地功能说明示意图

三、接地装置的装设

1. 设备接地方式的确定

（1）应实行保护接地或保护接零的设备。凡因绝缘损坏而可能带有危险电压的电气设备及电气装置的金属外壳和框架均应可靠接地或接零，其中包括：

① 电动机、变压器、变阻器、电力电容器、开关设备的金属外壳；

② 配电屏、控制屏（柜、箱）的金属框架和底座，邻近带电设备的金属遮栏；

③ 电线电力电缆的金属保护管和金属包皮，电缆终端头与中间接头的金属包皮及母线的外罩；

④ 照明灯具、电扇及电热设备的金属底座与外壳；

⑤ 避雷针、避雷器、保护间隙和耦合电容器底座，装有避雷线的电力线路金属杆塔；

⑥ 互感器的二次线圈。

（2）可不接地或接零的设备，包括：

① 采用安全电压或低于安全电压的电气设备；

② 装在配电屏、控制屏上的电气测量仪表，继电器与低压电器的外壳；

③ 在已接地金属构架上的支持绝缘子的金属底座；

④ 在常年保持干燥且用木材、沥青等绝缘较好的材料铺成的地面，其室内低压电气设备的外壳；

⑤ 额定电压为 220 V 及以下的蓄电池室的金属框架；

⑥ 厂内运输铁轨；

⑦ 电气设备安装在高度超过 2.2 m 的不导电建筑材料基座上，需用木梯才能接触到且不会同时触及接地部分。

2. 接地体的选择

接地体是接地装置的主要部分，其选择与装设是能否取得合格接地电阻的关键，接地体可分为自然接地体与人工接地体。

1）自然接地体

利用自然接地体不但可以节约钢材，节省施工费用，还可以降低接地电阻，因此有条件的应当优先利用自然接地体。经实地测量，当可利用的自然接地体接地电阻能满足要求，而且又满足热稳定条件时，就不必再装设人工接地装置，否则应增加人工接地装置。

凡是与大地有可靠而良好接触的设备或构件，大都可用作自然接地体，如：

① 与大地有可靠连接的建筑物的钢结构、混凝土基础中的钢筋；

② 敷设于地下而数量不少于两根的电缆金属外皮；

③ 敷设在地下的金属管道及热力管道，输送可燃性气体或液体(如煤气、石油)的金属管道除外。

利用自然接地体，必须保证良好的电气连接，在建筑物钢结构结合处凡是用螺栓连接的，只有在采取焊接与加跨接线等措施后方可利用。

2）人工接地体

自然接地体不能满足接地要求或无自然接地体时，应装设人工接地体。人工接地体大多采用钢管、角钢、圆钢和扁钢制作。一般情况下，人工接地体都采取垂直敷设，特殊情况如多岩石地区，可采取水平敷设。

接地体的材料规格若偏小，用机械方法锤打入地时易弯曲；若偏大则钢材耗用大，而散流电阻减少甚微，不经济。垂直敷设的接地体的材料，常用直径为 $40 \sim 50$ mm、壁厚为 3.5 mm 的钢管，或者 40 mm$\times 40$ mm$\times 4$ mm~ 50 mm$\times 50$ mm$\times 6$ mm 的角钢，接地体的长度宜取 2.5 m。水平敷设的接地体，常采用厚度不小于 4 mm、截面不小于 100 mm^2 的扁钢或直径不小于 10 mm 的圆钢，长度宜为 $5 \sim 20$ m。

如果接地体敷设处土壤有较强的腐蚀性，则接地体应镀锌或镀锡并适当加大截面，不能采用涂漆或涂沥青的方法防腐。

按 GB50169—92《电气装置安装工程 接地装置施工及验收规范》规定，钢接地体和接地线的截面不应小于表 9-1 所列的规格。对于 110 kV 及以上变电所的接地装置，应采用热镀锌钢材，或者适当加大截面。

表 9-1 钢接地体和接地线的最小规格

种类	参数	地上		地下	
		室内	室外	交流回路	直流回路
圆钢	直径(mm)	6	8	10	12
扁钢	截面(mm²)	24	48	100	100
	厚度(mm)	3	4	4	6
角钢	厚度(mm)	2	2.5	4	6
钢管	管壁厚度(mm)	2.5	2.5	3.5	4.5

注：① 电力线路杆塔的接地体引出截面不应小于 50 mm^2。引出线应热镀锌。

② 防雷接地装置，圆钢直径不应小于 10 mm；扁钢截面不应小于 100 mm^2 时，厚度不应小于 4 mm；角钢厚度不应小于 4 mm；钢管壁厚不应小于 3.5 mm。作为引下线，圆钢直径不应小于 8 mm；扁钢截面不应小于 48 mm^2，其厚度不应小于 4 mm。

为减少自然因素(如环境温度)对接地电阻的影响,接地体顶部距地面应不小于 0.6 m。

多根接地体相互靠近时,入地电流将相互排斥,影响入地电流疏散,这种现象称屏蔽效应。屏蔽效应使得接地体组的利用率下降。因此,安排接地体位置时,为减少相邻接地体间的屏蔽作用,垂直接地体的间距应不小于接地体长度的两倍,水平接地体的间距一般不小于 5 m。

3. 接地装置的布置

接地装置的布置应使其附近的电位分布尽可能均匀,以降低接触电压和跨步电压,保证人身安全。人工接地体布置方式可分为外引式和回路式,如图 9-25 所示。外引式将接地体引出户外某处集中埋于地下,该方式安装方便,且较经济,但接地体附近地面电位分布不均,跨步电压较大,厂房内接触电压较大;另外,接地网的连接可靠性也较差。因此,变电所中常采用回路式接地装置,回路式是将接地体围绕设备或建筑物四周打入地中,它使地面电位分布均匀,减小跨步电压,同时抬高了地面电位,减少了接触电压,安全性好,连接可靠。

因此,在一般情况下,应优先考虑采用回路式接地。只有在采用回路式接地极有困难或费用较高时,才考虑采用外引式接地。

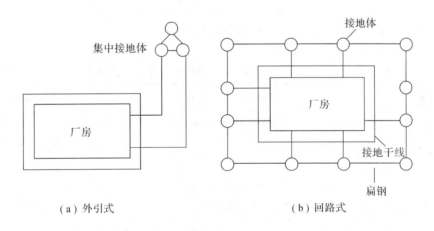

图 9-25 接地装置的布置

四、接地电阻

接地电阻是用来衡量接地状态是否良好的一个重要参数,是电流由接地装置流入大地再经大地流向另一接地体或向远处扩散所遇到的电阻,它包括接地线和接地体本身的电阻和散流电阻。所谓散流电阻是指电流自接地极的周围向大地流散所遇到的全部电阻,即接地体与土壤之间的接触电阻及土壤的电阻之和。接地电阻大小直接体现了电气装置与"地"接触的良好程度,也反映了接地网的规模。

1. 对接地电阻的要求

同样的接地电流,接地电阻越小,接触电压和跨步电压也越小。对接地装置的接地电阻进行限定,实际上就是限制接触电压和跨步电压,保证人身安全。

35～110 kV 独立变电所和建筑物(低压)电气装置的接地电阻要求见表 9-2、表 9-3。

表 9 - 2　35～110 kV 独立变电所的接地电阻允许值

接地类别	接地的电气装置特点	接地电阻要求/Ω
安全保护接地	有效接地系统和低电阻接地系统中的变电所电气装置保护接地的接地电阻（与站用变低压 TN 系统中性点接地共用接地，采用总等电位联结）	$R_E \leqslant \dfrac{2000}{I_G}$
	不接地、经消弧线圈接地和高电阻接地系统中变电所电气装置保护接地的接地电阻（与站用变低压 TN 系统中性点接地共用接地，采用总等电位联结）	$R_E \leqslant \dfrac{120}{I_g}$ 且 $R_E \leqslant 4$
防雷保护接地	独立避雷针（含悬挂独立避雷线的架构）的接地电阻	$R_{Esh} \leqslant 10$（冲击电阻）
	在变压器门型架构上装设避雷针时，变电所接地电阻（不包括架构基础的接地电阻）	$R_E \leqslant 4$（工频电阻）

注：① 本表根据 GB/T50065—2011《交流电气装置的接地设计规范》和 GB50064—2014《交流电气装置的过电压保护和绝缘配合设计规范》编制。

② 表中 I_G 为计算用经接地网入地的最大故障不对称电流有效值（A），该电流应采用设计水平年系统最大运行方式确定，并应考虑系统中各接地中性点间的短路电流分配，以及避雷线中分走的接地短路电流。计算参见 GB/T50065—2011 的附录 B。

③ 表中 I_g 为计算用的接地网入地对称电流（A）。

表 9 - 3　建筑物（低压）电气装置的接地电阻允许值

接地类别	接地的电气装置特点	接地电阻要求/Ω
配电变压器安全保护接地与低压系统中性点接地共用接地装置	高压侧工作于低电阻接地系统，配电变压器保护接地与低压 TN 系统中性点接地共用接地装置，并作总等电位联结	$R_E \leqslant \dfrac{2000}{I}$ 且 $R_E \leqslant 4$
	高压侧工作于低电阻接地系统，配电变压器保护接地无法与低压 TT 系统中性点接地分开	$R_E \leqslant \dfrac{1200^{(注3)}}{I}$ 且 $R_E \leqslant 4$
	高压侧工作于不接地、经消弧线圈接地和高电阻接地系统，配电变压器保护接地与低压系统中性点接地共用接地装置，并作总等电位联结	$R_E \leqslant \dfrac{50}{I}$ 且 $R_E \leqslant 4$
防雷保护接地	第一类防雷建筑物防直击雷接地装置电阻	$R_{Esh} \leqslant 10$（冲击电阻）
	第一、二类防雷建筑物防感应雷接地装置电阻	$R_E \leqslant 10$（工频电阻）
	第二类防雷建筑物防直击雷接地装置电阻	$R_{Esh} \leqslant 10$（冲击电阻）
	第三类防雷建筑物防直击雷接地装置电阻	$R_{Esh} \leqslant 30$（冲击电阻）
共用接地装置		按接入设备中要求的最小值确定

注：① 本表根据 GB/T50065—2011《交流电气装置的接地设计规范》、GB/T16895.10—2010《低压电气装置　第 4 - 44 部分：安全防护　电压骚扰和电磁骚扰防护》和 GB50057—2010《建筑物防雷设计规

范》编制。

② 表中 I 为计算用的单相接地故障电流，对经消弧线圈接地系统为故障点残余电流。

③ 依据 GB/T16895.10—2010 标准，TT 系统中性点接地电阻地电位升高不应超过 1200 V，满足低压用电设备的绝缘配合要求。

④ 高压配电电压通常为 6～20 kV，也有采用 35 kV 直配的个别情况。

2. 接地电阻的计算

1）工频接地电阻

工频接地电阻是指工频交流电流经接地极流入地中所呈现的电阻。工频接地电阻可按表 9－4 中的公式进行简单计算。

表 9－4 工频接地电阻计算公式

接地体形式			计算公式	说 明
人工接地体	垂直式	单根	$R_{E(1)} \approx \dfrac{\rho}{l}$	ρ 为土壤电阻率（$\Omega \cdot m$）；l 为接地体长度（m）；单位下同
		多根	$R_E = \dfrac{R_{E(1)}}{n\eta_E}$	n 为垂直接地体根数；η_E 为接地体的利用系数，与管间距 a 与管长 l 之比及管子数目 n 有关
	水平式	单根	$R_{E(1)} \approx \dfrac{2\rho}{l}$	ρ 为土壤电阻率；l 为接地体长度
		多根	$R_E \approx \dfrac{0.062\rho}{n+1.2}$	n 为放射形水平接地带根数（$n \leqslant 12$）；每根长度 $l = 60$ m
	复合式接地网		$R_E \approx \dfrac{\rho}{4r} + \dfrac{\rho}{l}$	r 为与接地网面积等值的圆半径（即等效半径）；l 为接地体总长度，包括垂直接地体
自然接地体	钢筋混凝土基础		$R_E \approx \dfrac{0.2\rho}{\sqrt[3]{V}}$	V 为钢筋混凝土基础体积
	电缆金属外皮、金属管道		$R_E \approx \dfrac{2\rho}{l}$	l 为电缆及金属管道埋地长度

上表中，土壤电阻率参考值见附表 43 所示；垂直管形接地体单排敷设时的利用系数见附表 44 所示；垂直管形接地体环形敷设时的利用系数见附表 45 所示。

2）冲击接地电阻

冲击接地电阻为雷电流经接地装置泄放入地时所呈现的接地电阻。由于强大的雷电流泄放入地时，土壤被雷电波击穿并产生火花，使散流电阻显著降低，因此，冲击接地电阻一般小于工频接地电阻。

冲击接地电阻 R_{Esh} 可按下式计算

$$R_{Esh} = \alpha R_E \tag{9-6}$$

式中：R_E——工频接地电阻；

α——冲击系数，通常 $\alpha \leqslant 1$。

对防雷装置接地电阻的规定是指冲击接地电阻，但冲击接地电阻值难以测量，故可一般测量工频接地电阻 R_E 后再乘以相应的冲击系数 α 值，得到冲击接地电阻。表 9－5 给出了 α 的参考数值。

表 9 - 5 冲击系数 α 的参考值

接地装置型式	土壤电阻率/$\Omega \cdot m$			
	$\leqslant 100$	500	1000	$\geqslant 2000$
一般接地装置	1.0	0.67	0.5	0.33
环绕建筑物的接地装置	1.0	1.0	1.0	1.0

3. 降低接地电阻的方法

在土壤电阻率较高($\rho > 500 \ \Omega \cdot m$)的地区，必须采取措施降低土壤的电阻率，才能使接地电阻达到所要求的数值，常用的方法有以下几种：

(1) 外引接地装置。将接地体引至附近土壤电阻率较低的地方，如水井、泉眼、水沟、河边、水库边、大树下等土壤潮湿的地方，或者敷设水下接地网，以降低接地电阻。外引接地装置应避开人行道，以防跨步电压电击；穿过公路的外引线，埋设深度不应小于 0.8 m。

(2) 深埋地极法。可以将垂直接地体深埋到低电阻率的土壤中或扩大接地体与土壤的接触面积来降低接地电阻。在选择埋设地点时，应尽量选在水较丰富及地下水位较高的地区或金属矿体区。这种方法对含砂土壤最有效果。

(3) 换土法。用电阻率较低的土壤(如黏土、黑土等)替换原有电阻率较高的土壤，置换范围在接地体周围 0.5 m 以内和接地体的 1/3 处。这种方法可用于多岩石地区。

(4) 化学处理法。在接地体周围加入低电阻率的降阻剂来增加土壤的导电性。这种方法目前应用较为普遍。

五、低压配电系统的等电位联结

多个可导电部分间为达到等电位进行的联结称为等电位联结。等电位联结可以更有效地降低电压值，还可以防止由建筑物外传入的故障电压对人身造成危害，提高电气安全水平。《低压配电设计规范》(GB50054—2011)规定，低压配电系统中采取接地故障保护时，应在建筑物内作总等电位联结(Main Equipotential Bonding，MEB)，当电气装置或其某一部分的接地故障后间接接触的保护电器不能满足自动切断电源的要求时，尚应在局部范围内将可导电部分作局部等电位联结(Local Equipotential Bonding，LEB)；亦可将伸臂范围内能同时触及的两个可导电部分作辅助等电位联结(Supplement Equipotential Bonding，SEB)。

1) 总等电位联结

总等电位联结是在建筑物进线处，将 PE 线或 PEN 线与电气装置接地干线、建筑物内的各种金属管道(如水管、煤气管、采暖和空调管道等)以及建筑物的金属构件等都连接到一起，使它们具有基本相等的电位，如图 9 - 26 中的 MEB 所示。

2) 局部等电位联结

局部等电位联结是在一局部场所范围内将各导电部分连接到一起，称为局部等电位联结，如图 9 - 26 中的 LEB。通常，在容易触电的浴室及安全要求极高的胸腔手术室等地，宜作局部等电位联结。

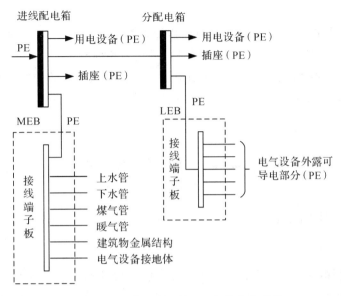

图 9 - 26　总等电位联结和局部等电位联结

3）辅助等电位联结

辅助等电位联结是在导电部分间，用导线直接连通，使其电位相等或相近，作为总等电位联结的补充。

4）等电位联结导线选择

（1）总等电位联结用保护联结导体的截面积，不应小于配电线路的最大保护导体（PE线）截面的 1/2，保护联结导体截面积的最小值和最大值应符合表 9 - 6 的规定。

表 9 - 6　保护联结导体截面积的最小值和最大值　　　　　　　　　　　　mm²

导体材料	最小值	最　大　值
铜	6	25
铝	16	按载流量与 25 mm² 铜导体的载流量相同确定
钢	50	

（2）辅助等电位联结用保护联结导体截面积的选择，应符合下列规定。

① 联结两个外露可导电部分的保护联结导体，其电导不应小于接到外露可导电部分的较小的保护导体的电导。

② 联结外露可导电部分和装置外可导电部分的保护联结导体，其电导不应小于相应保护导体截面积 1/2 的导体所具有的电导。

③ 单独敷设的保护联结导体的截面积应满足：有机械损伤防护时，铜导体不应小于 2.5 mm²，铝导体不应小于 16 mm²；无机械损伤防护时，铜导体不应小于 4 mm²，铝导体不应小于 16 mm²。

（3）局部等电位联结用保护联结导体的截面应符合下列规定。

① 保护联结导体的电导不应小于局部场所内最大保护导体截面积 1/2 的导体所具有

的电导。

② 保护联结导体采用铜导体时，其截面积最大值为 25 mm²；采用其他金属导体时，其截面积最大值应按其载流量与 25 mm² 铜导体的载流量相同确定。

③ 单独敷设的保护联结导体的截面积应满足：有机械损伤防护时，铜导体不应小于 2.5 mm²，铝导体不应小于 16 mm²；无机械损伤防护时，铜导体不应小于 4 mm²，铝导体不应小于 16 mm²。

第三节 电 气 安 全

一、电气安全的相关概念

1. 安全电流

当人体接触带电体时，会有电流流过人体，即所谓的触电。触电会对人体造成伤害：一种是电击，会破坏人体内部组织，影响呼吸系统、心脏及神经系统的正常功能，严重时将危及生命；一种是电伤，当较大电流流经人体时，由于电流的热效应、化学效应和机械效应，会对人体触电部位造成灼伤、烙伤和皮肤金属化等。高空作业时，由于触电事故使作业人员从高空跌落，还会造成摔伤等二次伤害。

触电后，电流对人体的伤害程度取决于流经人体的电流的大小。由此可将其分成三种类型：感知电流、摆脱电流、致命电流。

1）感知电流

感知电流是指引起人体感知的最小电流。实验表明，成年男性的平均感知电流约 1.1 mA，成年女性约 0.7 mA。感知电流一般不会对人体造成什么伤害。

2）摆脱电流

摆脱电流指人触电后，尚能靠自身摆脱的最大电流。据有关资料表明，成年男性平均摆脱电流约 16 mA，成年女性约 10 mA，儿童的摆脱电流较成年人小。一般认为人体的平均摆脱电流为 15 mA，考虑在各种条件下不致有电击危险的安全电流，以 5 mA 为宜。

3）致命电流

致命电流指在很短的时间内危及人生命的最小电流。当流经人体的电流达到 50 mA 以上时就会引起心室颤动，有生命危险；到 100 mA 以上，足以在极短的时间内致人死亡。

国际电工委员会(IEC)提出的人体触电时间和通过人体的电流(50 Hz)对人肌体产生的生理效应的曲线如图 9-27 所示，图中各个区域所产生的电击生理效应见表 9-7。人体触电反应分为四个区域，其中①、②、③区可视为"安全区"，在③区与④区之间的一条曲线称为"安全曲线"，④区是致命区，但③区也并非是绝对安全的。

我国一般采用 30 mA(50 Hz)作为安全电流值，但其触电时间不得超过 1 s，因此，安全电流也称为 30 mA·s。由图 9-27 可以看出，30 mA·s 位于③区，不会对人体引起心室纤维性颤动和器质性损伤，因此可认为是相对安全的。当流经人体的电流达到 50 mA 以上时，就会有致命危险。

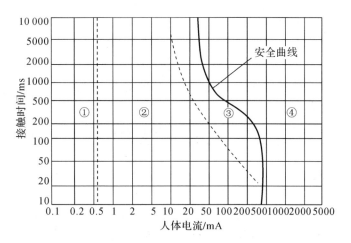

图 9 - 27　人体触电时间和通过人体电流对人身肌体产生的生理效应的曲线

表 9 - 7　图 9 - 27 中各个区域所产生的电击生理效应说明

区域	生理效应	区域	生理效应
①	人体无反应	③	人体一般无心室纤维性颤动和器质性损伤
②	人体一般无病理性反应	④	人体可能发生心室纤维性颤动

确定安全电流时要考虑多方面的因素：

（1）时间因素。电流流经人体的时间不同，对人体的危害程度差别显著。即使是很小的电流，如果通电时间长了，也有可能引起心室颤动。

（2）电流的性质。在同样大小电流的情况下，交流、直流、高频、低频等不同性质的电流对人体的伤害也是不同的。实验及实践表明，频率在 50～100 Hz 的交流电对人体的伤害程度最为严重。我们平常所接触的交流电正好就是在这个频率范围内。

（3）电流路径。电流通过头部会使人昏迷而死亡；通过神经中枢会引起中枢神经系统强烈失调而致人残废；通过呼吸系统会造成窒息；通过心脏会使心室颤动而停止跳动最后死亡。实践证明，电流从左手到脚是最危险的路径，从右手到脚、从手到手也是比较危险的路径，从脚到脚相对而言危险性较小。

2. 人体电阻

发生触电事故时，流经人体的电流大小是由加在人体的接触电电压和人体的阻抗大小共同决定的。显然，接触电压一定时，人体电阻越小，流经的电流就越大，危险性也就越高。

人体电阻主要由电流通过人体的路径、接触电压大小、电流持续时间、电源频率、皮肤潮湿程度、接触面积、施加的压力、温度等因素决定。

人体电阻由两部分组成，即皮肤电阻和人体内电阻，其中皮肤电阻占主要部分。一般人体电阻可达几万到几十万欧，但当皮肤浸潮、脏污或被击穿后，人体电阻将降至 800～1000 Ω。因此在进行电气安全分析与计算时，考虑人体电阻，正常环境取 1000 Ω，特殊严重潮湿环境取 500 Ω。

3. 安全电压

通过电流对人体伤害作用的研究知道,电流对人体的危害不仅与电流大小有关,还与通电时间等多方面因素相关,因而很难确定接触电压的安全阈值。因此,针对不同的应用场合制定了相应的安全电压等级,以保证"绝对"的安全。表 9-8 为我国的各种安全电压等级。

表 9-8　我国的安全电压等级

应用场合	安全电压/V	
	交流	直流
一般正常环境	50	120
接触面积>1 cm², 接触时间>1 s	33	70
特殊环境安全等级	42, 36, 24, 12, 6	

特殊环境安全等级中,42 V 适用于在有触电危险的场合使用的手持式电动工具等情况;36 V 适用于在矿井、多导电粉尘等场所使用的行灯等;24 V 适用于工作空间狭窄,操作者容易大面积接触带电体,如在锅炉、金属容器内的情况;12 V、6 V 适用于人体可能经常触及的带电体设备。

二、常见电气安全事故的主要原因

在日常生活中,引发电气安全事故的最重要因素是安全意识不足,电气安全组织措施和技术措施不落实,甚至违反操作规程,从而酿成大祸。设备的绝缘损坏、自然灾害和人为外力破坏也是引起电气事故的主要因素。常见的引起电气安全事故的具体原因有:

(1) 电气线路、设备检修中安全措施未落实。

(2) 电气线路、设备安装不符合安全要求,接线错误。

(3) 非电工任意处理电气事故。

(4) 误接触带电体,包括移动长、高金属物体触碰高压线,在高位作业(天车、塔、架、梯等)误碰带电体或误送电触电。

(5) 操作漏电的机器设备或使用漏电电动工具(包括设备、工具无接地或无接零保护措施)。

(6) 设备、工具已有的保护线中断;电钻等手持电动工具电源线松动。

(7) 设备绝缘损坏或受潮,如水泥搅拌机等机械的电机受潮,带电源移动设备时电源线磨损,浴室电源线受潮等。

(8) 违反安全操作规程,防护不到位,如电焊作业者穿背心、短裤,不穿绝缘鞋,汗水浸透手套,焊钳误碰自身,湿手操作机器按钮等。

(9) 因暴风雨、雷击等自然灾害导致漏电、触电事故。

(10) 现场临时用电管理不善导致电气安全事故。

(11) 缺乏用电常识和安全意识,鲁莽行事导致的安全事故,如盲目闯入电气设备遮栏内;搭棚、架等作业中,用铁丝将电源线与构件绑在一起;遇损坏落地电线用手拣拿等。

三、电气安全措施

1. 保证电气安全的组织措施

电气安全工作是一项综合性工作，有工程技术的一面，也有组织管理的一面。因此，要想做好电气安全工作，必须重视电气安全综合措施，技术措施和管理措施双管齐下。保证电气安全的组织措施具体如下：

（1）严格执行各项安全规章制度。合理的规章制度是保证安全、促进生产的有效手段。安全操作规程、运行管理规程、电气安装规程等规章制度都与整个供配电系统的安全运转有直接联系。

（2）对电气设备定期进行电气安全检查，以便及时排除设备事故隐患。

（3）加强电气安全教育，以便提高工作人员的安全意识，普及安全用电常识。

（4）健全检修安全制度。为了保证检修工作的安全，应当建立健全各项检修制度并确保执行各项制度，包括工作票制度、操作票制度、工作许可制度、工作监督制度等。

2. 保证电气安全的技术措施

（1）采用安全电压。

根据工作场合和具体工作条件，尽量采用能保证人身安全的工作电压。我国的安全电压的额定值为 42 V、36 V、24 V、12 V、6 V。手提照明灯、危险环境中使用携带式电动工具，应采用 36 V 安全电压；金属容器内、隧道内、矿井内等工作场合，狭窄、行动不便及周围有大面积接地导体的环境，应采用 24 V 或 12 V 安全电压，以防止因触电造成人身伤害。

（2）保证绝缘强度。

电气设备运行时的带电部分，应在其外部包以绝缘物，其绝缘强度应和设备采用的电压等级、运行环境、运行条件相符合，必要时可以采用双重绝缘，如有些手动工具。这对预防触电事故的发生起着极其重要的作用。

（3）预防触及带电部分。

电气设备或电气线路，如不能包以绝缘物，如行车的滑触线、汇流母线排等，应设置专门的屏护，或放置于人不能触及的高处。

（4）正确使用电工安全用具。

电工安全用具是防止触电、坠落、灼伤等，保障工作人员安全的电工专用工具和用具，包括绝缘手套、靴、垫、夹钳、杆和验电笔杆、临时接地线、标示牌等。在操作电气设备时，应穿戴好必要的防护用品，并设置安全警示标志。

（5）采用低压触电保护装置。

低压触电保护装置，又称为漏电保护装置，是用来防止人身触电和漏电引发事故的一种接地保护装置，当电路或用电设备漏电电流大于装置的整定值或人、动物发生触电危险时，它能迅速动作，切断事故电源，避免事故的扩大，保障人身、设备的安全。

（6）采用保护接地和保护接零。

在中性点不接地系统中，将设备外壳等正常情况下不带电的金属部分与大地可靠连接，或者在电源中性点直接接地系统中，将其与零线作良好的金属连接，一旦设备某一相绝缘损坏，因设备已良好接地或接零，故能够有效避免触电事故。在采用保护接零的三相四线制系统中,为了防止零线断线,还应在零线上间隔一段距离进行一处或多处重复接地。

本 章 小 结

本章首先介绍了过电压及雷电的基本概念,然后讨论了接地作用及接地装置的装设,最后简单介绍了电气安全的常识。需要重点掌握的是防雷装置的保护原理及保护范围的确定方法、供配电系统的防雷措施、接地的类型及其保护原理、低压配电系统的接地形式。

1. 过电压按其能量来源不同,可分为大气过电压和内部过电压。大气过电压,即雷电过电压,又可分为直击雷过电压和感应雷过电压。

2. 防雷装置由接闪器、引下线和接地装置三部分组成。在供配电系统中,通常采用避雷针和避雷线来防护直击雷,其保护范围通过"折线法"来确定。

3. 避雷器是防护感应雷过电压和操作过电压的主要设备,根据其构造和保护原理可分为管型避雷器、阀型避雷器和金属氧化物避雷器。避雷器与避雷线配合可以很好地实现 35 ~110 kV 变电所进线段保护,另外常用避雷器与电缆构成具有电缆进线段的直配式电动机的联合保护。

4. 接地分为工作接地、保护接地。工作接地是指因正常工作需要而将电气设备的某点进行接地;保护接地是指将在故障情况下可能呈现危险对地电压的设备外壳进行接地;重复接地是将 TN 系统中 PE 线或 PEN 线上的一处或多处进行接地。

5. 低压配电系统的保护接地分为 TN 系统、TT 系统和 IT 系统 3 种形式。而 TN 系统根据中性线与保护接地线的组合不同又可分为:TN-C 系统、TN-S 系统和 TN-C-S 系统。我国 380V/220V 的民用电采用的是中性点直接接地的三相四线制 TN-C 系统,即保护接地线与中性线合一。

6. 接地电阻应满足规定要求,设计接地装置时,应首先考虑利用自然接地体,如不足应补充人工接地体,竣工后和使用过程中,还应检查测量其接地电阻是否符合要求。

7. 采用接地故障保护时,应在建筑物内作总等电位联结,当电气装置或其某一部分的接地故障保护不能满足规定要求时,尚应在局部范围内作局部等电位联结。等电位联结是建筑物内电气装置的一项基本安全措施,可以降低接触电压,保障人员安全。在建筑物进线处作总等电位联结,在远离总等电位联结的潮湿、有腐蚀性物质、触电危险性大的地方可作局部等电位联结。

8. 为保证人身安全,防止触电事故发生,应严格执行保证安全用电的一般措施。

思考题与习题

9.1 何谓大气过电压和内部过电压?限制内部过电压的措施有哪些?

9.2 避雷针、避雷线和避雷带(网)各主要用在什么场所?

9.3 避雷针由哪几部分构成?每部分的作用是什么?

9.4 避雷器的主要功能是什么?阀型避雷器和管型避雷器的结构、性能和应用场合分别是什么?保护间隙和金属氧化物避雷器结构上各有何特点?

9.5 高压电动机应采用哪类避雷器?为什么?

9.6　某厂建有一独立变电所,高 10 m,其最远的一角距离高 60 m 的烟囱 50 m。烟囱上装有一支高 2.5 m 的避雷针。试验算此避雷针能否保护这座变电所。

9.7　试说明图 9 - 14 所示变电所进线典型过电压保护方案中各个元件的功能和作用。

9.8　试说明在供配电系统中利用避雷器、电缆线段和电容器联合所构成的直配电动机防雷保护方案的工作原理。

9.9　什么叫接地?电气上的"地"是何意义?

9.10　什么是接地电流和对地电压?

9.11　什么是接触电压和跨步电压?

9.12　低压配电系统是怎样分类的? TN - C、TN - S、TN - C - S、TT 和 IT 系统各有什么特点?其中的中性线(N 线)、保护线(PE 线)和保护中性线(PEN 线)各有哪些功能?

9.13　什么叫工作接地和保护接地?保护接零是指什么?同一低压系统中,能否有的采用保护接地有的又采取保护接零?

9.14　什么是重复接地?有什么必要性?

9.15　哪些设备应接地?哪些设备可不接地?

9.16　什么是接地装置?什么是人工接地体和自然接地体?

9.17　什么是接地电阻?怎样近似计算接地电阻?如何测量接地电阻?

9.18　什么是安全电压和安全电流?

9.19　什么叫总等电位连接和局部等电位连接?它们分别起何作用?

第十章　供配电系统新技术

第一节　分布式能源

一、分布式能源及其主要特征

国际分布式能源联盟对"分布式能源"(Distributed Energy Resource，DER)给出的定义如下：安装在用户端的高效冷/热电联供系统，系统能够在消费地点或离消费地点很近的地方发电，高效地利用发电产生的废能生成热和电；现场端的可再生能源系统包括利用现场废气、废热及多余压差来发电的能源循环利用系统。简而言之，分布式能源是一种建在用户端的能源供应方式，既可独立运行，也可并网运行，而不论规模大小、使用什么燃料或应用技术。

分布式能源的主要特征有以下几个方面。

(1)高效性。分布式能源可用发电或工作的余热制热、制冷，合理梯级利用能源，也可以根据自身所需向电网输电或购电，从而提高能源的利用效率；分布式能源靠近用户安装，可以降低网损。

(2)环保性。分布式能源大多采用清洁能源发电，如太阳能、风能、天然气等，减少有害物的排放总量，减轻环保压力；分布式能源采用就近供电，减少高压输电线路的电磁污染，也减少了高压输电线路走廊占用的土地。

(3)能源利用多样性。分布式能源可利用多种能源，如风、光、潮汐、地热等清洁可再生能源，并同时为用户提供电、热、冷等多种能源应用方式，因此是节约能源、解决能源危机和实现能源安全的好途径。

(4)调峰作用。夏季和冬季往往是电力负荷的高峰时期，分布式能源热、电、冷三联系统，不但可以解决冬夏季的供热与制冷需求，同时也提供了一部分电力，降低了电力峰荷，起到调峰作用。

(5)安全性和可靠性。当大电网出现大面积停电事故时，分布式能源系统仍可孤岛运行，提高供电可靠性，同时有助于大电力系统在崩溃后的再启动，提高系统运行的安全性。

(6)减少输配电投资。分布式能源采用就地组合协同供应模式，可以节省电网投资，降低运行费用和损耗。

(7)解决边远地区供电。我国许多边远和农村地区远离大电网，采用太阳能发电、小型风力发电和生物质发电的分布式能源系统是解决该类地区供电的好办法。

二、分布式发电简介

1. 风能发电

风力发电的过程就是一个能量转换的过程。风力发电机组包括两大部分，风力机和发电机。风力机的桨叶具有良好的空气动力外形，在气流作用下能产生空气动力使风轮旋转，将风能转换成机械能，再通过齿轮箱增速驱动发电机，将机械能转变成电能。

风力机多采用水平轴、三叶片结构，主要由叶轮、塔架及对风装置组成，如图 10-1 所示。风力发电机的基本类型有：普通异步风力发电机、双馈异步风力发电机、直驱式同步风力发电机、混合式风力发电机。风力发电机系统可独立运行，也可与系统联网运行，如图 10-2 所示。

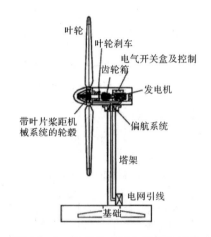

图 10-1 典型并网风力机的剖面图

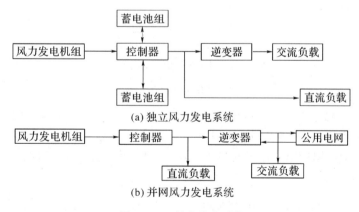

(a) 独立风力发电系统

(b) 并网风力发电系统

图 10-2 风力发电系统

风力发电的主要优点是风能蕴藏量大、可再生、无大气污染、建设周期短、投资灵活、自动控制水平高且安全耐用。特别是缺乏水力资源、燃料和交通不便的沿海岛屿、山区和高原地带，都具有较丰富的风力资源。缺点主要是风能是一种密度小的随机性能源，为了保证系统供电的连续性和稳定性，需要安装储能电池，增加了系统成本；风力发电机旋转运动组件多，维护、检修费用大，且有噪声；风力发电机对安装地理位置要求较高。

2. 太阳能发电

目前成熟的太阳能发电形式有两种：光伏发电和光热发电。

1）光伏发电

"光伏"来源于"光生伏打效应"（简称"光伏效应"），指的是光照使不均匀半导体或半导体与金属结合的不同部位之间产生电位差的现象。太阳能电池是利用光伏效应将太阳能直接转换成电能的部件。太阳光照射太阳能电池，太阳光的光子在电池里激发出电子空穴对，电子和空穴分别向电池的两端移动，如果外部构成通路，就形成电流，产生电能。

太阳能电池单元是光伏发电的最小单元。在规模化光伏发电应用中，一般将多个太阳能电池组件按照电气性能串并联，构成太阳能电池阵列。光伏发电系统将太阳能电池输出的直流电通过功率变换装置向负荷供电（交流或直流）或者接入电网。光伏发电系统可分为离网型和并网型两种，如图 10 - 3 所示。

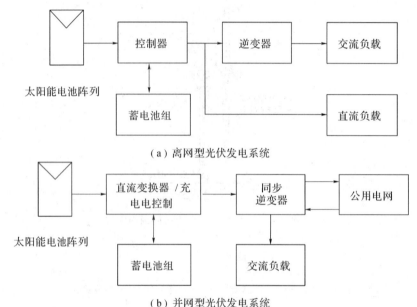

（a）离网型光伏发电系统

（b）并网型光伏发电系统

图 10 - 3　光伏发电系统配置示意图

太阳能光伏发电的优点是对地理位置要求不高，只要有阳光、有空间安装太阳能电池板即可，而且无污染、无噪声、发电技术简单、主要部件易维护、零燃料费用及维护费用等。太阳能电池的应用局限性在于安装费用较高、电力供应具有随机性、发电效率较低。

2）光热发电

光热发电主要是利用聚光器汇聚太阳能，对工作介质进行加热，使其由液态变为气态，推动汽轮发电机发电。根据聚光方式的不同，光热发电系统主要分为槽式、塔式、碟式 3 种，如图 10 - 4 所示。太阳聚焦发电组件由反射镜、集热子系统、热传输子系统、蓄热与热交换子系统和发电子系统组成。首先将许多面反射镜（亦称定日镜）按一定规律排列成反射镜阵列，这些反射镜自动跟踪太阳，使反射光精确投射到集热器窗口。当阳光投射到集热器被吸收转化成热能后，加热盘管内流动着的介质产生蒸汽。一部分热量通过热传输系统传送至汽轮发电机组发电，另一部分热量则被储存在蓄热器里，以备没有阳光时发电用。

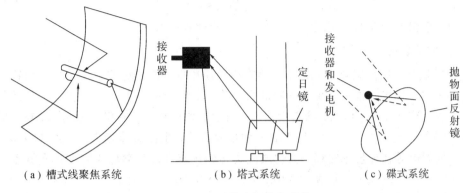

| （a）槽式线聚焦系统 | （b）塔式系统 | （c）碟式系统 |

图 10-4　三类太阳聚焦系统

太阳能光热发电投资费用与太阳能光伏发电或风能发电相比较低，其发电成本甚至可以与常规热电站相当。

3. 海洋能发电

海洋能是指蕴藏于海洋中的可再生能源，主要包括潮汐能、波浪能、海流能等。海洋能开发利用的方式主要是发电，其中潮汐发电和小型波浪发电技术已经得到实际应用。

1）潮汐发电

潮汐发电是利用潮水涨落产生的水位差所具有的势能来发电的。潮汐发电工作原理与常规水力发电的原理类似，即在河流或海湾筑一条大坝，以形成天然水库。水轮发电机就装在拦海大坝里，如图 10-5 所示。因此，利用潮汐发电必须具备两个物理条件：第一，潮汐的幅度必须大，至少要有几米；第二，海岸地形必须能储蓄大量海水，并可进行土建工程。

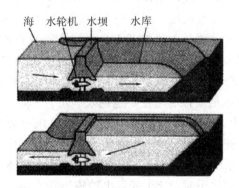

图 10-5　潮汐发电原理

潮汐能属于可再生能源，蕴藏量大，运行成本低。潮汐发电对环境影响小，无污染。潮汐发电的水库都是利用河口或海湾建成的，不占用耕地。潮汐发电不受洪水、枯水期等水文因素影响。潮汐电站的堤坝较低，容易建造，投资也较少。

2）波浪发电

波浪发电的原理主要是将波浪能通过转换装置转换为机械、气压或液压的能量，然后通过传动机构驱动发电机发电。波浪发电过程中，波浪能通常要经过三级转换：第一级为受波体，它将大海的波浪能吸收进来；第二级为中间转换装置，它优化第一级转换，产生出足够稳定的能量，中间转换装置是波浪发电的关键设备；第三级为发电装置，与其他发电装置一样。波浪能开发的技术复杂、成本高、投资回收期长。

4. 生物质发电

生物质能是太阳能以化学能形式储存在生物质中的一种能量形式，一种以生物质为载体的能量，它直接或间接地来源于植物的光合作用。生物质能资源通常包括木材及林业废弃物、农业废弃物、水生植物、油料植物、城市生活垃圾和工业有机废弃物、动物粪便等。

生物质发电是现代生物质能利用的一种重要方式，主要有直燃发电、混燃发电、气化发电、沼气发电等几种技术路线。生物质能突出的优点在环境效益上，生物质能蕴藏量极大，且生物质生产过程中会吸收大气中的 CO_2，有利于环保。但生物质原料收获、储存、加工及运输过程中需要额外投入，导致原料总成本相对较高。

三、分布式能源对传统配电系统的影响

分布式能源的接入改变了系统的潮流分布与运行方式，对传统配电系统的影响既有积极的方面也有消极的方面，这主要取决于系统和分布式发电的运行特性。总的来说积极作用主要体现在改善系统运行方式，支持系统高效、可靠地运行，具体包括以下几个方面：

（1）分布式电源增加了电网的备用容量，具有削峰填谷、平衡负荷的功能；

（2）分布式电源的大量出现减轻了不断新建大型发电厂的需要，节省了建设电厂和输电设备的投资；

（3）分布式发电使电能生产更靠近负荷，降低了电能传输中的网络损耗；

（4）分布式发电可以带负荷孤岛运行。当系统故障时，分布式电源继续向部分负荷供电。这样可以缩小停电范围，提高供电可靠性。

然而，这些分布式发电的积极作用在实际中并不容易实现。它要求分布式发电必须具有很高的运行可靠性、可以任意调度，而且具有合适的接入位置和容量，此外还需要满足其他一些运行限制。由于大多数分布式能源不是电网公司所有，而且利用太阳能、风能等气候性能源发电本身就具有功率不确定的特点，所以这些条件很难保证。事实上，由于一些条件常常得不到满足，分布式发电的接入反而对配电系统造成诸多不利影响。

分布式发电对电力系统的消极影响主要包括以下几个方面。

（1）线路过电压。在传统的配电网络中，线路上的电压一般都是沿着远离配电变压器的方向不断下降。为了保证终端用户的电压水平，在实际运行中一般利用调压变压器调节分接头使电压曲线提升。系统接入分布式发电以后，线路上的潮流将会发生变化，电压曲线也将随之变化。当负荷非常小时，分布式发电的输出功率有可能流向系统侧，此时线路上的电压从配电变压器到分布式发电接入点将不断上升。

（2）增加配电网故障等级。当配电网发生短路故障时，分布式发电会提供短路电流。如果当前配电系统的短路电流水平已经接近开关设备的额定电流，那么故障等级的提高将要求电力系统增加投资成本改进开关设备。

（3）电能质量。由于分布式发电是由用户来控制的，用户将根据其自身的需要启动和停运分布式发电。如果用户在分布式发电机端电压与系统电压不同步时投入分布式发电，或者在系统能量缺额时切除分布式发电，可能会造成较大的系统电压波动，从而降低系统的电能质量。

（4）保护。目前的配电网保护系统是按照传统的单电源、辐射式结构设计的。分布式发电接入将对配电网故障行为和保护功能产生很大影响，使得原先的保护系统不再适用。同时，分布式发电作为一种新型的电力电源技术，对其本体的保护也是继电保护工作者面临的新问题。

（5）其他。分布式发电大量接入还将对电力系统的可靠性、中性点接地方式，以及电力系统的谐振过电压产生影响。

第二节　微电网技术

一、微电网及其主要特征

1. 微电网的概念及优点

微电网（micro grid）是由分布式电源、储能系统、能量转换装置、监控和保护装置、负荷等汇集而成的小型发、配、用电系统，是一个具备自我控制和自我能量管理的自治系统，既可以独立运行，又能作为一个可控单元并网运行。从微观看，微电网可以看作小型的电力系统；从宏观看，微电网可以认为是配电系统中的一个"虚拟"的电源或负荷。某些情况下，微电网在满足用户电能需求的同时，还能满足用户热能的需求，此时的微电网实际上是一个能源网。

将分布式电源组成微电网的形式运行，具有多方面的优点，例如：① 有助于提高配电系统对分布式电源的接纳能力。凭借微电网的运行控制和能量管理等关键技术，可以实现其并网或孤岛运行、降低间歇性分布式电源给配电网带来的不利影响，最大限度地利用分布式电源。② 可有效提高间歇式可再生能源的利用效率，在满足冷/热/电等多种负荷需求的前提下实现用能优化；亦可降低配电网络损耗，优化配电网运行方式。③ 在电网严重故障时，可保证关键负荷供电，提高供电可靠性。④ 可用于解决偏远地区、海岛和荒漠中用户的供电问题。

2. 微电网的运行模式

微电网具有孤网运行（或独立运行）和并网运行两种不同的运行模式。孤网运行是指微电网与大电网断开连接，只依靠自身内部的分布式电源来提供稳定可靠的电力供应以满足负荷需求。并网运行是指微电网通过公共连接点（PCC）的静态开关接入大电网并列运行。

根据微电网与外部大电网之间的关系，微电网的孤网运行模式可以划分为两种：① 一种是完全不与外部大电网相连接的微电网，主要用于解决海岛、山区等偏远地区的分散电力需求，如希腊 Kythnos 岛的风光柴蓄独立微电网和中国浙江东福山风光柴蓄独立微电网等；② 另一种是由于电网故障或电能质量不能满足要求等原因，暂时与外部大电网断开而进入孤岛运行模式的微电网，可以有效提高所辖负荷的用电可靠性和安全性，如丹麦 Bornholm 微电网等。

此外，微电网的并网运行模式根据微电网与大电网之间的能量交互关系又可以分为两种：① 微电网可从大电网吸收功率，但不能向大电网输出功率，如日本 Hachinohe 微电网；② 微电网与大电网间可以自由双向交换功率，如德国 Demotec 微电网。

3. 微电网的容量及电压等级

一般而言，从微电网容量规模和电压等级的角度可以将微电网划分为 4 类：① 低压等级且容量规模小于 2 MW 的单设施级微电网，主要应用于小型工业或商业建筑、大的居民楼或单幢建筑物等；② 低压等级且容量规模在 2～5 MW 范围的多设施级微电网，应用范围一般包含多种建筑物、多样负荷类型的网络，如小型工商区和居民区等；③ 中低压等级且容量规模在 5～10 MW 范围的馈线级微电网，一般由多个小型微电网组合而成，主要适用于公共设施、政府机构等；④ 中低压等级且容量规模在 5～10 MW 范围的变电站级微电网，一般包含变电站和一些馈线级和用户级的微电网，适用于变电站供电的区域。在实际规划中可根据实际负荷需要采用不同级别的微电网形式。

二、微电网的结构

微电网的构成可以很简单，但也可能比较复杂。例如：光伏发电系统和储能系统可以组成简单的用户级光/储微电网，风力发电系统、光伏发电系统、储能系统、冷/热/电联供微型燃汽轮机发电系统可组成满足用户冷/热/电综合能源需求的复杂微电网。一个微电网内还可以含有若干个规模相对小的微电网，微电网内分布式电源的接入电压等级也可能不同，如图 10-6 所示，也可以有多种结构形式。

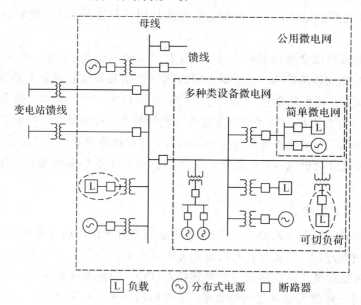

图 10-6 微电网结构示意

按照接入配电系统的方式不同，微电网可分为用户级、馈线级和变电站级微电网。用户级微电网与外部配电系统通过一个公共连接点连接，一般由用户负责其运行及管理；馈线级微电网是指将接入中压配电系统某一馈线的分布式电源和负荷等加以有效管理所形成的微电网；变电站级微电网是指将接入某一变电站及其出线上的分布式电源及负荷实施有效管理后形成的规模较大的微电网。后两者一般属于配电公司所有，是智能配电系统的重要组成部分。

按照微电网内主网络供电方式不同，微电网还可分为直流型微电网、交流型微电网和混合型微电网。在直流型微电网中，大量分布式电源和储能系统通过直流主网架直接为直流负荷供电；对于交流负荷，则利用电力电子换流装置，将直流电转换为交流电供电。在交流型微电网中，将所有分布式电源和储能系统的输出首先转换为交流电，形成交流主干网络为交流负荷直接供电；对于直流负荷，需通过电力电子换流装置将交流电转换为直流电后为负荷供电。在混合型微电网中，无论是直流负荷还是交流负荷，都可以不通过交直流间的功率变换直接由微电网供电。

三、微电网的关键技术

目前大多数微电网相关技术已经在工业和电力系统中得到了应用，主要包含新型电力电子技术、分布式发电技术、储能技术及热电冷联产技术等。微电网关键技术具体涵盖如下。

1）可再生能源发电与储能技术

目前智能微电网主要以多种可再生能源为主，电源输入主要为光伏、风力、氢、天然气、沼气等多种成熟的能源发电技术。

储能是微电网中不可缺少的一部分，它在微电网中能够起到削峰填谷和平抑新能源发电出力波动的作用，极大地提高间歇式能源的利用效率。目前的储能主要有蓄电池储能、飞轮储能、超导磁储能、超级电容器储能。目前较为成熟的储能技术是铅酸蓄电池，但有寿命短和铅污染的问题。未来高储能、低成本、优质性能的石墨烯电池市场化将给储能行业带来春天。

2）电力电子技术

大部分的新能源发电技术所发出的电能在频率和电压水平上不能满足现有互联电网的要求，因此无法直接接入电网，需通过电力电子设备才能接入。为此要大力加强对电力电子技术的研究，研制一些新型的电力电子设备作为配套设施，如并网逆变器、静态开关和电能控制装置。

3）微电网优化调度技术

与传统电网调度系统不同，微电网调度系统属于横向的多种能源互补的优化调度技术，可充分挖掘和利用不同能源直接的互补替代性，不仅可以实现热、电、冷的输出，同时可以实现光/电、热/冷、风/电、直/交流的能源交换。各类能源在源—储—荷各环节上的分层有序梯级优化调度，达到能源利用效率最优。

4）微电网保护控制技术

微电网中有多个电源和多处负荷，负载的变化、电源的波动，都需要通过储能系统或外部电网进行调节控制。这些电源的调节、切换和控制就是由微网控制中心来完成的。微网控制中心除了监控每个新能源发电系统、储能系统和负载的电力参数、开关状态和电力质量与能量参数外，还要负责节能控制和电力质量的提高。

微电网是目前发展较快的新型的网络结构，微电网和大电网进行能量交换，双方互为备用，是实现主动式配电网的一种有效的方式，从而提高了供电的可靠性。微电网的悄然兴起将从根本上改变传统电网应对负荷增长的方式，其在降低能耗、提高电力系统可靠性和灵活性等方面具有巨大潜力。目前，微电网技术已经成为电力系统改革的新方向，市场化的进程中必然会加快关键设备的性能提升。

第三节　智能变电站

一、智能变电站的概念

智能变电站(smart substation)是在智能电网背景下提出的概念，它是建设智能电网的重要基础和支撑。在现代输电网中，大部分传感器和执行机构等一次设备，以及保护、测量、控制等二次设备皆安装于变电站中。作为衔接智能电网发电、输电、变电、配电、用电和调度六大环节的关键，智能变电站是智能电网中变换电压、接受和分配电能、控制电力流向和调整电压的重要电力设施，是智能电网"电力流、信息流、业务流"三流汇集的焦点，对建设坚强的智能电网具有极为重要的作用。

智能变电站是采用先进、可靠、集成、低碳、环保的智能设备，以全站信息数字化、通信平台网络化、信息共享标准化为基本要求，自动完成信息采集、测量、控制、保护、计量和监测等基本功能，并可根据需要支持电网实时自动控制、智能调节、在线分析决策、协同互动等高级功能，实现与相邻变电站、电网调度等互动的变电站。

二、智能变电站的结构

智能变电站在逻辑结构上，根据 IEC61850 标准可以分为过程层、间隔层和站控层三层结构，各层之间通过高速网络连接，如图 10-7 所示。过程层主要包括电子式互感器、断路器和变压器等高压一次设备及其智能终端。该层主要完成与一次设备接口相关的功能，包括实施运行电气量的采集、设备运行状态的监测、控制命令的执行等。间隔层包括数字式保护、计量、测控等二次设备，负责间隔内信息的运算处理与控制，以及与过程层和站控层的网络通信工作。站控层主要设备包括监控系统、工程师站、远动通信装置、对时系统等，其主要功能是实现面向全站信息的管理和远方调度等信息的通信。

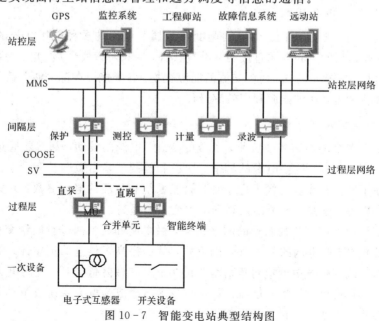

图 10-7　智能变电站典型结构图

三、智能变电站的主要特征

1）数据采集数字化、就地化

智能变电站的主要标志是采用数字化电气量测系统（如光电式互感器或电子式互感器）采集电流、电压等电气量，实现了一、二次系统电气上的有效隔离，增大了电气量的动态测量范围，并提高了测量精度，从而为实现常规变电站装置冗余向信息冗余的转变以及信息集成化应用提供了基础。

数字化电气量测系统具有体积小、重量轻等特点，可以将其集成在智能开关设备系统中，按变电站机电一体化理念进行功能优化组合和设备布置，实现数据的就地采集。在高压和超高压变电站中，保护装置、测控装置、故障录播及其他自动装置的 I/O 单元（如 A/D 变换、光隔离器件、控制操作回路等）作为一次设备的一部分，实现了 IED 的近过程化设计；在中低压变电站可将保护及监控装置小型化、紧凑化并完整地安装在开关柜上。

2）系统建模标准化

IEC61850 确立电力系统的建模标准，为变电站自动化系统定义了统一、标准的信息模型和信息交换模型，其意义主要体现在实现智能设备的互操作性、实现变电站的信息共享和简化系统的维护、配置和工程实施等方面。

3）信息交互网络化

智能变电站采用低功率、数字化的新型互感器代替常规互感器，将高电压、大电流直接变换为数字信号。变电站内给设备之间通过高速网络进行信息交互，二次设备不再出现功能重复的 I/O 接口，常规的功能装置变成了逻辑的功能模块，即通过采用标准以太网技术真正实现了数据及资源共享。

4）信息应用集成化

常规变电站的监视、控制、保护、故障录播、量测等装置几乎都是功能单一、相互独立的系统。这些系统往往存在硬件配置重复、信息不共享及投资成本大等缺点。智能变电站则对原来分散的二次系统装置进行了信息集成及功能优化处理，因此有效地避免了上述问题的发生。

5）设备检修状态化

在智能变电站中，可以有效地获取电网运行状态数据以及各种 IED 装置的故障和动作信息，实现对操作及信号回路状态的有效监视。智能变电站中几乎不存在未被监视的功能单元，设备状态特征量的采集没有盲区。设备检修策略可以从常规变电站设备的"定期检修"变成"状态检修"，从而大大提高系统的可用性。

6）设备操作智能化

智能变电站中采用的新型断路器的智能性由微机控制的二次系统、IED 和相应的智能软件实现，保护和控制命令可以通过光纤网络到达常规变电站的二次回路系统，从而实现与断路器操作机构的数字化接口应用。智能断路器可按电压波形控制跳、合闸角度，精确控制跳、合闸过程的时间，减少暂态过电压幅值；智能断路器的专用信息由装在设备内部的智能控制单元直接处理，使断路器能独立地执行其功能，而不依赖于变电站层的控制系统。

本 章 小 结

本章主要介绍了分布式能源及其主要特征，讨论了分布式能源接入电网后对电网的影响，分析了微电网的技术特点、典型结构及关键技术，最后讲述了智能变电站的概念、结构及主要特征。

1. 分布式能源建立在能量梯级利用概念的基础之上，它通过在现场根据用户对能源的不同需求对口供应能源，将输送环节的损耗降至最低，从而实现能源利用效能的最大化。分布式能源的主要特征有：高效性、环保性、能源利用多样性、安全性和可靠性、能承担调峰作用、减少输配电投资、解决边远地区供电。

2. 常见的分布式发电有：太阳能发电、风能发电、海洋能发电和生物质能发电。分布式发电接入电网后增加了系统备用容量，具有削峰填谷、平衡负荷的功能，节省了建设电厂和输电设备的投资；降低了电能传输中的网络损耗；分布式发电可以带负荷孤岛运行，缩小停电范围，提高供电可靠性。但分布式发电的接入也给电网带来了一些不利的影响，如线路过电压、电能质量、增加故障等级、影响保护功能及其他影响。

3. 微电网是由分布式电源、储能系统、能量转换装置、监控和保护装置、负荷等汇集而成的小型发、配、用电系统，是一个具备自我控制和自我能量管理的自治系统，既可以独立运行，又能作为一个可控单元并网运行。微电网有助于提高配电系统对分布式电源的接纳能力，有效提高间歇式可再生能源的利用效率，在电网严重故障时，可保证关键负荷供电，提高供电可靠性，可用于解决偏远地区、海岛和荒漠中用户的供电问题。

4. 按照接入配电系统的方式不同，微电网可分为用户级、馈线级和变电站级微电网。按照微电网内主网络供电方式不同，微电网可分为直流型微电网、交流型微电网和混合型微电网。

5. 微电网的关键技术包括：可再生能源发电与储能技术、电力电子技术、微电网优化调度技术和微电网保护控制技术。

6. 智能变电站是采用先进、可靠、集成、低碳、环保的智能设备，以全站信息数字化、通信平台网络化、信息共享标准化为基本要求，自动完成信息采集、测量、控制、保护、计量和监测等基本功能，并可根据需要支持电网实时自动控制、智能调节、在线分析决策、协同互动等高级功能，实现与相邻变电站、电网调度等互动的变电站。

7. 智能变电站在逻辑结构上，根据 IEC61850 标准可以分为过程层、间隔层和站控层三层结构，各层之间通过高速网络连接，称为"三层两网"结构。

8. 智能变电站的主要特征有：数据采集数字化和就地化、系统建模标准化、信息交互网络化、信息应用集成化、设备检修状态化、设备操作智能化。

思考题与习题

10.1 什么是分布式能源？它与传统的集中发电有什么区别？

10.2 分布式能源的主要特征有哪些？

10.3 分布式发电的类型有哪些？

10.4　分布式能源接入电网以后，会对电力系统产生什么影响？

10.5　什么是微电网？与传统电网相比，微电网有何特点？

10.6　微电网有哪几种运行模式？

10.7　微电网有哪些典型结构？分别对应的容量和电压等级是多少？

10.8　微电网涉及哪些关键性技术？

10.9　智能变电站和常规变电站有何区别？

10.10　试简要阐述智能变电站逻辑结构上的分层分布化的涵义。

10.11　智能变电站具有哪些主要特征？

附　　表

附表 1　工业用电设备的 K_d、$\cos\varphi$ 和 $\tan\varphi$

用电设备组名称	K_d	$\cos\varphi$	$\tan\varphi$
单独传动的金属加工机床			
小批生产的金属冷加工机床	0.12～0.16	0.50	1.73
大批生产的金属冷加工机床	0.17～0.20	0.50	1.73
小批生产的金属热加工机床	0.20～0.25	0.55～0.60	1.51～1.33
大批生产的金属热加工机床	0.25～0.28	0.65	1.17
锻锤、压床、剪床及其他锻工机械	0.25	0.60	1.33
木工机械	0.20～0.30	0.50～0.60	1.73～1.33
液压机	0.30	0.60	1.33
生产用通风机	0.75～0.85	0.80～0.85	0.75～0.62
卫生用通风机	0.65～0.70	0.80	0.75
泵、活塞型压缩机、空调设备送风机、电动发电机组	0.75～0.85	0.80	0.75
冷冻机组	0.85～0.90	0.80～0.90	0.75～0.48
球磨机、破碎机、筛选机、搅拌机等	0.75～0.85	0.80～0.85	0.75～0.62
电阻炉(带调压器或变压器)			
非自动装料	0.60～0.70	0.95～0.98	0.33～0.20
自动装料	0.70～0.80	0.95～0.98	0.33～0.20
干燥箱、电加热器等	0.40～0.60	1.00	0
工频感应电炉(不带无功补偿装置)	0.80	0.35	2.68
高频感应电炉(不带无功补偿装置)	0.80	0.60	1.33
焊接和加热用高频加热设备	0.50～0.65	0.70	1.02
熔炼用高频加热设备	0.80～0.85	0.80～0.85	0.75～0.62
表面淬火电炉(带无功补偿装置)			
电动发电机	0.65	0.70	1.02
真空管振荡器	0.80	0.85	0.62
中频电炉(中频机组)	0.65～0.75	0.80	0.75
氢气炉(带调压器或变压器)	0.40～0.50	0.85～0.90	0.62～0.48
真空炉(带调压器或变压器)	0.55～0.65	0.85～0.90	0.62～0.48
电弧炼钢炉变压器	0.90	0.85	0.62

续表

用 电 设 备 组 名 称	K_d	$\cos\varphi$	$\tan\varphi$
电弧炼钢炉的辅助设备	0.15	0.50	1.73
点焊机、缝焊机	0.35，0.20*	0.60	1.33
对焊机	0.35	0.70	1.02
自动弧焊变压器	0.50	0.50	1.73
单头手动弧焊变压器	0.35	0.35	2.68
多头手动弧焊变压器	0.40	0.35	2.68
单头直流弧焊机	0.35	0.60	1.33
多头直流弧焊机	0.70	0.70	1.02
金属、机修、装配车间、锅炉房用起重机($\varepsilon=25\%$)	0.10～0.15	0.50	1.73
铸造车间用起重机($\varepsilon=25\%$)	0.15～0.30	0.50	1.73
连锁的连续运输机械	0.65	0.75	0.88
非连锁的连续运输机械	0.50～0.60	0.75	0.88
一般工业用硅整流装置	0.50	0.70	1.02
电镀用硅整流装置	0.50	0.75	0.88
电解用硅整流装置	0.70	0.80	0.75
红外线干燥设备	0.85～0.90	1.00	0
电火花加工装置	0.50	0.60	1.33
超声波装置	0.70	0.70	1.02
X光设备	0.30	0.55	1.52
电子计算机主机	0.60～0.70	0.80	0.75
电子计算机外部设备	0.40～0.50	0.50	1.73
试验设备(电热为主)	0.20～0.40	0.80	0.75
试验设备(仪表为主)	0.15～0.20	0.70	1.02
磁粉探伤机	0.20	0.40	2.29
铁屑加工机械	0.40	0.75	0.88
排气台	0.50～0.60	0.90	0.48
老炼台	0.60～0.70	0.70	1.02
陶瓷隧道窑	0.80～0.90	0.95	0.33
拉单晶炉	0.70～0.75	0.90	0.48
赋能腐蚀设备	0.60	0.93	0.40
真空浸渍设备	0.70	0.95	0.33

　　* 　电焊机的需要系数 0.2 仅用于电子行业。

附表 2　民用建筑用电设备的 K_d、$\cos\varphi$ 和 $\tan\varphi$

用电设备组名称	K_d	$\cos\varphi$	$\tan\varphi$
通风和采暖用电			
各种风机、空调器	0.70～0.80	0.80	0.75
恒温空调箱	0.60～0.70	0.95	0.33
集中式电热器	1.00	1.00	0
分散式电热器	0.75～0.95	1.00	0
小型电热设备	0.30～0.5	0.95	0.33
各种水泵	0.60～0.80	0.80	0.75
起重运输设备			
电梯(交流)	0.18～0.50	0.5～0.6	1.73～1.33
输送带	0.60～0.65	0.75	0.88
起重机械	0.10～0.20	0.50	1.73
锅炉房用电	0.75～0.80	0.80	0.75
冷冻机	0.85～0.90	0.80～0.90	0.75～0.48
厨房及卫生用电			
食品加工机械	0.50～0.70	0.80	0.75
电饭锅、电烤箱	0.85	1.00	0
电炒锅	0.70	1.00	0
电冰箱	0.60～0.70	0.70	1.02
热水器(淋浴用)	0.65	1.00	0
除尘器	0.30	0.85	0.62
机修用电			
修理间机械设备	0.15～0.20	0.50	1.73
电焊机	0.35	0.35	2.68
移动式电动工具	0.20	0.50	1.73
打包机	0.20	0.60	1.33
洗衣房动力	0.30～0.50	0.70～0.90	1.02～0.48
天窗开闭机	0.10	0.50	1.73
通信及信号设备			
载波机	0.85～0.95	0.80	0.75
收信机	0.80～0.90	0.80	0.75
发信机	0.70～0.80	0.80	0.75
电话交换台	0.75～0.85	0.80	0.75
客房床头电气控制箱	0.15～0.25	0.70～0.85	1.02～0.62

附表3　旅游宾馆用电设备的 K_d、$\cos\varphi$ 和 $\tan\varphi$

用电设备组名称	K_d	$\cos\varphi$	$\tan\varphi$
照明：客房	0.35～0.45	0.90	0.48
其他场所	0.50～0.70	0.60～0.90	1.33～0.48
冷水机组、泵	0.65～0.75	0.80	0.75
通风机	0.60～0.70	0.80	0.75
电梯	0.18～0.50	0.50	1.73
洗衣机	0.30～0.35	0.70	1.02
厨房设备	0.35～0.45	0.75	0.88
窗式空调机	0.35～0.45	0.80	0.75

附表4　照明用电设备需要系数 K_d

建 筑 类 别	K_d	建 筑 类 别	K_d
生产厂房(有天然采光)	0.80～0.90	体育馆	0.70～0.80
生产厂房(无天然采光)	0.90～1.00	集体宿舍	0.60～0.80
办公楼	0.70～0.80	医院	0.50
设计室	0.90～0.95	食堂，餐厅	0.80～0.90
科研楼	0.80～0.90	商店	0.85～0.90
仓库	0.50～0.70	学校	0.60～0.70
锅炉房	0.90	展览馆	0.70～0.80
托儿所、幼儿园	0.80～0.9	旅馆	0.60～0.70
综合商业服务楼	0.75～0.85		

附表5　照明用电设备的功率因数

光 源 类 别	$\cos\varphi$	$\tan\varphi$	光 源 类 别	$\cos\varphi$	$\tan\varphi$
白炽灯、卤钨灯	1.00	0.00	高压汞灯	0.40～0.55	2.29～1.52
荧光灯			高压钠灯	0.40～0.50	2.29～1.73
电感镇流器(无补偿)	0.50	1.73	金属卤化物灯	0.40～0.55	2.29～1.52
电感镇流器(有补偿)	0.90	0.48	氙灯	0.90	0.48
电子镇流器	0.95～0.98	0.33～0.20	霓虹灯	0.40～0.50	2.29～1.73

附表 6 需要系数法的同时系数

应 用 范 围	K_P
一、确定车间变电所低压母线的最大负荷时，所采用的有功负荷同期系数	
1. 冷加工车间	0.7～0.8
2. 热加工车间	0.7～0.9
3. 动力站	0.8～1.0
二、确定配电所母线的最大负荷时，所采用的有功负荷同期系数	
1. 计算负荷小于 5000 kW	0.9～1.0
2. 计算负荷为 5000～10 000 kW	0.85
3. 计算负荷超过 10 000 kW	0.80

注：1. 无功负荷的同期系数 K_Q 一般采用与有功负荷的同期系数 K_P 相同的数值。

 2. 当由全厂各车间的设备容量直接计算全厂最大负荷时，应同时乘以表中两种同期系数。

附表 7 用电设备组的二项式系数及功率因数值

用电设备组名称	二项式系数		最大容量设备台数 $x^①$	$\cos\varphi$	$\tan\varphi$
	b	c			
小批生产的金属冷加工机床	0.14	0.4	5	0.5	1.73
大批生产的金属冷加工机床	0.14	0.5	5	0.5	1.73
小批生产的金属热加工机床	0.24	0.4	5	0.6	1.33
大批生产的金属热加工机床	0.26	0.5	5	0.65	1.17
通风机、水泵、空压机及电动发电机组	0.65	0.25	5	0.8	0.75
非连锁的连续运输机械及铸造车间整砂机械	0.4	0.4	5	0.75	0.88
连锁的连续运输机械及铸造车间整砂机械	0.6	0.2	5	0.75	0.88
锅炉房和机加工、机修、装配等类车间的吊车($\varepsilon=25\%$)	0.06	0.2	3	0.5	1.73
铸造车间的吊车($\varepsilon=25\%$)	0.09	0.3	3	0.5	1.73
自动连续装料的电阻炉设备	0.7	0.3	2	0.95	0.33
非自动连续装料的电阻炉设备	0.7	0.3	2	0.95	0.33
实验室用的小型电热设备(电阻炉、干燥箱等)	0.7	0	—	1.0	0

 ① 如果用电设备组的设备总台数 $n<2x$ 时，则最大容量设备台数 $x=n/2$，且按"四舍五入"修约规则取整数。

附表 8　规划单位建设用地负荷指标和规划单位建筑面积负荷指标　　W/m²

类　别		单位建设用地负荷指标	类别	单位建筑面积负荷指标
城市建设用地类别	居住用地	10～40	居住建筑	30～70（4～16 kW/户）
	商业服务业设施用地	40～120	公共建筑	40～150
	公共管理与公共服务设施用地	30～80	工业建筑	40～120
	工业用地	20～80	仓储物流建筑	15～50
	物流仓储用地	2～4	市政设施建筑	20～50
	道路与交通设施用地	1.5～3		
	公用设施用地	15～20		
	绿地与广场用地	1～3		

附表 9　每套住宅用电负荷和电能表的选择

每套建筑面积 S/m²	用电负荷/kW	电能表/A	每套建筑面积 S/m²	用电负荷/kW	电能表/A
JGJ242-2011《住宅建筑电气设计规范》			南方电网公司		
S≤60	≥3	5(20)	S≤80	4	
60＜S≤90	≥4	10(40)	81～120	6	
90＜S≤150	≥6	10(40)	121～150	8～10	
S＞150	超出面积可按 40～50 W/m²		S＞150 的高档住宅、别墅	12～20	
			香港中华电力公司		
上海市电力公司			20～50	2.8 kVA	
S≤120	8		51～90	3.2 kVA	
120～150	12		91～160	4.2 kVA	
S＞150	80 W/m²		S＞160	4.6 kVA	
别墅	≥100 W/m²		豪华式和有中央空调	0.45 kVA/m²	

附表 10 各类建筑用电负荷指标示例

各类建筑用电负荷指标示例				
建筑类别		负荷密度/(W/m²)		建筑类别	负荷密度/(W/m²)
		中心城和新城	新市镇		
上海市控规技术准则的用电负荷指标				陕西省规划设计院的预测指标	
住宅建筑	平均值	50～60		住宅	80
	90 m² 以下	60	50		
	90～140 m²	75	60		
	140 m² 以上	70	60		
公共建筑	平均值	80～90			
	办公金融	100	80	办公金融	90
	商业	120	100	商业	100
	医疗卫生	90	80	医疗卫生	70
	教育科研	80	60	教育科研	50
	文化娱乐	90	80	文化娱乐	80
工业建筑	平均值	55～60		—	
	研发	80～90			
	精细化工、生物制药	90～100			
	电子信息	55～80			
	精密机械、新型材料	50～60			
市政设施		35～40			
仓储物流		10～40			
公共绿地		2			
道路广场		2			

附表 11 住宅用电负荷的需要系数

按单相配电计算时所连接的基本户数	按三相配电计算时所连接的基本户数	需要系数
1～3	3～9	0.90～1.00
4～8	12～24	0.65～0.90
9～12	27～36	0.50～0.65
13～24	39～72	0.45～0.50
25～124	75～372	0.40～0.45
125～259	375～777	0.30～0.40
260～300	780～900	0.26～0.30

附表 12　单位产品的电能消耗量示例

标准产品	产品单位	单位产品耗电量/kWh	标准产品	产品单位	单位产品耗电量/kWh
有色金属铸造	t	600～1000	变压器	kVA	2.5
电解铝	t	14 200～15 300	静电电容器	kvar	3
钢铁综合耗电	t	750	电动机	kW	14
合成氨	t	1250	量具刃具	t	6300～8500
烧碱	t	2300	轴承	套	1～2.5～4
水泥综合耗电	t	97	铸铁件	t	300
重型机床	t	1600	锻铁件	t	30～80
机床	t	1000	纱	t	40
拖拉机	台	5000～8000	棉布	100 m	34
汽车	辆	1500～2500	橡胶制品	t	250～400
自行车	辆	20～25			

附表 13　并联电容器的技术数据

型　号	额定容量/kvar	额定电容/μF	型　号	额定容量/kvar	额定电容/μF
BZMJ0.4－10－3	10	199	BFM6.6－50－1W	50	2.2
BZMJ0.4－12－3	12	239	BFM6.6－80－1W	80	3.6
BZMJ0.4－14－3	14	279	BFM6.6－100－1W	100	7.3
BZMJ0.4－16－3	16	318	BFM6.6－150－1W	150	10.9
BZMJ0.4－20－3	20	398	BFM6.6－200－1W	200	14.6
BZMJ0.4－30－3	30	597	BFM11－50－1W	50	1.32
BZMJ0.4－40－3	40	796	BFM11－100－1W	100	2.63
BZMJ0.4－50－3	50	995	BFM11－200－1W	200	5.26
BAM6.6/$\sqrt{3}$－50－1W	50	10.97	BFM11－334－1W	334	8.79
BAM6.6/$\sqrt{3}$－80－1W	80	17.55	BFM11/$\sqrt{3}$－50－1W	50	3.95
BAM6.6/$\sqrt{3}$－100－1W	100	21.94	BFM11/$\sqrt{3}$－100－1W	100	7.89
BAM6.6/$\sqrt{3}$－150－1W	150	32.91	BFM11/$\sqrt{3}$－200－1W	200	15.79
BAM6.6/$\sqrt{3}$－200－1W	200	43.88	BFM11/$\sqrt{3}$－334－1W	334	26.37

注：BZMJ0.4 为自愈式金属化全聚丙烯薄膜低压并联电容器。

附表 14　110 kV 双绕组无励磁调压变压器技术数据表

型　号	额定容量 /kVA	额定电压/kV 高压	额定电压/kV 低压	空载电流(%)	空载损耗/kW	负载损耗/kW	阻抗电压(%)	连接组标号
SFP7－20000/110	20000	110±2×2.5%(121)	10.5	0.8	27	104	10.5	YN，d11
SFP7－20000/110	20000	110±2×2.5%(121)	6.3，6.6，10.5	0.9	27.5	104	10.5	YN，d11
SFP7－25000/110	25000	110±2×2.5%(121)	10.5	0.9	31	121	10.5	YN，d11
SFP7－31500/110	31500	110±2×2.5%(121)	10.5	0.8	31	47	10.5	YN，d11
SFP7－31500/110	31500	110±2×2.5%(121)	6.3，6.6，10.5，11	0.8	38.5	148	10.5	YN，d11
SFP7－40000/110	40000	110±2×2.5%(121)	10.5	0.7	45	174	10.5	YN，d11
SFP7－40000/110	40000	110	11	0.7	46	174	10.5	YN，d11
SFP7－50000/110	50000	110±2×2.5%(121)	6.3，6.6，10.5，11	0.7	65	260	10.5	YN，d11
SFP7－63000/110	63000	110±2×2.5%(121)	10.5	0.6	52	254	10.5	YN，d11
SFP7－63000/110	63000	121±2×2.5%	13.8	0.6	50.48	265.5	10.59	YN，d11
SFP7－120000/110	120000	121±2×2.5%	13.8	0.5	99.4	410	10.5	YN，d11
SFP7－150000/110	150000	110±2×2.5%(121)	13.8	0.6	107	547	13	YN，d11

附表 15　35 kV 级 SL7 系列电力变压器技术数据

型　号	额定容量 /kV·A	额定电压/kV 高压	额定电压/kV 低压	阻抗电压百分数	联结组	损耗/W 空载	损耗/W 短路	空载电流百分数	质量/kg 油重	质量/kg 器身重	质量/kg 总重	外形尺寸（长×宽×高）/mm×mm×mm
SL₇－50/35	50	35	0.4	6.5	Yyn0	215	1150	6	325	312	850	1360×600×1770
SL₇－100/35	100					370	2000	4.2	400	463	1170	1560×625×1830
SL₇－125/35	125					430	2450	4	565	522	1455	1640×800×1955
SL₇－160/35	160					520	2850	3.5	607	602	1600	1670×815×1980
SL₇－200/35	200					615	3400	3.5	641	659	1725	1660×815×2070
SL₇－250/35	250	35	0.4	6.5	Yyn0	730	4000	3.2	715	784	1890	1700×910×2125
SL₇－315/35	315					860	4800	3.2	800	937	2275	2090×920×2490
SL₇－400/35	400					1050	5800	3.2	864	1096	2545	2120×1010×2550
SL₇－500/35	500					1250	6900	3.2	1010	1289	2965	2210×1200×2605
SL₇－630/35	630					1450	8100	3.0	1185	1525	3500	2270×1370×2670
SL₇－800/35	800	35	0.4 / 6.3；10.5	6.5	Yyn0 / Yd11	1730	9900	2.5	1345 / 1323	1960 / 1880	4325 / 4170	2370×1670×2740 / 2400×1570×2730
SL₇－1000/35	1000	35	0.4 / 6.3；10.5	6.5	Yyn0 / Yd11	2050	11600	2.5	1530 / 1510	2270 / 2100	4960 / 4705	2430×1850×2830 / 2430×1850×2770
SL₇－1250/35	1250	35	0.4 / 6.3；10.5	6.5	Yyn0 / Yd11	2400	13800	2.5	1646 / 1625	2670 / 2360	5640 / 5175	2450×1940×2920 / 2450×1630×2830
SL₇－1630/35	1600	35	0.4 / 6.3；10.5	6.5	Yyn0 / Yd11	2900	16500	2.5	1800 / 1760	3050 / 2780	6315 / 5875	2490×2120×2990 / 2500×1720×2900

续表

型　　号	额定容量/kV·A	额定电压/kV		阻抗电压百分数	联结组	损耗/W		空载电流百分数	质量/kg			外形尺寸（长×宽×高）/mm×mm×mm
		高压	低压			空载	短路		油重	器身重	总重	
SL₇-2000/35	2000			6.5		3400	19800	2.5	1747	3030	6270	2550×1730×2930
SL₇-2500/35	2500			6.5		4000	23000	2.2	1940	3525	7240	2610×1830×2990
SL₇-3150/35	3150	35	6.3；10.5	7	Yd11	4750	27000	2.2	2280	4220	8475	2830×1870×3250
SL₇-4000/35	4000			7		5650	32500	2.2	2425	4930	9390	2890×1890×3330
SL₇-5000/35	5000			7		6750	36700	2	2765	5890	11200	2960×2130×3470
SL₇-6300/35	6300			7.5		8200	41000	2	3170	6940	12865	3100×2230×3520

附表 16　S11 系列 6～10 kV 级铜绕组低损耗电力变压器技术数据

额定容量	电压组合/kV		联结方式	损耗/kW		空载电流（%）	阻抗电压（%）	重量/kg			外形尺寸（长×宽×高）/mm×mm×mm	轨距纵向/横向
	高压	低压		空载	负载			器身重	油重	总重		
30				0.10	0.60	2.1		185	70	325	750×490×970	450/350
50				0.13	0.87	2.0		255	85	420	770×550×1030	450/350
63				0.15	1.04	1.9		280	95	480	800×600×1040	450/380
80				0.18	1.25	1.8	4	320	100	535	810×680×1060	450/430
100				0.20	1.50	1.6		380	110	615	820×680×1100	550/450
125				0.24	1.80	1.5		440	115	690	1070×700×1150	550/470
160				0.28	2.20	1.4		510	130	800	1120×700×1220	550/500
200				0.34	2.60	1.3		610	150	935	1160×720×1255	550/520
250	11 10.5 10 6.3 6	0.4	Yyn0或Dyn11	0.40	3.05	1.2		720	190	1110	1200×760×1310	650/550
315				0.48	3.65	1.1		835	200	1270	1210×780×1320	650/550
400				0.57	4.30	1.0		1010	240	1540	1340×880×1360	650/550
500				0.68	5.10	1.0		1170	260	1765	1360×890×1430	750/600
630				0.81	6.20	0.9		1375	320	2095	1560×1020×1410	850/660
800				0.98	7.50	0.8		1620	365	2470	1640×1060×1500	850/660
1000				1.15	10.30	0.7	5	1780	405	2780	1720×1160×1540	850/660
1250				1.36	12.80	0.6		2065	560	3395	1790×1190×1740	850/660
1600				1.64	14.50	0.6		2470	650	3990	1830×1210×1850	850/700
2000				1.96	19.80	0.6		2700	695	4460	2190×1900×1950	820/820
2500				2.31	23.00	0.6		3230	870	5330	2240×1940×1980	1070/1070

注：高压分接范围为±5％或±2×2.5％；频率为 50 Hz。

附表 17　常用高压断路器的技术数据

类别	型号	额定电压/kV	额定电流/A	额定短路分断电流（有效值）/kA	极限通过电流峰值/kA	热稳定电流（有效值）/kA	固有分闸时间/ms	合闸时间/ms
真空户内	ZN12 - 40.5	40.5	1250、1600、2000	25	63	25(4s)	70	85
	ZN72 - 40.5	40.5	1250、1600	25	63	25(4s)	70	85
	ZN40 - 12	12	630	16	50	16(4s)	50	55
	ZN41 - 12		1250	20	50	20(4s)	50	55
	ZN28 - 12		630、1250	25	63	25(4s)	60	120
			1250、1600、2000	31.5	80	31.5(4s)	60	120
	ZN48A - 12		630、1250	20	50	16(4s)	50	55
			630、1250	25	63	20(4s)	50	55
			1600、2000	31.5	80	31.5(4s)	50	55
			1600、2000、2500	40	100	40(4s)	50	55
	ZN63A - 12 Ⅰ		630	16	40	16(4s)	50	55
	ZN63A - 12 Ⅱ		630、1250	25	63	25(4s)	50	55
	ZN63A - 12 Ⅲ		1250	31.5	100	31.5(4s)	50	55
	HVA - 12		630、1250	25	50	25(4s)	45	70
	VS1 - 12		630、1250	20	50	20(4s)	≤50	≤100
	VD4 - 12①		630、1250、1600	25	63	25(4s)	≤60	≤80
			1600、2000、2500	31.5	80	31.5(4s)	≤60	≤80
	VB2 - 12②		630、1250	31.5	80	31.5(4s)		
			1600、2000、2500	40	100	40(4s)		
六氟化硫（SF6）	LN2 - 40.5 Ⅰ	40.5	1250	16	40	16(4s)	≤60	≤150
	LN2 - 40.5 Ⅱ		1250	25	63	25(4s)	≤60	≤150
	LW36 - 40.5		1600	25	31.5	25(4s)	60	150
			3150	63	80	31.5(4s)	60	150
	HD4/Z - 40.5①		1250、1600、2000	25	63	25(4s)	45	
	SF1 - 40.5		630、1250	25	50	20(4s)	65	≤0.15
	LW36 - 126③	126	3150	31.5	80	31.5(4s)	60	≤100
				40	100	40(4s)	60	≤100

　　注：① ABB 中国有限公司产品。② 施耐德（中国）投资有限公司产品。③ 正泰电器股份有限公司产品。

附表 18　常用高压隔离开关的技术数据

型号	额定电压/kV	额定电流/A	额定峰值耐受电流/kA	4s额定短时耐受电流(有效值)/kA	操动机构型号
GW4A - 126	126	1250	100	40	CJ2 (CS14G)
GN27 - 40.5	40.5	630	50	20	CS6 - 2T (CS6 - 2)
		1250	80	31.5	
		2000	100	40	
GW4 - 40.5		630	50	20	CS6 - 2T (CS6 - 2)
		1000	63	25	
		1250	80	31.5	
GN19 - 12	12	400	31.5	12.5	CS6 - 1T (CS6 - 1)
		630	50	20	
		1000	80	31.5	
		1250	100	40	
		2000	120	50	
GN30 - 12		400	31.5	12.5	CS6 - 1T (CS6 - 1)
		630	50	20	
		1000	80	31.5	
		1250	80	31.5	

附表 19　常用高压负荷开关的技术数据

型　号	额定电压/kV	额定电流/A	最大开断电流/A	极限通过电流/kA	热稳定电流/kA：时间/s	闭合电流峰值/kA	操作机构型号	备注
FN2 - 10	10	400	1200	25	8.5：5		CW4	
FN2 - 10R	10	400	1200	25	8.5：5		CW4 - T	
FN3 - 10	10	400	1450	25	8.5：5	15	CS3、CS3 - T	
FN3 - 10R	10	400	1950	25	8.5：5	15	CS2	
MFF - 10	10	200	400	31.5	12.5：2	31.5	CS8 - 5	
FW1 - 10	10	400	800	25	8.5：5			
FW2 - 10G	10	100		14	7.8：5			
FW2 - 10G	10	200	1500	14	7.8：5			
FW2 - 10G	10	400	1500	14	12.7：5			
FW4 - 10	10	200	800	15	5：5			
FW4 - 10	10	400	800	15	5：5			
FW3 - 35	35	200	100	7	5：5	7	CS10 - 1	
FW5 - 10	10	200	1500	10	4：4	1.5		

附表 20　NS 系列塑壳式低压断路器的技术数据

断路器型号及额定电流/A	额定工作电压/V	额定绝缘电压/V	额定冲击耐压/kV	极限分断能力/使用分断能力有效值/kA～380/415 V	过热电磁脱扣器 TM			电子脱扣器 STR22SE、STR23SE		
					脱扣器额定电流 I_N/A	过热(长延时)脱扣器整定电流 I_r/A	电磁(瞬时)脱扣器整定电流 I_m/A	脱扣器额定电流 I_N/A	长延时脱扣整定电流 I_r/A $I_r = k_1 k_2 I_N$ 48 点可调	瞬时脱扣整定电流 I_m/A $I_m = k_3 I_r$ 8 点可调
NS100 100A	690	750	8	N:25/25 H:70/70 L:150/150	16	0.8I_N 0.9I_N 1.0I_N	190	40	k_1: 0.5、0.63、0.7、0.8、0.9、1.0 k_2: 0.8、0.85、0.88、0.90、0.93、0.95、0.98、1.0 脱扣时间: 1.5I_r 时 120～180s 6I_r 时 5.0～7.5s 7.2I_r 时 3.2～5.0s	k_3: 2、3、4、5、6、7、8、10 时间延迟: 0s 总断路时间 t ≤60s
					25		300			
					32		400			
					40		500			
					50		500	100		
					63		500			
					80		640			
					100		800			
NS160 160A	690	750	8	N:36/36 H:70/70 L:150/150	80		1000	40		
					100		1250			
					125		1250	100		
					160		1250	160		
NS250 250A	690	750	8	N:36/36 H:70/70 L:150/150	100		1250	100		
					125		1250			
					160		1250			
					200		5I_N、6I_N、7I_N、8I_N、9I_N、10I_N			
					250			250		
NS400 400A	690	750	8	N:36/36 H:70/70 L:150/150				150		
								250		
								400		
NS630 630A				N:36/36 H:70/70 L:150/150				630		

注：本表参考施耐德低压断路器样本数据编制。

附表 21　MW 系列框架式低压断路器的技术数据

断路器型号及额定电流:I_N/A	额定工作电压/V	额定绝缘电压/V	额定冲击耐压/kV	极限分断能力/使用分断能力有效值/kA～380V/415V	电子脱扣器						
					接地故障保护脱扣整定电流 I_h/A	长延时脱扣整定电流 I_r/A $I_r=k_2 I_N$ 9点可调				短延时脱扣整定电流 I/A $I=k_4 I_r$ 9点可调	瞬时脱扣整定电流 I_m/A $I_m=k_3 I_r$ 8点可调
MW06 630A					I_h: 0.2、0.25、0.3、0.35、0.4、0.45、0.5、0.6 时间设定值: 0.1s、0.2s、0.3s、0.4s	k_2	脱扣时间			k_4: 2、3、4、6、8、10、12、15 时间设定值: 0.1s、0.2s、0.3s、0.4s 时间延迟/ms: 0、≤60、≤140、≤230	k_3: 2、3、4、6、8、10、12、15
							1.5I_r	6I_r	7.2I_r		
MW08 800A						0.4	12.5	0.5	0.34		
				42/35		0.5	25	1	0.69		
MW10 1000A						0.6	50	2	1.38		
MW12 1250A						0.7	100	4	2.7		
MW16 1600A	690	1000	12			0.8	200	8	5.5		
MW20 2000A						0.9	300	12	8.3		
MW25 2500A				50/40		0.95	400	16	11		
MW32 3200A						0.98	500	20	13.8		
MW40 4000A				65/50		1.0	600	24	16.6		

注:本表参考施耐德低压断路器样本数据编制。

附表 22　常用高压熔断器的技术数据

1. RN1 型室内高压熔断器的技术数据

型　号	额定电压/kV	额定电流/A	熔体电流/A	额定断流容量/MVA	最大开断电流有效值/kA	最小开断电流(额定电流倍数)	过电压倍数(额定电压倍数)
RN1 - 6	6	25	2,3,5,7.5,10,15,20,25,30,40,50,60,75,100	200	20	1.3	2.5
		50					
		100					
RN1 - 10	10	25			12	1.3	
		50					
		100					

2. RN2 型室内高压熔断器的技术数据

型　号	额定电压 /kV	额定电流 /A	三相最大断流容量 /MVA	最大开断电流 /kA	当开断极限短路电流时，最大电流峰值 /kA	过电压倍数（额定电压倍数）
RN2 - 6	6	0.5	1000	85	300	2.5
RN2 - 10	10			50	1000	

3. RW4、RW7、RW9 和 RW10 型室外高压跌落式熔断器的技术数据

型　号	额定电压 /kV	额定电流 /A	断流容量/MVA 上限	断流容量/MVA 下限	分合负荷电流/A
RW4 - 10G/50	10	50	89	7.5	—
RW4 - 10G/100		100	124	10	
RW4 - 10/50		50	75	—	
RW4 - 10/100		100	100	—	
RW4 - 10/200		200	100	30	
RW7 - 10/50 - 75	10	50	75	10	—
RW7 - 10/100 - 100		100	100	30	
RW7 - 10/200 - 100		200	100	30	
RW7 - 10/50 - 75GY		50	75	10	
RW7 - 10/100 - 100GY		100	100	30	
RW9 - 10/100	10	100	100	20	—
RW9 - 10/200		200	150	30	
RW10 - 10(F)/50	10	50	200	40	50
RW10 - 10(F)/100		100	200	40	100
RW10 - 10(F)/200		200	200	40	200

附表 23　常用低压熔断器的技术数据

型　号	额定电压 /V	额定电流/A 熔断器	额定电流/A 熔体	最大分断电流/kA 电流	最大分断电流/kA $\cos\varphi$
RT0 - 100	交流 380	100	30,40,50,60,80,100	50	0.1~0.2
RT0 - 200		200	(80,100),120,150,200		
RT0 - 400		400	(150,200),250,300,350,400		
RT0 - 600	直流 440	600	(350,400),450,500,550,600		
RT0 - 1000		1000	700,800,900,1000		
RM10 - 15	交流 220,380,500	15	6,10,15	1.2	0.8
RM10 - 60		60	15,20,25,35,45,60	3.5	0.7
RM10 - 100		100	60,80,100	10	0.35
RM10 - 200	直流 220,440	200	100,125,160,200	10	0.35
RM10 - 350		350	200,225,260,300,350	10	0.35
RM10 - 600		600	350,430,500,600	10	0.35
RL1 - 15	交流 380	15	2,4,5,6,10,15	25	
RL1 - 60		60	20,25,30,35,40,50,60	25	
RL1 - 100	直流 440	100	60,80,100	50	
RL1 - 200		200	100,125,150,200	50	

附表 24　常用电流互感器的技术数据

型号	额定电流比（A/A）	级次组合	准确度	二次负载值/Ω				10%倍数		1s热稳定定倍数	动稳定倍数	备注
				0.5级	1级	3级	B	二次负载/Ω	倍数			
LA-10	5、10、15、20、30、40、50、75、100、150、200、300、400、500、600、750、1000/5								10	90	160	（1）型号中 L——电流互感器，F——多匝，D——单匝，M——母线式，C——瓷绝缘，Z——支柱式，第三字的 Z——浇注式，J——加强型，Q——线圈式，B——具有保护级，S——塑料浇注，W——户外式。（2）LFS、LFX、LZZB6、LZZQB6、LFSQ、LDJ 等型均可装于开关柜中。（3）LB6-35 型为全密封式户外型电流互感器
									10	75	135	
									10	50	90	
LFZ1-10	5~200/5	0.5/1	0.5	0.4	0.4		0.6	0.4	2.5~10	90	160	
	300~400/5	0.5/3	1					0.6	2.5~10	75	130	
LFX-10	5~400/5	1/3	3							60		
LFX-10	5~200/5									90	225	
	300、400/5									75	160	
	500、600、750、1000/5									50	90	
LFZB6-10	5~300/5			0.4			0.6			150~80	103	
LFZJB6-10	100~300/5			0.4			0.6			80	103	
LFSQ-10	5~200/5			0.4			0.6			150	230	
	400~1500/5			0.8			1.2			42	60	
LFZJ	5~150/5			0.4			0.6		10	106	180	
	200~800/5			0.6			0.8		10	40	70	
	1000~3000/5			0.8			1		10	20	35	
LZZB6-10	5~300/5			0.4			0.6		15	150~80	103	
LZZJB6-10	100~300/5	0.5/B		0.4			0.6		15	150~80	103	
	400~800/5			0.4			0.6		15	55	70	
	1000、1200、1500/5			0.4			0.6		15	27	35	
LZZQB6-10	100~300/5			0.6			0.8		15	148	188	
	400~800/5			0.8			1.2		15	55	70	
	1000~1500/5			1.2			1.6		15	40	50	
LDZB6-10	400~1500/5			0.8			1.2		15	28	52	
LDJ-10	5~150/5			0.4			0.6			106	188	
	200~3000/5			0.4			0.6			100~13	23	
LMZB6-10	1500~4000/5			2			2		15			
LMZB1-10	150~1250/5			0.4			0.8			35	45	
LQJ-10	5~400/5	0.5/3		0.4		1.2			6	75	100	
LQZQ-10	50、100/5	1			0.2		B1	B2		480	1400	
LB6-35	5~300/5	0.5/B1		1.6		1.6	1.2		20	100	180	
	400~2000/5	B2		1.6		1.6	1.2		20	20	36	
LCW-35	15~1000/5	0.5/3		2	4	2	4		28	65	100	
LCWD-35	15~1000/5	0.5/D		1.2	3	3		0.8	35	65	150	
LCW-60	20~600/5	0.5/1		1.2	1.2			1.2	15	75	150	
LCWD-60	20~600/5	1/D		1.2	1.2			0.8	30	75	150	
LCW-110	50~600/5	0.5/1		1.2	1.2			1.2	15	75	150	
LCWD-110	50~600/5	1/D		1.2	1.2			0.8	30	75	150	

附表 25　常用电压互感器的技术数据

型　号	额定电压/kV			二次额定容量/VA			最大容量/VA	重量/kg	备　注
	一次线圈	二次线圈	剩余电压线圈	0.5 级	1 级	3 级			
JDG6 - 0.38	0.38	0.1		15	25	60	100		型号中第一个字母 J——电压互感器；第二个字母 D——单相、S——三相、C——串级式；第三个字母 G——干式、Z——环氧树脂浇注绝缘、J——油浸、C——瓷绝缘；第四个字母 1、2、6 为设计序号，X(J)——带有剩余电压线圈用以接地监察；W——为五桂式电压互感器，GY——用于高原地区，TH——用于湿热地区
JDZ6 - 3	3	0.1		25	40	100	200		
JDZ6 - 6	6	0.1		50	80	200	400		
JDZ6 - 10	10	0.1		50	80	200	400		
JD6 - 35	35	0.1		150	250	500	1000		
JDZX6 - 3	$3/\sqrt{3}$	$0.1/\sqrt{3}$	0.1/3	25	40	100	200		
JDZX6 - 6	$6/\sqrt{3}$	$0.1/\sqrt{3}$	0.1/3	50	80	200	400		
JDZX6 - 10	$10/\sqrt{3}$	$0.1/\sqrt{3}$	0.1/3	50	80	200	400		
JDX6 - 35	$35/\sqrt{3}$	$0.1/\sqrt{3}$	0.1/3	150	250	500	1000		
JDJ - 3	3	0.1		30	50	120	240	23	
JDJ - 6	6	0.1		50	80	200	400	23	
JDJ - 10	10	0.1		80	150	320	640	36.2	
JDJ - 13.8	13.8	0.1		80	150	320	640	95	
JDJ - 15	15	0.1		80	150	320	640	95	
JDJ - 35	35	0.1		150	250	600	1200	248	
JSJB - 3	3	0.1		50	80	200	400	48	
JSJB - 6	6	0.1		80	150	320	640	48	
JSJB - 10	10	0.1		120	200	480	960	105	
JSJW - 3	$3/\sqrt{3}$	0.1	0.1/3	50	80	200	400	115	
JSJW - 6	$6/\sqrt{3}$	0.1	0.1/3	80	150	320	640	115	
JSJW - 10	$10/\sqrt{3}$	0.1	0.1/3	120	200	480	960	190	
JSJW - 13.8	$13.8/\sqrt{3}$	0.1	0.1/3	120	200	480	960	250	
JSJW - 15	$15/\sqrt{3}$	0.1	0.1/3	120	200	480	960	250	
JDJJ1 - 35	$35/\sqrt{3}$	$0.1/\sqrt{3}$	0.1/3	150	250	600	1000	120	
JCC - 60	$60/\sqrt{3}$	$0.1/\sqrt{3}$	0.1/3		500	1000	2000	350	
JCC1 - 110	$110/\sqrt{3}$	$0.1/\sqrt{3}$	0.1/3		500	1000	2000	530	
JCC1 - 110$_{TH}^{GY}$	$110/\sqrt{3}$	$0.1/\sqrt{3}$	0.1/3		500	1000	2000	600	
JCC2 - 110	$110/\sqrt{3}$	$0.1/\sqrt{3}$	0.1		500	1000	2000	350	
JCC2 - 220	$220/\sqrt{3}$	$0.1/\sqrt{3}$	0.1		500	1000	1000	750	
JCC1 - 220$_{TH}^{GY}$	$220/\sqrt{3}$	$0.1/\sqrt{3}$	0.1		500	1000	2000	1120	

附表 26　常用测量仪表与继电器电流线圈的负荷值

测量仪表或继电器名称	型　号	电流线圈负荷值 /Ω	电流线圈负荷值 /V·A	备　注
电流表	1T1 - A、1T9 - A	0.12	3	表中负荷值均指一个线圈的负荷
电流表	46L1 - A、16L1 - A　5A 或 42L6 - A、6L2 - A　0.5 A、1 A	0.014	0.35 0.25	
有功功率表	1D1 - W、1D6 - W、16D3 - W、16L8 - W、 16D2 - W、46D1 - W、46D2 - W	0.058	1.5	
无功功率表	1D1 - VAR、1D5 - 5VAR、16D3 - VAR、 46D1 - VAR、16L8 - VAR、46L2 - VAR、16D2 - VAR	0.058	1.5	
有功-无功功率表 有功电度表 无功电度表	1D1 - W、VAR 等 DS1 等、DS864 等 DX1 等、DS863 - 2 等	0.058 0.02 0.02	1.5 0.5 0.5	
电流继电器	DL - 21C、22C、23C、24C、25C/0.0125～0.05/ 0.05～0.2, /0.15～0.6, /0.5～0.2 DL - 21C、22C、23C、24C、25C/1.5～6 DL - 21C、22C、23C、24C、25C/2.5～10 DL - 21C、22C、23C、24C、25C/5～20 DL - 21C、22C、23C、24C、25C/12.5～50 DL - 21C、22C、23C、24C、25C/25～100 DL - 21C、22C、23C、24C、25C/50～200		0.4 0.5 0.55 0.85 1 2.8 7.5 32	负荷值是在最小整定电流下所消耗的功率值
差动继电器	BCH - 1 BCH - 2		<8.5/相 <14/相	
电流继电器	GL - 10(20) LL - 10A		<15 <10	
接地电流继电器	DD - 11 在最小整定电流下 BL - 111 在额定电流下		0.012 <0.5	
功率继电器	BG - 11B、12B、13B GG - 11、12		<1 6	
负序电流继电器	DL - 2 BFL - 28		18 <2/相	
串联中间继电器 串联时间继电器 接地检测装置	ZJ5、ZJ6 BSJ - 1 在 2 倍额定电流下 ZD - 4 当电流<30 A 时		6 <12 <1.5	

附表 27　常用测量仪表与继电器电压线圈的消耗容量

测量仪表或继电器名称	型　号	线圈电压/V	cosφ	线圈消耗容量/V·A	备　注
电压表	1T1 - V、1T9 - V 46L1 - V、16L1～V 或 42L6 - A、6L2 - V	100 100 50	1	4.5 0.3 0.15	表中线圈消耗容量是仪表中每个线圈所消耗的容量
有功功率表	1D1 - W、1D5 - W、16D3 - W 16L8 - W、16D2 - W、46D1 - W 46D2 - W	100	1	0.75	
无功功率表	1D1 - VAR、1D5 - VAR、16D3 - VAR 16L8 - VAR、16D2 - VAR、46D1 - VAR 46D2 - VAR	100	1	0.75～1	
有功-无功功率表 有功电度表 无功电度表	1D1 - W，VAR DS1 等、DS864 等 DX1 等 DS863 - 2 等	100 100 100	1	0.75 1.5 1.5	
频率表	1D1 - Hz 46L$\frac{1}{2}$ - Hz、16L$\frac{1}{2}$ - Hz、16L8 - Hz	100 100		2 0.5	
电压继电器	DY - 20C～25C、26C、28C、39C、 DY - 25C/60C(DJ - 131/60C)	当 48 时 当 30 时		1 2.5	
功率继电器	GG - 11 最大灵敏度角为＋30°时 ＋45° GG - 12 BG - 11B、12B、13B	100 100 100		35 25 15 ≤4	
电压继电器 负序电压继电器 正序电压继电器	BY - 4A BFY - 10A BZY - 1	100 100 100		≤6 ≤5 ≤5	
平衡继电器	GP - 1 BP - 1A	100 100		2 <0.5	
负序功率继电器 零序功率继电器 同步检查继电器	BFG - 20A LLG - 5 BT - 1B	100 100		<5 <70 <1	
功率因数表	1D1 - cosφ，1D5 - cosφ	100		0.75	
低周波继电器	BDZ - 1B GDZ - 1	100 100		<4 10	

附表 28　铜、铝及钢心铝绞线的允许载流量(环境温度＋25℃，最高允许温度＋70℃)

铜绞线			铝绞线			钢心铝绞线	
导线型号	载流量/A		导线型号	载流量/A		导线型号	载流量/A
	屋外	屋内		屋外	屋内		屋外
TJ－16	130	100	LJ－16	105	80	LGJ－16	105
TJ－25	180	140	LJ－25	135	110	LGJ－25	135
TJ－35	220	175	LJ－35	170	135	LGJ－35	170
TJ－50	270	220	LJ－50	215	170	LGJ－50	220
TJ－70	340	280	LJ－70	265	215	LGJ－70	275
TJ－95	415	340	LJ－95	325	260	LGJ－95	335
TJ－120	485	405	LJ－120	375	310	LGJ－120	380
TJ－150	570	480	LJ－150	440	370	LGJ－150	445
TJ－185	645	550	LJ－185	500	425	LGJ－185	515
TJ－240	770	650	LJ－240	610	—	LGJ－240	610
TJ－300	—	—	LJ－300	680	—	LGJ－300	700

附表 29　绝缘导线明敷时的允许载流量(A)(导线正常最高允许温度65℃)

芯线截面 /mm²	橡皮绝缘导线				塑料绝缘导线			
	BLX, BBLX		BX, BBX		BLV		BV, BVR	
	25℃	30℃	25℃	30℃	25℃	30℃	25℃	30℃
2.5	27	25	35	32	25	23	32	29
4	35	32	45	42	32	29	42	39
6	45	42	58	54	42	39	55	51
10	65	60	85	79	59	55	75	70
16	85	79	110	102	80	74	105	98
25	110	102	145	135	105	98	138	129
35	138	129	180	168	130	121	170	158
50	175	163	230	215	165	154	215	201
70	220	206	285	265	205	191	265	247
95	265	247	345	322	250	233	325	303
120	310	280	400	374	283	266	375	350
150	360	336	470	439	325	303	430	402
185	420	392	540	504	380	355	490	458

附表 30 聚氯乙烯绝缘导线穿钢管时的允许载流量（A）（导线正常最高允许温度 65℃）

芯线截面/mm²	两根单芯线 环境温度			管径/mm		三根单芯线 环境温度			管径/mm		四根单芯线 环境温度			管径/mm	
	25℃	30℃	35℃	G	DG	25℃	30℃	35℃	G	DG	25℃	30℃	35℃	G	DG
BLV 铝心															
2.5	20	18	17	15	15	18	16	15	15	15	15	14	12	15	15
4	27	25	23	15	15	24	22	20	15	15	22	20	19	15	20
6	35	32	30	15	20	32	29	27	15	20	28	26	24	20	25
10	49	45	42	20	25	44	41	38	20	25	38	35	32	25	25
16	63	58	54	25	25	56	52	48	25	32	50	46	43	25	32
25	80	74	69	25	32	70	65	60	32	32	65	60	50	32	40
35	100	93	86	32	40	90	84	77	32	40	80	74	69	32	
50	125	116	108	32		110	102	95	40		100	93	86	50	
70	155	144	134	50		143	133	123	50		127	118	109	50	
95	190	177	164	50		170	158	147	50		152	142	131	70	
120	220	205	190	50		195	182	168	50		172	160	148	70	
150	250	233	216	70		225	210	194	70		200	187	173	70	
185	285	266	246	70		255	238	220	70		230	215	198	80	
BV 铜心															
1.0	14	13	12	15	15	13	12	11	15	15	11	10	9	15	15
1.5	19	17	16	15	15	17	15	14	15	15	16	14	13	15	15
2.5	26	24	22	15	15	24	22	20	15	15	22	20	19	15	15
4	35	32	30	15	15	31	28	26	15	15	28	26	24	15	20
6	47	43	40	15	20	41	38	35	15	20	37	34	32	20	25
10	65	60	56	20	25	57	53	49	20	25	50	46	43	25	25
16	82	76	70	25	25	73	68	63	25	32	65	60	56	25	32
25	107	100	92	25	32	95	88	82	32	32	85	79	73	32	40
35	133	124	115	32	40	115	107	99	32	40	105	98	90	32	
50	165	154	142	32		146	136	126	40		130	121	112	50	
70	205	191	177	50		183	171	158	50		165	154	142	50	
95	250	233	216	50		225	210	194	50		200	187	173	70	
120	290	271	250	50		260	243	224	50		230	215	198	70	
150	330	308	285	70		300	280	259	70		265	247	229	70	
185	380	355	328	70		340	317	294	70		300	280	259	80	

注：表中的 G——焊接钢管，管径按内径计；DG——电线管，管径按外径计。

附表 31　聚氯乙烯绝缘导线穿塑料管时的允许载流量（A）（导线正常最高允许温度 65℃）

芯线截面/mm²	两根单芯线			管径/mm	三根单芯线			管径/mm	四根单芯线			管径/mm
	环境温度				环境温度				环境温度			
	25℃	30℃	35℃		25℃	30℃	35℃		25℃	30℃	35℃	
BLV 铝心												
2.5	18	16	15	15	16	14	13	15	14	13	12	20
4	24	22	20	20	22	20	19	20	19	17	16	20
6	31	28	26	20	27	25	23	20	25	23	21	25
10	42	39	36	25	38	35	32	25	33	30	28	32
16	55	51	47	32	49	45	42	32	44	41	38	32
25	73	68	63	32	65	60	56	40	57	53	49	40
35	90	84	77	40	80	74	69	40	70	65	60	50
50	114	106	98	50	102	95	88	50	90	84	77	63
70	145	135	125	50	130	121	112	50	115	107	99	63
95	175	163	151	63	158	147	136	63	140	130	121	75
120	200	187	173	63	180	168	155	63	160	149	138	75
150	230	215	198	75	207	193	179	75	185	172	160	75
185	265	247	229	75	235	219	203	75	212	198	183	90
BV 铜心												
1.0	12	11	10	15	11	10	9	15	10	9	8	15
1.5	16	14	13	15	15	14	12	15	13	12	11	15
2.5	24	22	20	15	21	19	18	15	19	17	16	20
4	31	28	26	20	28	26	24	20	25	23	21	20
6	41	36	35	20	36	33	31	20	32	29	27	25
10	56	52	48	25	49	45	42	25	44	41	38	32
16	72	67	62	32	65	60	56	32	57	53	49	32
25	95	88	82	32	85	79	73	40	75	70	64	40
35	120	112	103	40	105	98	90	40	93	86	80	50
50	150	140	129	50	132	123	114	50	117	109	101	63
70	185	172	160	50	167	156	144	50	148	138	128	63
95	230	215	198	63	205	191	177	63	185	172	160	75
120	270	252	233	63	240	224	207	63	215	201	185	75
150	305	285	263	75	275	257	237	75	250	233	216	75
185	355	331	307	75	310	289	268	75	280	260	242	90

附表32　聚氯乙稀绝缘及护套电力电缆允许载流量（A）

电缆额定电压	1 kV				6 kV			
最高允许温度	+65℃							
敷设方式	15℃地中直埋		25℃空气中敷设		15℃地中直埋		25℃空气中敷设	
芯数×截面/mm²	铝	铜	铝	铜	铝	铜	铝	铜
3×2.5	25	32	16	20	—	—	—	—
3×4	33	42	22	28	—	—	—	—
3×6	42	54	29	37	—	—	—	—
3×10	57	73	40	51	54	69	42	54
3×16	75	97	53	68	71	91	56	72
3×25	99	127	72	92	92	119	74	95
3×35	120	155	87	112	116	149	90	116
3×50	147	189	108	139	143	184	112	144
3×70	181	233	135	174	171	220	136	175
3×95	215	277	165	212	208	268	167	215
3×120	244	314	191	246	238	307	194	250
3×150	280	361	225	290	272	350	224	288
3×180	316	407	257	331	308	397	257	331
3×240	361	465	306	394	353	455	301	388
3×300	413	552	365	555	402	525	359	437

附表33　交联聚乙烯绝缘聚氯乙烯护套电力电缆的允许载流量（A）

电缆额定电压	1 kV　3～4 芯				10 kV　3 芯			
最高允许温度	90℃							
敷设方式	15℃地中直埋		25℃空气中敷设		15℃地中直埋		25℃空气中敷设	
芯数×截面/mm²	铝	铜	铝	铜	铝	铜	铝	铜
3×16	99	128	77	105	102	131	94	121
3×25	128	167	105	140	130	168	123	158
3×35	150	200	125	170	155	200	147	190
3×50	183	239	155	205	188	241	180	231
3×70	222	299	195	260	224	289	218	280
3×95	266	350	235	320	266	341	261	335
3×120	305	400	280	370	302	386	303	388
3×150	344	450	320	430	342	437	347	445
3×180	389	511	370	490	382	490	394	504
3×240	455	588	440	580	440	559	461	587
3×300	554	691	541	682	508	625	525	654

附表 34　电缆在不同环境温度时的载流量校正系数

环境温度修正系数														
导体温度℃	环境温度(空气中,℃)									环境温度(土壤中,℃)					
	10	15	20	25	30	35	40	45	50	10	15	20	25	30	35
50	1.70	1.62	1.52	1.42	1.32	1.22	1.00	0.75	—	1.26	1.18	1.10	1.00	0.89	0.77
60	1.58	1.50	1.41	1.32	1.22	1.11	1.00	0.89	0.73	1.20	1.13	1.07	1.00	0.93	0.85
65	1.48	1.41	1.34	1.26	1.18	1.09	1.00	0.89	0.77	1.17	1.12	1.06	1.00	0.94	0.87
70	1.41	1.35	1.29	1.22	1.15	1.08	1.00	0.91	0.81	1.15	1.11	1.05	1.00	0.94	0.88
80	1.32	1.27	1.22	1.17	1.11	1.06	1.00	0.93	0.86	1.13	1.09	1.04	1.00	0.95	0.90
90	1.26	1.22	1.18	1.14	1.09	1.04	1.00	0.94	0.89	1.11	1.07	1.04	1.00	0.96	0.92

附表 35　电缆埋地多根并列时的载流量校正系数

电缆根数 / 电缆外皮间距	1	2	3	4	5	6	7	8
100 mm	1	0.90	0.85	0.80	0.78	0.75	0.73	0.72
200 mm	1	0.92	0.87	0.84	0.82	0.81	0.80	0.79
300 mm	1	0.93	0.90	0.87	0.86	0.85	0.85	0.84

附表 36　电缆在不同土壤热阻系数时的载流量校正系数

土壤热阻系数/ (℃·m·W^{-1})	分类特征 (土壤特性和雨量)	校正系数
0.8	土壤很潮湿,经常下雨。如湿度大于9%的沙土;湿度大于14%的沙-泥土等	1.05
1.2	土壤潮湿,规律性下雨。如湿度为7%~9%的沙土;湿度为12%~14%的沙-泥土等	1.0
1.5	土壤较干燥,雨量不大。如湿度为8%~12%的沙-泥土等	0.93
2.0	土壤干燥,少雨。如湿度为4%~7%的沙土;湿度为4%~8%的沙-泥土等	0.87
3.0	多石地层,非常干燥。如湿度小于4%的沙土等	0.75

附表 37　架空裸导线的最小截面

线　路　类　别		导线最小截面/mm²		
		铝及铝合金绞线	钢心铝绞线	铜绞线
35 kV 及以上线路		35	35	35
3～10 kV 线路	居民区	35	25	25
	非居民区	25	16	16
低压线路	一般	16	16	16
	与铁路交叉跨越档	35	16	16

附表 38　绝缘导线芯线的最小截面

线　路　类　别			芯线最小截面/mm²		
			铜心软线	钢　　线	铝　　线
照明用灯头引下线	室内		0.5	1.0	2.5
	室外		1.0	1.0	2.5
移动式设备线路	生活用		0.75	—	—
	生产用		1.0	—	—
敷设在绝缘支持件上的绝缘导线（L 为支持点间距）	室内	$L \leqslant 2$ m	—	1.0	2.5
	室外	$L \leqslant 2$ m	—	1.5	2.5
		2 m$< L \leqslant 6$ m	—	2.5	4
		6 m$< L \leqslant 15$ m	—	4	6
		15 m$< L \leqslant 25$ m	—	6	10
穿管敷设的绝缘导线			1.0	1.0	2.5
沿墙明敷的塑料护套线			—	1.0	2.5
板孔穿线敷设的绝缘导线			—	1.0(0.75)	2.5
PE 线和 PEN 线	有机械保护时		—	1.5	2.5
	无机械保护时	多芯线	—	2.5	4
		单芯干线	—	10	16

附表 39　架空线的电阻和电抗

一、LJ 型铝绞线的电阻和电抗

额定截面/mm²	16	25	35	50	70	95	120	150	185	240	300
50℃时电阻/(Ω·km⁻¹)	2.07	1.33	0.96	0.66	0.48	0.36	0.28	0.23	0.18	0.14	0.12
线间几何均距/mm	线路电抗/(Ω·km⁻¹)										
600	0.36	0.35	0.34	0.33	0.32	0.31	0.30	0.29	0.28	0.28	0.27
800	0.38	0.37	0.36	0.35	0.34	0.33	0.32	0.31	0.30	0.30	0.29
1000	0.40	0.38	0.37	0.36	0.35	0.34	0.33	0.32	0.31	0.31	0.30
1250	0.41	0.40	0.39	0.37	0.36	0.35	0.34	0.34	0.33	0.32	0.31
1500	0.42	0.41	0.40	0.38	0.37	0.36	0.35	0.35	0.34	0.33	0.32
2000	0.44	0.43	0.41	0.40	0.40	0.38	0.37	0.37	0.36	0.35	0.34
备　注	(1) 线间几何均距 $a_{av} = \sqrt[3]{a_1 a_2 a_3}$，式中 a_1、a_2、a_3 为三相导线的各相之间的线间距离。三相导线正三角形排列时，$a_{av}=a$；三相导线等距水平排列时，$a_{av}=1.26a$。 (2) 铜绞线 TJ 的电阻约为同截面 LJ 电阻的 61%；TJ 的电抗与 LJ 同。										

二、LGJ 型钢芯铝绞线的电阻和电抗

额定截面/mm²	35	50	70	95	120	150	185	240	300
铝线实际截面/mm²	34.9	48.3	68.1	94.4	116	149	181	239	298
铝股数/钢股数/外径（单位为 mm）	6/1/8.16	6/1/9.60	6/1/11.4	26/7/13.6	26/7/15.1	26/7/17.1	26/7/18.9	26/7/21.7	26/7/25.2
50℃时电阻/(Ω·km⁻¹)	0.89	0.68	0.48	0.35	0.29	0.24	0.18	0.15	0.11
线间几何均距/mm	线路电抗/(Ω·km⁻¹)								
1500	0.39	0.38	0.37	0.35	0.35	0.34	0.33	0.33	0.32
2000	0.40	0.39	0.38	0.37	0.37	0.36	0.35	0.34	0.33
2500	0.41	0.41	0.40	0.39	0.38	0.37	0.37	0.36	0.35
3000	0.43	0.42	0.41	0.10	0.39	0.39	0.38	0.37	0.36
3500	0.44	0.43	0.42	0.11	0.40	0.40	0.39	0.38	0.37
4000	0.45	0.44	0.43	0.12	0.41	0.40	0.40	0.39	0.38

附表 40　室内明敷及穿管的铝、铜心绝缘导线的电阻和电抗

导线线芯额定截面/mm²	电阻/(Ω·km⁻¹)				电抗/(Ω·km⁻¹)					
	导线温度				明敷线距/mm				导线穿管	
	50℃		60℃		100		150			
	铝芯	铜芯	铝芯	铜芯	铝芯	铜芯	铝芯	铜芯	铝芯	铜芯
1.5	—	14.00	—	14.50	—	0.312	—	0.368	—	0.138
2.5	13.33	8.40	13.80	8.70	0.327	0.327	0.353	0.353	0.127	0.127
4	8.25	5.20	8.55	5.38	0.312	0.312	0.338	0.338	0.119	0.119
6	5.53	3.48	5.75	3.61	0.300	0.300	0.325	0.325	0.112	0.112
10	3.33	2.05	3.45	2.12	0.280	0.280	0.306	0.306	0.108	0.108
16	2.08	1.25	2.16	1.30	0.265	0.265	0.290	0.290	0.102	0.102
25	1.31	0.81	1.36	0.84	0.251	0.251	0.277	0.277	0.099	0.099
35	0.94	0.58	0.97	0.60	0.241	0.241	0.266	0.266	0.095	0.095
50	0.65	0.40	0.67	0.41	0.229	0.229	0.251	0.251	0.091	0.091
70	0.47	0.29	0.49	0.30	0.219	0.219	0.242	0.242	0.088	0.088
95	0.35	0.22	0.36	0.23	0.206	0.206	0.231	0.231	0.085	0.085
120	0.28	0.17	0.29	0.18	0.199	0.199	0.223	0.223	0.083	0.083
150	0.22	0.14	0.23	0.14	0.191	0.191	0.216	0.216	0.082	0.082
185	0.18	0.11	0.19	0.12	0.184	0.181	0.299	0.209	0.081	0.081
240	0.14	0.09	0.14	0.09	0.178	0.178	0.200	0.200	0.080	0.080

附表 41　电力电缆的电阻和电抗

额定截面/mm²	电阻/(Ω·km⁻¹)						电抗/(Ω·km⁻¹)					
	铝心电缆			铜心电缆			纸绝缘三芯电缆			塑料三芯电缆		
	线芯工作温度						额定电压等级					
	60℃	75℃	80℃	60℃	75℃	80℃	1 kV	6 kV	10 kV	1 kV	6 kV	10 kV
2.5	14.38	15.13	—	8.54	8.98	—	0.098	—	—	0.100	—	—
4	8.99	9.45	—	5.34	5.61	—	0.091	—	—	0.093	—	—
6	6.00	6.31	—	3.56	3.75	—	0.087	—	—	0.091	—	—
10	3.60	3.78	—	2.13	2.25	—	0.081	—	—	0.087	—	—
16	2.25	2.36	2.40	1.33	1.40	1.43	0.077	0.099	0.110	0.082	0.124	0.133
25	1.44	1.51	1.54	0.85	0.90	0.91	0.067	0.088	0.098	0.075	0.111	0.120
35	1.03	1.08	1.10	0.61	0.64	0.65	0.065	0.083	0.092	0.073	0.105	0.113
50	0.72	0.76	0.77	0.43	0.45	0.46	0.063	0.079	0.087	0.071	0.099	0.107
70	0.51	0.54	0.56	0.31	0.32	0.33	0.062	0.076	0.083	0.070	0.093	0.101
95	0.38	0.40	0.41	0.23	0.24	0.24	0.062	0.074	0.080	0.070	0.089	0.096
120	0.30	0.31	0.32	0.18	0.19	0.19	0.062	0.072	0.078	0.070	0.087	0.095
150	0.24	0.25	0.26	0.14	0.15	0.15	0.062	0.071	0.077	0.070	0.085	0.093
185	0.20	0.21	0.21	0.12	0.12	0.13	0.062	0.070	0.075	0.070	0.082	0.090
240	0.16	0.16	0.17	0.09	0.10	0.10	0.062	0.069	0.073	0.070	0.080	0.087
300	0.12	0.12	0.13	0.08	0.09	0.09	0.062	0.068	0.072	0.070	0.078	0.085

附表 42 矩形母线允许载流量(竖放)(最高允许温度+70℃)

一、单片母线的载流量

| 母线尺寸(宽×厚)/mm×mm | 铝/A | | | | | | | | 铜/A | | | | | | | |
| | 交流 | | | | 直流 | | | | 交流 | | | | 直流 | | | |
	25℃	30℃	35℃	40℃	25℃	30℃	35℃	40℃	25℃	30℃	35℃	40℃	25℃	30℃	35℃	40℃
15×3	165	155	145	134	165	155	145	134	210	197	185	170	210	197	185	170
20×3	215	202	189	174	215	202	189	174	275	258	242	223	275	258	242	223
25×3	265	249	233	215	265	249	233	215	340	320	299	276	340	320	299	276
30×4	365	343	321	296	370	348	326	300	475	446	418	385	475	446	418	385
40×4	480	451	422	389	480	451	422	389	625	587	550	506	625	587	550	506
40×5	540	507	475	438	545	512	480	446	700	659	615	567	705	664	620	571
50×5	665	625	585	539	670	630	590	543	860	809	756	697	870	818	765	705
50×6.3	740	695	651	600	745	700	655	604	955	898	840	774	960	902	845	778
63×6.3	870	818	765	705	880	827	775	713	1125	1056	990	912	1145	1079	1010	928
80×6.3	1150	1080	1010	932	1170	1100	1030	950	1480	1390	1300	1200	1510	1420	1330	1225
100×6.3	1425	1340	1255	1155	1455	1368	1280	1180	1810	1700	1590	1470	1875	1760	1650	1520
63×8	1025	965	902	831	1040	977	915	844	1320	1240	1160	1070	1345	1265	1185	1090
80×8	1320	1240	1160	1070	1355	1274	1192	1100	1690	1590	1490	1370	1755	1650	1545	1420
100×8	1625	1530	1430	1315	1690	1590	1488	1370	2080	1955	1830	1685	2180	2050	1920	1770
125×8	900	1785	1670	1540	2040	1918	1795	1655	2400	2255	2110	1945	2600	2445	2290	2105
63×10	1155	1085	1016	936	1180	1110	1040	956	1475	1388	1300	1195	1525	1432	1340	1235
80×10	1480	1390	1300	1200	1540	1450	1355	1250	1900	1786	1670	1540	1990	1870	1750	1610
100×10	1820	1710	1600	1475	1910	1795	1680	1550	2310	2170	2030	1870	2470	2320	2175	2000
125×10	2070	1945	1820	1680	2300	2160	2020	1865	2650	2490	2330	2150	2950	2770	2595	2390

注:本表系母线立放的数据。当母线平放且宽度≤63 mm 时,表中数据应乘以 0.95,>63 mm 时应乘以 0.92。

二、2－3片组合涂漆母线的载流量（$\theta_n = 70℃$　$\theta_a = 25℃$）

母线尺寸 （宽×厚） /mm×mm	铝/A				铜/A			
	交流		直流		交流		直流	
	2片	3片	2片	3片	2片	3片	2片	3片
40×4			855				1090	
40×5			965				1250	
50×5			1180				1525	
50×6.3			1315				1700	
63×6.3	1350	1720	1555	1940	1740	2240	1990	2495
80×6.3	1630	2100	2055	2460	2110	2720	2630	3220
100×6.3	1935	2500	2515	3040	2470	3170	3245	3940
63×8	1680	2180	1840	2330	2160	2790	2485	3020
80×8	2040	2620	2400	2975	2620	3370	3095	3850
100×8	2390	3050	2945	3620	3060	3930	3810	4690
125×8	2650	3380	3350	4250	3400	4340	4400	5600
63×10	2010	2650	2110	2720	2560	3300	2725	3530
80×10	2410	3100	2735	3440	3100	3990	3510	4450
100×10	2860	3650	3350	4160	3610	4650	4325	5385
125×10	3200	4100	3900	4860	4100	5200	5000	6250

注：本表系母线立放的数据，母线间距等于厚度。

附表43　土壤电阻率参考值

土 壤 名 称	电阻率/(Ω·m)	土 壤 名 称	电阻率/(Ω·m)
陶黏土	10	砂质黏土、可耕地	100
泥炭、泥灰岩、沼泽地	20	黄土	200
捣碎的木炭	40	含砂黏土、砂土	300
黑土、田园土、陶土	50	多石土壤	400
黏土	60	砂、砂砾	1000

附表 44 垂直管形接地体单排敷设时的利用系数

(未计入连接扁钢的影响)

管间距离与管子长度之比 a/l	管子根数 n	利用系数 η_E	管间距离与管子长度之比 a/l	管子根数 n	利用系数 η_E
1		0.84～0.87	1		0.67～0.72
2	2	0.90～0.92	2	5	0.79～0.83
3		0.93～0.95	3		0.85～0.88
1		0.76～0.80	1		0.56～0.62
2	3	0.85～0.88	2	10	0.72～0.77
3		0.90～0.92	3		0.79～0.83

附表 45 垂直管形接地体环形敷设时的利用系数

(未计入连接扁钢的影响)

管间距离与管子长度之比 a/l	管子根数 n	利用系数 η_E	管间距离与管子长度之比 a/l	管子根数 n	利用系数 η_E
1		0.66～0.72	1		0.44～0.50
2	4	0.76～0.80	2	20	0.61～0.66
3		0.84～0.86	3		0.68～0.73
1		0.58～0.65	1		0.41～0.47
2	6	0.71～0.75	2	30	0.58～0.63
3		0.78～0.82	3		0.66～0.71
1		0.52～0.58	1		0.38～0.44
2	10	0.66～0.71	2	40	0.56～0.61
3		0.74～0.78	3		0.64～0.69

参 考 文 献

[1] 赵彩虹. 供配电系统. 北京：中国电力出版社，2009.

[2] 居荣. 供配电技术. 北京：化学工业出版社，2005.

[3] B. M. Weedy, B. J. Cory, N. Jenkins, et. al. Electric Power System(5th edition). John Wiley & Sons Ltd, 2012.

[4] E. Lakervi, E. J. Holmes. Electricity Distribution Network Design(2nd edition). Peter Peregrinus Ltd, 1995.

[5] 唐志平. 供配电技术. 北京：电子工业出版社，2013.

[6] 孙丽华. 供配电工程. 北京：机械工业出版社，2011.

[7] 翁双安. 供电工程. 2版. 北京：机械工业出版社，2012.

[8] 杨岳. 供配电系统. 2版. 北京：科学出版社，2015.

[9] 王晓文. 供用电系统. 北京：中国电力出版社，2005.

[10] 应敏华，程乃蕾. 供用电工程. 北京：中国电力出版社，2006.

[11] 何首贤，葛廷友，姜秀玲. 供配电技术. 北京：中国水利水电出版社，2005.

[12] 中华人民共和国国家质量监督检验检疫总局，中国国家标准化管理委员会. 中华人民共和国国家标准 GB/T 156—2007 标准电压. 2007.

[13] 肖白，周潮，穆钢. 空间电力负荷预测方法综述与展望. 中国电机工程学报，33(25)：78 - 92.

[14] 王玉华. 供配电技术. 北京：清华大学出版社，2012.

[15] 马誌溪. 供配电工程. 北京：清华大学出版社，2009.

[16] 丁昱. 工业企业供电. 北京：冶金工业出版社，1997.

[17] 何仰赞，温增银. 电力系统分析(上册). 武汉：华中科技大学出版社，2002.

[18] 范锡普. 发电厂电气部分. 2版. 水利电力出版社，1995.

[19] 许晓慧. 智能电网导论. 北京：中国电力出版社，2009.

[20] 李胜，李玉堂，李俊玲. 新能源发电综述. 现代农业，2013(4)78 - 79.

[21] 刘振亚. 智能电网知识读本. 北京：中国电力出版社，2010.

[22] 王承熙，张源. 风力发电机. 北京：中国电力出版社，2003.

[23] 王成山，武震，李鹏. 微电网关键技术研究. 电工技术学报，2014，29(2)：1 - 9.

[24] 高翔，张沛超. 数字化变电站的主要特征和关键技术. 电网技术，2006，30(23)：67 - 71, 87.

[25] 冯秀宾. 智能变电站的涵义及发展探讨. 高压电器，2013，49(2)：116 - 119.